计 算 机 科 学 丛 书

原书第2版

Python科学计算

[英] 约翰·M. 斯图尔特（John M. Stewart） 著

江红 余青松 译

Python for Scientists

Second Edition

机械工业出版社
China Machine Press

图书在版编目（CIP）数据

Python 科学计算（原书第 2 版）/（英）约翰 · M. 斯图尔特（John M. Stewart）著；江红，余青松译．—北京：机械工业出版社，2019.8（2020.11 重印）
（计算机科学丛书）
书名原文：Python for Scientists, Second Edition

ISBN 978-7-111-63390-7

I. P… II. ①约… ②江… ③余… III. 软件工具 - 程序设计 IV. TP311.56

中国版本图书馆 CIP 数据核字（2019）第 159345 号

本书版权登记号：图字 01-2019-0742

本书讲解如何使用 Python 科学计算软件包来实现和测试复杂的数学算法，第 2 版针对 Jupyter 笔记本用户更新了部分代码，并新增了讲解 SymPy 的章节。书中首先介绍 Python 相关知识，涵盖 IPython、NumPy 和 SymPy，以及二维和多维图形的绘制。之后讨论不同领域的应用实例，涉及常微分方程、偏微分方程和多重网格，并展示了处理 Fortran 遗留代码的方法。全书内容简洁，示例丰富，所有代码均可免费下载，是广大科技工作者和理工科学生的有益参考。

出版发行：机械工业出版社（北京市西城区百万庄大街 22 号 邮政编码：100037）
责任编辑：张志铭　　责任校对：李秋荣
印　　刷：北京瑞德印刷有限公司　　版　　次：2020 年 11 月第 1 版第 2 次印刷
开　　本：185mm×260mm 1/16　　印　　张：14.5
书　　号：ISBN 978-7-111-63390-7　　定　　价：89.00 元

客服电话：（010）88361066 88379833 68326294　　投稿热线：（010）88379604
华章网站：www.hzbook.com　　读者信箱：hzjsj@hzbook.com

出版者的话

文艺复兴以来，源远流长的科学精神和逐步形成的学术规范，使西方国家在自然科学的各个领域取得了垄断性的优势；也正是这样的优势，使美国在信息技术发展的六十多年间名家辈出、独领风骚。在商业化的进程中，美国的产业界与教育界越来越紧密地结合，计算机学科中的许多泰山北斗同时身处科研和教学的最前线，由此而产生的经典科学著作，不仅擘画了研究的范畴，还揭示了学术的源变，既遵循学术规范，又自有学者个性，其价值并不会因年月的流逝而减退。

近年，在全球信息化大潮的推动下，我国的计算机产业发展迅猛，对专业人才的需求日益迫切。这对计算机教育界和出版界都既是机遇，也是挑战；而专业教材的建设在教育战略上显得举足轻重。在我国信息技术发展时间较短的现状下，美国等发达国家在其计算机科学发展的几十年间积淀和发展的经典教材仍有许多值得借鉴之处。因此，引进一批国外优秀计算机教材将对我国计算机教育事业的发展起到积极的推动作用，也是与世界接轨、建设真正的世界一流大学的必由之路。

机械工业出版社华章公司较早意识到"出版要为教育服务"。自1998年开始，我们就将工作重点放在了遴选、移译国外优秀教材上。经过多年的不懈努力，我们与Pearson、McGraw-Hill、Elsevier、MIT、John Wiley & Sons、Cengage等世界著名出版公司建立了良好的合作关系，从它们现有的数百种教材中甄选出Andrew S. Tanenbaum、Bjarne Stroustrup、Brian W. Kernighan、Dennis Ritchie、Jim Gray、Afred V. Aho、John E. Hopcroft、Jeffrey D. Ullman、Abraham Silberschatz、William Stallings、Donald E. Knuth、John L. Hennessy、Larry L. Peterson等大师名家的一批经典作品，以"计算机科学丛书"为总称出版，供读者学习、研究及珍藏。大理石纹理的封面，也正体现了这套丛书的品位和格调。

"计算机科学丛书"的出版工作得到了国内外学者的鼎力相助，国内的专家不仅提供了中肯的选题指导，还不辞劳苦地担任了翻译和审校的工作；而原书的作者也相当关注其作品在中国的传播，有的还专门为其书的中译本作序。迄今，"计算机科学丛书"已经出版了近500个品种，这些书籍在读者中树立了良好的口碑，并被许多高校采用为正式教材和参考书籍。其影印版"经典原版书库"作为姊妹篇也被越来越多实施双语教学的学校所采用。

权威的作者、经典的教材、一流的译者、严格的审校、精细的编辑，这些因素使我们的图书有了质量的保证。随着计算机科学与技术专业学科建设的不断完善和教材改革的逐渐深化，教育界对国外计算机教材的需求和应用都将步入一个新的阶段，我们的目标是尽善尽美，而反馈的意见正是我们达到这一终极目标的重要帮助。华章公司欢迎老师和读者对我们的工作提出建议或给予指正，我们的联系方法如下：

华章网站：www.hzbook.com

电子邮件：hzjsj@hzbook.com

联系电话：（010）88379604

联系地址：北京市西城区百万庄南街1号

邮政编码：100037

华章科技图书出版中心

译者序

本书是面向理工科学生和科技工作者的 Python 程序设计教程。广大的理工科学生、科技工作者和科学家需要使用计算机科学计算软件包辅助日常学习和科学研究工作。相对于传统的商业软件包（如 Matlab 和 Mathematica），以 Python 为代表的开源软件计算包具有免费、开源、广泛的库支持等特点，是昂贵的专有软件包的重要开源替代品，已经成为科技工作者的首选科学计算软件包。

本书通过丰富的、可下载的、实用的以及可适应不同平台的代码片段，从最基础的环节开始指导科技工作者学习 Python 的所有相关知识。读者将会发现，实现和测试复杂的数学算法是一件非常容易的事。本书提供了一系列与许多不同领域相关的示例，充分展示了 Python 语言的魅力，并且引导读者使用众多免费的附加模块。同时，作者还展示了如何在 Python 环境中使用遗留代码（通常是 Fortran77 语言），从而避免学习和掌握原始代码的麻烦。

本书的前半部分（以及附录）涵盖了科技工作者使用 Python 科学计算软件包所需要的几乎所有知识。本书的后半部分则使用 Python 科学计算软件包来解决三个具体科研领域的问题：第 8 章涵盖四种截然不同的常微分方程，并且展示了如何使用各种相关的“黑盒”，这些“黑盒”通常是那些实际使用且可信的 Fortran 代码的 Python 封装；第 9 章虽然表面上讲的是关于演化偏微分方程的伪谱方法，但实际上涵盖了一个对许多科学家都非常有用的主题，即如何在不理解 Fortran 语言的情况下，在 Python 语言中以类似 Fortran 的速度来重用那些通常用 Fortran77 编写的遗留代码；最后一章讨论通过多重网格求解非常大的线性系统，这也是如何在科学环境中有意义地使用面向对象程序设计的案例。科技工作者可以在这些知识的基础上举一反三，使用 Python 科学计算软件包来解决自己所在领域（如生物化学、晶体学等）的实际问题。

本书作者是英国剑桥大学应用数学和理论物理系的约翰·M. 斯图尔特教授，他是《非平衡相对论动力学理论》（1971 年）和《高级广义相对论》（1991 年）的作者，并且还翻译和编辑了汉斯·斯蒂芬尼的《广义相对论》（1990 年）。作者基于自己借助计算机从事科学研究超过 40 年的经验，阐述了使用 Python 科学计算软件包处理理科研领域问题的方法，以帮助科研工作者有效地解决自己专业领域中的问题。

本书由华东师范大学江红和余青松共同翻译。衷心感谢本书的编辑曲熠老师和张志铭老师，积极帮我们筹划翻译事宜并认真审阅翻译稿件。翻译也是一种再创造，同样需要艰辛的付出，感谢朋友、家人以及同事的理解和支持。在本书翻译的过程中我们力求忠于原著，但由于时间和学识有限，且本书涉及多个领域的专业知识，不足之处在所难免，敬请诸位同行、专家和读者指正。

江红　余青松

2019 年 4 月

第2版前言

Python for Scientists, Second Edition

第1版的前言中包含了本书的写作动机，以及对众多协助编写本书的工作人员的致谢。在此，我还要感谢许多读者，他们提供了建设性的批评意见，其中大部分已经被纳入第2版中。我还想进一步解释一下为什么要出版第2版。从表面上看，除了新增讨论SymPy（Python本身的计算机代数系统）的第7章之外，似乎没有什么大的变化。

然而，新版本中的大部分内容都渗透着一种根本性的变化。在准备第1版时，使用增强解释器IPython的可靠方法是通过传统的“终端模式”。那时正在开发增强的“笔记本模式”，该模式与Mathematica笔记本概念类似，区别在于其显示在计算机的默认Web浏览器中⊖。该项目现在已经演变为Jupyter笔记本，该笔记本允许人们构建和发布包含计算机代码（支持40多种语言）、数学公式、说明文本、图形图像和可视化内容的文档。由于这也许是初学者获得Python经验的最简单的软件应用程序，因此本书的大部分内容已经为笔记本用户重写了教学内容。特别是第2版的附录A中还包含了一个关于如何使用笔记本的启发式教程，并且已经扩展式地重写了第2章的内容以展示其特性。书中的所有内容现在都给出了适当的应用实例。例如，允许SymPy生成其他计算机代数系统无法比拟的代数表达式。

这种变化也影响了交互式图形和视觉动画领域。之所以有这种变化的需求，是因为标准Python的二维图形包Matplotlib难以生成与平台无关的结果。实际上，由于“改进”的软件升级，第1版中用于即时屏幕动画的代码不再有效。然而，笔记本的概念则提供了一个微妙的解决方案来破解这一僵局。回想一下，笔记本窗口是浏览器窗口，它使用现代HTML图形。第6章介绍了笔记本概念所带来的益处。

最后一处改进是，除了本书中列出的最普通的代码片段之外，所有代码片段现在都以电子文档形式提供（当然采用笔记本文件格式），而网站中则同时包括HTML和PDF版本，具体参见1.2节。电子文档中不包括代码前后的说明文本。为了读取代码说明文本，读者必须阅读本书（无论是纸质版还是电子格式）！

编者按：John在第2版完成后不久就不幸去世了，他的同事、朋友和家人都非常想念他，尤其是他的“Python寡妇”。

⊖ 既不需要也不使用互联网接入。

第 1 版前言

我借助计算机从事科学研究已有 40 多年了。在这期间，计算机硬件越来越便宜、越来越快速，并且越来越强大。然而，与科技工作者相关的软件则变得越来越复杂。我最喜欢的关于 Fortran90 和 C++ 的教科书分别是 1200 页和 1600 页。同时我们还需要阅读关于数学库和图形包的文档。对于想沿着这条路走下去的新手，将不得不投入大量的时间和精力，以便写出有用的程序。这导致了“科学计算软件包”的出现，比如 Matlab® 或 Mathematica®，它们避免了编译语言、独立数学库和图形包的复杂性。我一直在使用这些科学计算软件包，发现它们可以非常方便地用于执行开发人员所设想的任务。然而，我也发现它们很难再扩展，因此我需要寻找其他方法。

若干年前，一位计算机科学领域的同事建议我研究一下 Python。那时，Python 就已经具有很大的潜力了，但其实现却非常脆弱。然而，正因为其免费且开源，所以一直吸引着一支非常有效的开发队伍。最近，他们努力的成果得到了协调和统一，从而形成了一个强大的软件包，该软件包由一种小型的核心语言和许多外围附加库或者模块组成。其中一组可以而且确实复制了传统科学计算包的功能。更重要的是，如果能够熟练并睿智地使用 Python 及其模块，就完全可以实现通常由 Fortran、C 等专业程序员胜任的大项目。虽然运行速度略有损失，但可以由大大缩短的开发时间来超额补偿。本书的目的就是向科技工作者介绍如何利用这种相对未知的资源。

大多数科学家对计算机都有一定的熟悉程度和编程意识（尽管不一定熟悉 Python），我将充分考虑这种因素。因此，与大多数旨在“教”一门语言的书籍不同，本书不仅仅是讨论参考手册中的内容。Python 具有很多强大但不为人知的方面，相对于那些广为人知的内容，这些方面需要更多的解释。特别是，如果在本书中遇到“初学者”或者“粗心大意”的词句，那么表示在说明文档中没有明确指出的关键点，至少作者本人在该点上犯了错误。

本书的前七章以及附录 A，涵盖了科技工作者为开始有效地使用 Python 而需要知道的几乎所有知识。本书的编辑和一些评阅专家建议我在后半部分专注于讨论某一领域的问题。但这可能会导致一系列书籍的产生，“面向生物化学家的 Python”“面向晶体学家的 Python”等，而且所有这些教科书的前半部分内容都相同。我选择只涉及三个主题，但是本书的内容也适用于许多更广泛的领域。第 8 章涵盖四种截然不同的常微分方程，并且展示了如何使用各种相关的“黑盒”，这些“黑盒”通常是那些实际使用且可信的 Fortran 代码的 Python 封装。第 9 章虽然表面上讲的是关于演化偏微分方程的伪谱方法，但实际上涵盖了一个对许多科学家都非常有用的主题，即如何在不理解 Fortran 语言的情况下，在 Python 语言中以类似 Fortran 的速度来重用那些通常用 Fortran77 编写的遗留代码。最后一章讨论通过多重网格求解非常大的线性系统，这也是如何在科学环境中有意义地使用面向对象程序设计的案例。如果读者仔细并且批判性地看待这些章节，那么应该可以获得处理自己领域问题的实用专业知识。

感谢许多 Python 开发人员，他们创造了一个非常有用的工具并编写了非常好的文档，同时也感谢许多在 Web 上发布代码片段的开发人员，这为很多人（比如本书作者）提供了巨大的帮助。我的许多同事提供了宝贵的意见：Des Higham 慷慨地同意我在第 8 章的最后一节借用他的观点。特别感谢 Oliver Rinne，他仔细地审阅了本书的草稿。在剑桥大学出版社，我的项目编辑 Jessica Murphy 和文字编辑 Anne Rix 展示了他们卓越的专业素养。最后但也十分重要的是，感谢剑桥大学应用数学和理论物理系在我退休后继续给我提供办公空间，这大大促进了本书的完成。

写一本严肃的书绝不是一件容易的事情，因此我非常感激 Mary（我的“Python 寡妇”）近乎无穷的耐心，这使本书成为可能！

目 录

Python for Scientists, Second Edition

第1章
Python for Scientists, Second Edition
导　论

本书英文书名为“Python for Scientists”，其具体含义是什么呢？字典将“Python”定义为：①一种来自亚洲或者撒哈拉非洲的无毒蛇；②一种计算机脚本语言。很显然，本书针对的是第二种定义（第二种定义的具体含义将在稍后详细阐述）。这里的“科学家”（Scientists），是指任何使用定量模型通过处理预先收集的实验数据来获得结论，或者基于一个更抽象的理论来对可能观察到的结果进行建模的人员，并且他们会提出“假设分析”。假设使用不同的方式来分析数据，结果如何？假设改变了模型，结果如何？因此，此处的“科学家”还包括经济学家、工程师、数学家，以及其他通常概念下的科学家。考虑到潜在的数据量或者诸多理论模型的复杂性（非线性），使用计算机来回答上述问题正迅速成为必需。

计算机硬件的进步意味着可以以越来越快的速度来处理海量的数据和越来越复杂的模型。这些进步也意味着成本的降低，从而使得今天几乎每个科学家都能够使用个人计算机，即桌面工作站或者笔记本电脑，并且这两者之间的区别正在迅速缩小。似乎也可以假定存在合适的软件，使得这些“假设分析”问题能够很容易地得到解答。然而，事实并非总是如此。一个明显且实际的原因在于，虽然硬件改进有着巨大的市场，但是科学家只占很小的一部分，因此几乎没有资金激励来改进科学软件。但对于科学家来说，这个问题很重要，我们需要更详细地研究它。

1.1　科学计算软件

在我们具体讨论可用的科学计算软件之前，首先需要强调的是所有计算机软件都分两种类型：*商用软件和开源软件*。商用软件是由商业公司提供的。商业公司需要同时支付工资和税收，并为他们的股东提供投资回报。因此，商业软件产品需要收取费用，并且为了保护其资产免受竞争对手的侵权，他们不会告知客户其软件的工作原理。因此，最终用户几乎没有机会去改变或者优化产品以满足自己的使用要求。由于工资和税收是经常性支出，因此公司需要经常发布软件更新和改进的收费通知（丹麦税赋效应）。开源软件则免费或者只收取少量费用（用于媒体、邮资等）。开源软件通常是由计算机行家个人开发的，他们经常为大学或者类似的组织工作，为同事提供服务。开源软件基于反版权许可进行发布。反版权许可不给予任何人版权，也不允许将其用于商业利益。传统经济学可能认为开源软件的范畴应该低于其对应的商用软件，否则商业公司就会失去市场。然而我们将发现，事实上并非如此。

接下来，我们需要区分两种不同类型的科学计算软件。计算机是按照极其有限并且晦涩难懂的指令进行操作的。程序设计语言在某种程度上是人类语言的有限子集，通常是由人类编写的指令序列，由计算机进行阅读和理解。最常用的语言能够表达非常复杂的数学概念，但是学习曲线非常陡峭。只有少数语言家族（如C语言和Fortran语言）被广泛接受，但是它们有许多不同的实现版本，如Fortran77、Fortran90、Ansi C、C++等。编译器将人类编写的代码翻译成机器代码，进而对速度进行优化，然后进行处理。因此，它们相当于F1赛车。F1赛车中的“佼佼者”具有惊人的速度表现，但驾驶它们并不容易，需要大量的训练和经验。注意，编译器需要软件库来补充，这些软件库实现了常用的数值处理算法，以及用户通常所需要的图形包。快速通用的库程序包通常是昂贵的，尽管良好的公共领域程序包已经开始出现。

通常情况下，赛车并不是去超市的最好选择，因为速度并不是最重要的因素。同样，编译语言并不总是适合尝试新的数学思想。因此，对于计划学习本书的读者而言，除非有强制要求，否则直接使用编译器可能没有吸引力。因此，我们来考察另一种类型的软件，通常称为“科学计算软件包”。商用软件包包括Mathematica和Matlab，与其相对应的开源软件包括Maxima、Octave、R和SciLab。它们都以类似的方式运作。每种软件都提供一种特有的程序设计语言，可在用户界面上完成输入。在输入了一组连贯的语句（通常只是一个单独的语句）之后，软件包自动生成等效的核心语言代码并进行动态编译。因此，可以立即向用户报告错误或结果。这种类型的软件包被称为“解释器”，老读者也许（可能带有复杂的感觉）会想起BASIC语言。对于小型项目，与全编译的代码相比其慢速操作方式会被目前微处理器的速度所掩盖，然而在处理大型任务时，其速度劣势则会变得更明显。

这些软件包具有吸引力的原因至少有两点。首先是处理数据的能力。例如，假设x是一个实变量，并且存在一个（可能未知的）函数$y(x)$。同时假设对于x的离散实例的有序集X，我们已经计算出相应的y的实例的集Y。随后，使用类似于`plot(X, Y)`的命令，该命令会立即在屏幕上显示出完美的格式化图形。事实上，由Matlab生成的图形甚至可以达到出版物的质量要求。第二个优点是具有一些商用软件显而易见的功能，包括代数和分析功能，并且还可以将这些功能与数值和图形功能结合起来。这些软件包的缺点是命令语言的古怪语法和有限的表达能力。与编译语言不同，使用这些软件包进行程序设计通常十分困难，因为软件包的作者并没有考虑这些。

最好的商业软件包非常易于使用，具有丰富的在线帮助和富有条理的文档，这些都是对应的开源软件所无法比拟的。然而，商业软件包的一个主要缺点是其许可证所收取的高昂价格。大多数商业软件包会以较低的价格提供“学生版”以便鼓励学生熟悉该软件包（但只有在那些学生接受全日制教育期间才可使用）。其实这种慷慨是由其他用户承担的。

让我们总结一下自身所处的环境。一方面，我们有传统的用于数值处理的编译语言，这些语言非常通用、非常快速，但非常难学，并且不易与图形或者代数过程交互。另一方面，我们有标准的科学计算软件包，这些软件包虽然擅长将数值处理、代数和图形相互集成，但速度较慢，并且范围有限。

一个理想的科学计算软件包应该具备哪些特性呢？可能包括：

1. 一种既易于理解又具有广泛表达能力的成熟程序设计语言；

2. 有机集成代数、数值处理与图形函数等功能；

3. 能够生成以速度优先运行的数值算法，其速度为编译语言生成的数值算法中速度最快的数值算法的数量级；

4. 具有一个用户界面以提供丰富的在线帮助和完善的文档说明；

5. 相关教科书中具有丰富的扩展内容，以帮助有求知欲的读者深入了解其概念；

6. 开源软件，免费提供；

7. 在所有的标准平台（如 Linux、Mac OS X、UNIX、Windows）上实现；

8. 简洁的软件包，即便在较低配置的硬件上也可以实现。

不幸的是，迄今为止，还没有一个"科学计算软件包"能很好地满足以上所有标准。

例如，如果考虑代数处理功能要求，那么目前有两个成熟的开源软件包值得考虑，分别是 wx-Maxima 和 Reduce，二者都具有强大的代数处理功能。然而，Reduce 不满足以上的第 4 个标准，并且二者都不满足第 3 个和第 5 个标准。不过，在经验丰富的用户手中，它们都是非常强大的工具。通过附加的 SymPy 库（请参见第 7 章），Python 几乎达到了代数能力的高标准。SageMath 满足了上面列出的除最后一条外的所有标准，它完全基于 Python 及其附加组件，同时还包括 wx-Maxima。有关详细信息，请参阅第 7 章。因此，合理的策略是先掌握 Python。如果 Python 中存在的少量弱点对读者的工作来说是至关重要的，那么就去研究 SageMath。绝大多数科学家将在 Python 语言中找到很多有用的功能。

1991 年，吉多·范罗苏姆（Guido van Rossum）创建了 Python，作为一个开源的、与平台无关的通用程序设计语言。从本质上而言，Python 是一种非常简单的程序设计语言，包括大量的附加模块库，以及对底层操作系统的完全访问。这意味着它可以管理和操作基于其他（甚至编译的）软件包构建的程序，即它是一种脚本语言。这种多功能性导致其被超级用户（如谷歌）以及真正的开发者队伍采用。这也意味着它对科学家而言是一个非常强大的工具。当然，还有其他脚本语言，例如 Java™ 和 Perl®，但是它们的多功能性和用户基础都没有满足上述第 3～5 个标准。

十年前，还不可能推荐使用 Python 进行科学计算工作。开发人员队伍的庞大规模意味着存在用于数值和科学应用的几个互不相容的附加组件。幸运的是，理性占了上风，现在只有一个数值处理附加组件 NumPy，以及一个科学计算附加组件 SciPy，开发人员围绕这两个组件完成了整合。当编写本书的第 1 版时，Python 中用于代数处理的 SymPy 库正处于快速开发阶段，因此并没有将 SymPy 库的相关知识包含在书中。虽然 SymPy 还没有完全达到 wx-Maxima 和 Reduce 的能力，但它现在已经可以可靠地处理许多代数任务。

1.2 本书的规划

本书特意写得短小精悍，旨在向科学家们展示使用 Python 实现和测试相对复杂的数学算法的便捷性。我们特意侧重于采用简洁的方法来全面覆盖相关知识，目的是让好奇的读者尽快上手。我们的目标是为读者建立一个处理许多基本（其实并不简单的）任务的完善框架。显然，大多数读者都需要针对其特定的研究需求来进一步深入研究这些技术。但阅读完本书后，读者应该能打下一个坚实的基础。

本章和附录 A 将讨论如何构建 Python 科学计算环境。原始的 Python 解释器非常基础，其替代品 IPython 则更加易于使用，并且具有更加强大和多样化的功能。第 2 章将致力于采用动手操作的实践方法来讨论 IPython。

本书后续章节的内容如下。在介绍每个新特性时，我们首先试图通过简单的基本示例来描述，并在适当情况下通过更深入的问题来阐述。作者并不能提前预见每一个潜在读者的数学知识水平，但在后续章节中，我们将假定读者对基本微积分（例如一阶泰勒级数）有所了解。然而，对于这些扩展问题，我们将简述理解它们所需的背景知识，并为进一步阅读提供适当的参考。

第 3 章对核心 Python 语言中科学家可能最感兴趣的那些方面进行了简单但相当全面的概述。Python 是一种面向对象的语言，自然适合面向对象的程序设计（OOP），但这可能是大多数科学家所不熟悉的。我们将稍微涉及面向对象程序设计的主题。我们将指出 3.5 节中引入的容器对象在 C 语言或者 Fortran 语言中并没有精确的类比。同样，在 3.9 节中对 Python 类的简要介绍可能对这两个语言族的用户来说并不熟悉。此章最后给出了埃拉托色尼筛选法（Sieve of Eratosthenes 算法）的两个实现，这是一个经典的问题：枚举所有小于给定整数 n 的素数⊖。一个简单的实现需要 17 行代码，但是一旦 $n>10^5$，执行时间就会非常长。然而，稍作思考并且使用已经描述的 Python 特性，便可实现一个更短的 13 行代码的程序，它的运行速度快 3000 倍。但是一旦 $n>10^8$，就会耗尽内存（在我的笔记本电脑上）。这个练习的重点在于，选择正确的方法（Python 经常提供很多方法）是 Python 数值计算成功的关键。

第 4 章将通过附加模块 NumPy 来扩展核心 Python 语言，以实现对实数和复数的高效处理。在底层使用隐藏的 C/C++ 过程，并以接近编译语言的速度来执行重复任务。其重点是使用向量化的代码，而不是基于传统的 `for` 循环或者 `do` 循环结构。向量化代码听起来很复杂，但正如我们将要展示的，它比传统的基于循环的方法更容易编写。这里我们也将讨论数据的输入和输出。首先，我们讨论 NumPy 如何读取和写入文本文件（适合人工阅读的数据）及二进制数据。其次，我们略微涉及数据分析。我们还将总结各种函数，并简要介绍 Python 的线性代数功能。最后，我们更简要地概述另一个附加模块 SciPy，它极大地扩展了 NumPy 的应用范围。

第 5 章将介绍附加模块 Matplotlib。该模块受 Matlab 软件包中引人注目的图形功能的启发，目的是对二维 (x, y) 绘图进行仿真或者改进。事实上，本书后续章节中的图形基本上都是使用 Matplotlib 绘制的。通过一系列的示例来说明其功能之后，我们将使用一个扩展的示例来结束此章，该示例包含功能齐全的 49 行代码，用于计算并生成曼德尔布罗特集（Mandelbrot set）的高清晰度绘图。

第 6 章将讨论扩展到三维图形的难点，例如几何面 $z=z(x, y)$ 的绘制。从某种程度而言，可以使用 Matplotlib 模块来处理，但对于更一般的情况，则需要调用 Mayavi 附加模块，此章将简单介绍该模块，同时给出一些示例代码。如果使用这样的图形是读者的主要兴趣所在，那么需要进一步研究这些模块。

⊖ 这一章对整数算法有所限制，这是因为我们对 Python 的论述还没有涉及如何有效地处理涉及实数或者复数的严格计算。

最后一个介绍性章节（第 7 章）将展示 SymPy 的代数功能，尽管它存在局限性，但是读者可能会收获惊喜。

如果读者已经具备一些 Python 的经验知识，那么当然可以跳过这些章节的部分内容。然而，这些章节的主旨在于实际操作的方法。因此强烈鼓励读者尝试运行相关的代码片段[⊖]。一旦读者理解了这些代码，便可以通过修改它们来加深理解。这些“黑客”实验（“hacking” experiment）取代了传统教科书中所包含的练习。

上述章节涵盖了 Python 为增强科学家的计算机经验而提供的基本工具。接下来的章节将包含哪些内容呢？

上述章节的明显遗漏之处在于没有涵盖广泛的数据分析主题（仅在 4.5 节简短阐述）。这主要有如下三个原因：

1. 最近出现了一个叫作 Pandas 的附加模块，该模块使用 NumPy 和 Matplotlib 来解决数据分析的问题，而且它带有详细且全面的文档（这在 4.5 节中进行了描述）。

2. Pandas 模块的作者之一写了一本书（McKinney（2012）），该书概述了 IPython、NumPy 和 Matplotlib，并详细阐述了 Pandas 应用程序。

3. 这不是我的工作领域，因此只会改述源代码。

因此，我选择专注于科学家的建模活动。一种方法是只针对生物信息学、宇宙学、晶体学、工程学、流行病学或金融数学等某一门学科中的问题。事实上，本书的前半部分内容可以衍生出一系列书籍，如“面向生物信息学的 Python”等。另一种不那么奢侈但更有效的方法（即本书后半部分采用的方法）是针对上述所有领域（以及更多领域）。这依赖于数学的统一性：在某个领域中的问题一旦简化到核心无量纲形式后，往往看起来与另一个领域中简化到无量纲形式的问题相类似。

这种特性可以通过下面的例子来说明。在种群动态学中，我们可能研究一个单物种，它的种群数量 $N(T)$ 依赖于时间 T。给定充足的食物供应，我们可能期望指数增长 $\mathrm{d}N/\mathrm{d}T=kN(T)$，其中生长常量 k 具有维数 $1/T$。然而，这种增长通常存在限制。包含这些的简单模型是“逻辑斯谛方程”（logistic equation）。

$$\frac{\mathrm{d}N}{\mathrm{d}T}(T)=kN(T)(N_0-N(T)) \tag{1-1}$$

它允许一个稳定的常数种群 $N(T)=N_0$。许多教科书中对这一方程的生物学背景进行了讨论，如 Murray（2002）。

在（同质球型对称）宇宙学中，密度参数 Ω 依赖于尺度因子 a：

$$\frac{\mathrm{d}\Omega}{\mathrm{d}a}=\frac{(1+3w)}{a}\Omega(1-\Omega) \tag{1-2}$$

其中 w 通常假设为常量。

目前数学生物学和宇宙学没有太多的共同之处，但很容易看出式（1-1）和式（1-2）代表相同的方程。假设我们使用比例 $t=kN_0T$ 来缩放方程（1-1）中的自变量 T，从而得到一个

⊖ 本书中的所有代码都可以从下列网址免费获得：http://www.cambridge.org/PfS2；当然，非常短的代码片段除外（也不包括代码片段相关的文本解释）。

新的无量纲的时间坐标 t。同样，我们引入无量纲变量 $x=N/N_0$，从而使得方程（1-1）成为逻辑斯谛方程。

$$\frac{\mathrm{d}x}{\mathrm{d}t}=x(1-x) \tag{1-3}$$

在一般的相对性理论中，没有任何理由去选择或者偏向某一种时间坐标。因此，我们可以选择一个新的时间坐标 t：$a=\mathrm{e}^{t/(1+3w)}$。然后设置 $x=\Omega$，我们将看到方程（1-2）也简化为方程（1-3）。因此，相同的方程可以在许多不同的领域出现[⊖]。在第8～10章中，为了简洁明了，我们将使用类似方程（1-3）的极小方程。如果读者所要解决的问题的最简形式与上述代码片段类似，则很自然可以套用这段代码，以处理求解的问题所对应的原本冗长的代码。

第8章将讨论涉及常微分方程的四类问题。我们首先简要介绍解决初值问题的技术，然后给出若干示例，包括两个经典的非线性问题：范德波尔振荡器和洛伦兹方程。接下来，我们将考察两点边值问题，并研究线性 Sturm-Liouville 特征值问题，以及一个有关非线性 Bratu 问题的拓展练习。延迟微分方程在控制理论和数学生物学中经常出现，例如逻辑斯谛方程和麦克－格拉斯（Mackey-Glass）方程，因此下一节将讨论它们的数值求解方法。在这一章的最后，我们将简要介绍随机微积分方程和随机常微分方程。特别是，我们将讨论一个与金融数学中的布莱克－斯克尔斯（Black-Scholes）方程紧密相关的简单例子。

这里还将介绍两个与科学家相关的重要 Python 主题。第一个主题是如何嵌入使用其他语言编写的代码，这包括两个方面的内容：①重用现有的遗留代码（通常用 Fortran 编写）；②如果性能分析器表明程序代码执行速度受若干 Python 函数的影响而严重减慢，如何重新使用 Fortran 或者 C 语言编写并替换这些“惹是生非”的函数？第二个主题是科学计算用户如何能够有效使用 Python 的面向对象程序设计（OOP）特性？

第9章通过一个扩展的例子来解决第一个主题。我们首先了解如何使用伪谱方法来解决由偏微分方程支配的大量演化问题，即初始值或者初始边值问题。为了简洁起见，我们只讨论涉及一个时间维度和一个空间维度的问题。这里我们将阐述周期性空间相关性的问题可以使用傅里叶方法非常有效地进行处理，但对于更一般的问题，则需要使用切比雪夫变换。然而在这种情况下，还没有令人满意的 Python 黑盒可用。而事实上，必要的工具已经在传统的 Fortran77 代码中编写实现。附录B中列出了这些功能，并且我们将展示如何用极少的 Fortran77 知识来构造速度极快的 Python 函数以完成所需的任务。我们的方法依赖于 NumPy `f2py` 工具，而它包含在所有推荐的 Python 发布版本中。如果读者对重用先前存在的遗留代码感兴趣，那么即使这一章处理的示例与读者面临的问题无关，也值得研究。有关 `f2py` 的其他用途，请参阅1.3节。

从科学家的角度来看，面向对象程序设计最有用的特征之一是类的概念。类存在于 C++（而不是 C）和 Fortran90 及其后版本（而不是 Fortran77）中。然而，这两种语言的实现都十分复杂，因此通常初级程序员往往会回避使用。相比之下，Python 的实现要简单得

⊖ 这个例子被选为一个教学实例。如果指定初始值 $x(0)=x_0$，则精确解为 $x(t)=x_0/[x_0+(1-x_0)\mathrm{e}^{-t}]$。在当前上下文中，$x_0\geqslant 0$。如果 $x_0\neq 1$，那么当 t 增大时，所有的解单调趋向于常数解 $x=1$。具体请参见8.5.3节。

多，而且更加友好，代价是省略了其他语言实现的一些更神秘的特性。我们在 3.9 节中对其语法进行了简要介绍。然而在第 10 章，我们将给出一个更加实用的例子：使用多重网格（multigrid）来求解任意维数的椭圆型偏微分方程，尽管为了简明起见，示例代码是针对二维网格的。多重网格目前是一个经典问题，其最佳描述是使用递归方式进行定义，因此我们将使用若干篇幅来描述它，至少能概述清楚。先前存在的遗留代码相当复杂，因为作者需要用不支持递归的语言（例如，Fortran77）来模拟递归。当然，我们可以使用第 9 章中阐述的 f2py 工具来实现这个代码。此外，我们也可以使用 Python 类和递归来构造一个简单的多重网格代码。作为一个具体实例，我们使用了 Press 等（2007）中对应章节内的样本问题，以便感兴趣的读者可以比较非递归方法和面向对象的方法。如果读者对多重网格并没有特别的兴趣，但确实关注涉及关联数学结构的问题，并且这些问题经常出现在诸如生物信息学、化学、流行病学和固态物理学等领域，那么理所当然应该仔细阅读最后这一章，以了解如何在数学上精确地解释问题，进而轻松地构造 Python 代码来求解问题。

1.3 Python 能与编译语言竞争吗

对 Python 及其科学计算软件包最常见的批评是它们在处理复杂的实际问题时与编译代码相比速度太慢。注重运行速度的读者可能需要了解最近的一项研究[㊀]，即通过各种方法来应对简单的“数字处理”问题。虽然其最后的结果图是在单个处理器上处理一个特定问题，但它们确实给出了性能上“大致正确”的印象。他们使用完全编译的 C++ 程序来解决这个问题，并将其速度作为一个基准。使用第 3 章所述技术（即核心 Python 技术）的解决方案速度慢了约 700 倍。一旦读者使用浮点模块 NumPy 和第 4 章中描述的技术，代码速度便会慢大约 10 倍左右，并且与 Matlab 的性能估计差不多一致。然而，正如研究指出的，有很多方法可以将 Python 加速到 C++ 性能的 80% 左右。其中一些实践在计算机科学中卓有成效。

特别是，存在一个对科学家非常有用的工具：f2py。我们将在第 9 章中详细讨论 f2py，阐述如何重用传统的 Fortran 遗留代码。它还可以用于访问标准的 Fortran 库，例如 NAG 库[㊁]。另一个用途是加速 NumPy 代码，从而提高性能。为了了解其工作原理，假设我们已经开发了一个程序（例如本书后面几节中描述的那些程序），程序使用了大量的函数，每个函数执行一个简单的任务。这个程序运行正常，但速度慢得令人无法接受。注意，可以直接获取 Python 代码所需的详细的时间性能数据。Python 包括一个可以在工作程序上运行的“性能分析器”（profiler）。“性能分析器”按执行函数所花费的时间顺序来输出函数的详细列表。“性能分析器”的使用非常便捷，具体请参见 2.5 节。通常，会存在一到两个函数，它们耗费很长的时间来执行简单的算法。

这就是 f2py 的切入点。因为函数很简单，即使初学者也可以很快创建等价语言（例如，Fortran77 或者 Ansi C）的代码。此外，因为我们所编码的内容十分简单，所以不需要

㊀ 请参见 http://wiki.scipy.org/PerformancePython。
㊁ 请参见 http://www.nag.co.uk/doc/TechRep/pdf/TR1_08.pdf。

对应语言（例如，Fortran95 或者 C++）的高级功能（这些需要花费精力去学习）。接下来，我们使用 `f2py` 工具将代码封装在 Python 函数中，并将它们嵌入 Python 程序内。只要有一点经验，我们就可以达到与完全使用其他语言（例如，Fortran95）编写的程序相同的运行速度。

1.4 本书的局限性

全面阐述 Python 及其各个分支需要大量的篇幅，而且在成书之前也许就已经过时了。因此，本书的目标是为读者提供一个起点，使读者掌握如何使用基本的附加软件包。一旦掌握了一些有关 Python 应用的经验知识，就可以进一步探索感兴趣的领域了。

我自己也意识到本书未能涉及一些非常重要的概念，例如，双曲问题的有限体积方法⊖、并行编程和实时图形等，Python 可以有效地应用于这些领域。在科学研究的前沿有一支非常强大的 Python 开发者队伍，通过互联网很容易访问他们的工作成果。请读者把本书看作通往科学研究前线的交通工具吧。

1.5 安装 Python 和附加软件包

Matlab 和 Mathematica 的用户习惯于使用定制的集成开发环境（IDE）。在启动屏幕中，用户可以使用内置编辑器审阅代码，编写、编辑和保存代码片段，并运行具体的程序。由于操作系统 Mac OS X 和大多数 Linux 版本事实上都包含核心的 Python 版本，因此许多计算机人员和其他经验丰富的黑客会告诉用户，安装额外的软件包是一件很简单的事情，而且用户可以在短短一小时内开始编码，从而弥补了一些相对于 IDE 的劣势。

不幸的是，专家们的观点是错误的。本书中涉及的 Python 系统会将语言运行到极限，因此所有的附加软件包必须彼此兼容。与许多其他作者一样，我本人也经历了数小时的挫折来尝试专家们的策略。请读者阅读附录 A，以节省时间和精力。基于上述原因，附录 A 主要针对初学者。

当然，这里也包含一定的争议和困扰（尽管不多且不太严重）。那么权衡之计是什么呢？如果读者遵循附录 A 中建议的路线，则最终会拥有一个无缝工作的系统。由于原始的 Python 解释器确实不那么友好，因此所有的 IDE 提供商都提供了一个“Python 模式”，但是他们声称所提供的需求已经被增强的解释器 IPython 所取代。实际上，在其最新版本中，IPython 希望超越 Matlab、Mathematica，以及商业 IDE 中与 Python 相关的功能。特别是，其允许用户使用自己喜欢的编辑器，而不是他们的编辑器，并且根据用户的需要定制命令。附录 A 和第 2 章中将阐述这些内容。

⊖ 基于 Fortran 的著名 Clawpack 包（http://depts.washington.edu/clawpack）已经从 Matlab 切换到 Python Matplotlib 以获得图形支持。

IPython 入门

IPython 字面上很像一款 Apple® 公司开发的软件，但实际上它是一个强大的 Python 解释器。它由科学家们设计和编写，目的是以最少的键入工作来完成快速的代码探索和构造任务，并在需要时提供适当（甚至最多）的屏幕在线帮助。有关文档等的更多信息请参见对应网站[⊖]。本章简要介绍 IPython 的基本使用要点。更加详细的描述请参见其他书籍，例如 Rossant（2015）。

在本章中，我们将集中讨论 IPython 的笔记本（notebook）模式和终端（terminal）模式，并且假设读者已经构建了 A.2 节和 A.3 节中所描述的环境。在我们开始实际示例之前，请心急的读者先忍耐片刻。2.1 节讨论的 Tab 键代码自动补全功能是最大程度减少按键次数的非同寻常但有效的方法，2.2 节讨论的自省特性将展示如何快速生成相关内联信息，而不需要停下来查阅手册。

2.1 Tab 键代码自动补全功能

在使用 IPython 解释器时，任何时候都可以使用 Tab 键代码自动补全功能。这意味着，无论何时开始在命令行或者单元格中键入与 Python 相关的名称，我们都可以暂停并按下 Tab 键，以查看在此上下文中与已经键入的字符相一致的可用名称列表。

例如，假设我们需要键入 `import matplotlib`[⊜]。键入 `i` 然后按 Tab 键将显示 15 个可用的代码自动补全项。通过观察，发现其中只有一个的第 2 个字母为 `m`，因此再键入 `m` 然后按 Tab 键将完成 `import` 关键字的输入。将此扩展为 `import m` 然后按 Tab 键，将显示 30 种列表选项，通过观察，我们需要通过键入 `import matp` 然后按 Tab 键来完成所需代码行的输入。

上述例子显得有些做作。但是存在一个使用 Tab 键代码自动补全功能的更加迫切的原因。在开发代码时，我们倾向于为变量、函数等使用短名称（为了偷懒）。（在 Fortran 的早期版本中，名称的确被限制为 6 个或者 8 个字符，但现在长度可以是任意的。）短名称通常意义不明确，其潜在的危险是当 6 个月后我们重新查看代码时，代码的意图可能不再显而易见。通过使用任意长度的有意义的名称，我们可以避免这个陷阱。而且由于 Tab 键代码自动补全功能，整个长名称的输入也只需一次按键。

2.2 自省

IPython 能够检查几乎任何 Python 构造（包括其自身），并为开发人员提供其选择的任

⊖ 网站请参见 www.ipython.org。

⊜ Matplotlib 是科学图形的重要组成部分，是第 5 章讨论的主题。

何可用信息报告。该功能被称为自省（introspection）。它是由单个字符（问号，即“?”）进行访问的。理解自省最简单的方法是使用这项功能，所以建议读者打开 IPython 解释器。

读者应该使用哪种模式呢？终端模式还是笔记本模式？初学者应该从终端模式开始（参见 A.3 节中的描述），以避免过高的复杂度。直到 2.5 节，我们将一直采用这种方式，因为其中涉及的代码段非常短。如果用户选择使用终端模式，则在命令行窗口中键入 `ipython`，然后按回车键。IPython 将予以响应并显示一长段标题，接着显示以“`In [1]:`”标注开始的用户输入行。接下来就是 IPython 解释器环境，读者可以尝试键入自省功能：在输入行键入 `?`，然后按回车键。（注意，在 IPython 终端模式下，按回车键意味着实际执行当前行中的命令。）IPython 以页面方式[⊖]予以响应并显示所有可用功能一览。退出这个命令后，键入命令 `quickref`（提示：可以使用 Tab 键代码自动补全功能）将显示一个更简洁的版本。强烈推荐读者仔细研究上述显示的两份帮助文档内容。

IPython 笔记本用户则需要使用稍微不同的命令。在调用笔记本程序（详细内容请参阅 A.2.2 节）之后，呈现在用户面前的是一个未编号的单行空白单元格。当用户尝试在输入行中键入自省字符 `?` 后，此时按回车键将仅仅在单元格中增加一个新的行。为了执行单元格中的命令，则需要同时按 Shift+ 回车键（执行命令，同时在当前单元格下面创建一个新的单元格），或者同时按 Ctrl+ 回车键（仅仅执行命令）。而输出（长长的功能一览）则出现在屏幕底部的可滚动窗口中，通过点击右上角的 x 按钮可以关闭该窗口。键入命令 `quickref`（提示：可以使用 Tab 键代码自动补全功能），然后同时按 Ctrl+ 回车键将显示一个更简洁的版本。再次强烈推荐读者仔细研究上述显示的两份帮助文档内容。

然而，科学家们往往是时间宝贵的群体，本章的目的是帮助他们开始使用最有用的特征。因此，我们需要输入一些 Python 代码，新手必须信任这些代码，直到他们掌握了第 3 章和第 4 章的内容。同样，对于笔记本或者控制台模式，操作过程略有不同。

使用 IPython 笔记本的用户应该将每个代码框中的代码行或者片段键入到一个单元格中。然后可以通过按 Ctrl+ 回车键或者 Shift+ 回车键执行代码。使用终端模式的读者应该逐行地输入代码中的代码行或者代码片段，并通过按回车键来完成每一行的输入。

例如，请键入如下代码：

```
a=3
b=2.7
c=12 + 5j
s='Hello World!'
L=[a, b, c, s, 77.77]
```

前两行表示 `a` 引用一个整数，`b` 引用一个浮点数。Python 使用工程师的约定：$\sqrt{-1}=\mathrm{j}$（数学家可能更喜欢 $\sqrt{-1}=\mathrm{i}$）。然后 `c` 引用一个复数[⊜]。在第 5 行中分别键入 `a`、`b` 和 `c`[⊜]，将

⊖ 这是基于 UNIX 的 less 程序的功能。为了更有效地使用它，读者只需要了解四个命令：空格键显示下一屏内容；`b` 键显示前一屏内容；`h` 键显示帮助屏幕内容，包括 less 程序常用命令；`q` 键表示退出。

⊜ 注意在代码片段中，5 和 `j` 之间没有乘法符号（*）。

⊜ 为了简洁起见，我们将不区分终端模式中的一行和笔记本模式中的单行单元格。

依次执行并显示标识符引用的对象的值。注意，显示多个值有一个有用的快捷方式——在单行上尝试键入 a, b, c。接下来尝试在单行中键入 c?，结果表明 c 确实指向一个复数。创建复数的另一种方式是 c=complex(12, 5)。接下来尝试键入 c.，然后按 Tab 键，解释器将立即提供三种可能的代码补全选项。它们代表什么意思呢？这里几乎是显而易见的，请先尝试键入 c.real?。（请使用 Tab 键代码自动补全功能，而不需要键入 eal。）结果显示 c.real 的值为浮点数 12，即复数的实部。初学者可能会尝试 c.imag。接下来请尝试键入 c.conjugate?。（同样只需要 5 次按键加回车键！）结果表明 c.conjugate 是一个函数，使用方法如下：cc = c.conjugate()。

这种表述方式对 Fortran 或者 C 语言的用户而言也许有些奇特，他们可能期望类似 real(c) 或 conjugate(c) 的方式。语法的改变是因为 Python 是面向对象的语言。这里的对象是 12 +5j，引用为变量 c。因此 c.real 是关于对象组件的值的查询，它不会改变对象。然而，c.conjugate() 则需要改变对象或者（此处）创建一个新的对象，因此它是一个函数。该表述对于所有对象都是一致的，更详细的讨论请参见 3.10 节。

返回到上一个代码片段，在一行中单独键入 s，将输出一个字符串。我们可以键入 s? 和 s. 来确认，随后按 Tab 键将显示 38 种与字符串对象相关的代码自动补全选项。读者应该尝试使用自省方法来发现其中一些选项的具体功能。同样，键入 L.? 将显示 L 是一个列表对象，包括 9 个代码自动补全选项。一定要试一试！一般而言，在 Python 代码中的任何地方，使用自省和 Tab 键自动代码补全可以生成相关的帮助文档。还有进一步的自省命令 ??（双英文问号），用于在适当的情况下显示函数的源代码，稍后将在 2.5 节给出一个示例。（我们迄今为止涉及的对象函数都是内置函数，而内置函数不是使用 Python 语言编写的！）

2.3 历史命令

如果读者观察上一节中代码的输出结果，则会发现 IPython 采用了一种与 Mathematica 笔记本非常类似的*历史命令*（history command）机制。输入行标记为 In[1]，In[2]，…，如果输入行 In[n] 产生了任何输出，则将其标记为 Out[n]。为了方便起见，前三个输入行 / 单元格可以通过变量名 _i、_ii 和 _iii 引用，而相应的输出行 / 单元格则可以通过 _、__ 和 ___ 引用。但是，在实际操作中，可以通过使用键盘上的上方向键 ↑（或者 Ctrl-p）和下方向键 ↓（或者 Ctrl-n）导航来将前一个输入行 / 单元格的内容插入当前输入行 / 单元格中，这可能是最常见的使用方法。在终端模式中保存历史命令信息虽然非同寻常，但却方便使用。如果关闭 IPython（使用 exit 命令）后又重新启动它，则上一个会话的历史命令记录仍然可以通过键盘上的上下方向键获得。有关历史命令机制，有很多更精细的方式，请读者尝试键入命令 history? 以获得相关帮助信息。

2.4 魔法命令

IPython 解释器希望接收有效的 Python 命令。同时，还能够提供一些输入命令以控制 IPython 行为或底层操作系统行为。这种与 Python 共存的命令被称为魔法命令（magic command）。通过在解释器中键入命令 %magic，可以显示一段很长的详细说明。通过键入命令 %lsmagic，可以显示可用的命令简要列表。（别忘了使用 Tab 键代码自动补全功能！）请注意，存在两种类型的魔法命令：行魔法命令（前缀为 %）和单元格魔法命令（前缀为 %%）。单元格魔法命令仅与笔记本模式有关。通过使用自省功能，读者可以获取每个魔法命令的帮助文档信息。

首先让我们讨论操作系统命令。一个简单的示例是 pwd，它来自 UNIX 操作系统，仅仅用于输出当前目录（输出工作目录）的名称并退出。在 IPython 窗口中通常有三种方法来实现该功能。请读者尝试如下命令。

```
!pwd
```

Python 中没有任何以“!”开始的命令，并且 IPython 将此解释为 UNIX shell 命令 pwd，并生成相应的 ASCII 文本输出结果。

```
%pwd
```

Python 中没有任何以“%”开始的命令，IPython 视此为行魔法命令，并将其解释为 shell 命令。结果字符串中的 u 表明结果使用 Unicode 编码，从而实现了丰富多样的输出。A.3.1 节中将简要涉及 Unicode 的概念。

```
pwd
```

这是一个微妙但有用的特征。行魔法命令并不总是需要前缀 %，请参见下文有关 %automagic 的讨论。由于解释器没有发现 pwd 的其他定义，因此将其作为魔法命令 %pwd 来处理。

```
pwd='hoho'
```

```
pwd
```

此时，pwd 被赋值为一个字符串，因此不会作为魔法命令来处理。

```
%pwd
```

带 % 的魔法命令可以消除二义性。

```
del pwd
```

```
pwd
```

使用 del 删除变量 pwd 后，此时的 pwd 没有其他赋值，其作用又恢复为一个行魔法命令。

```
%automagic?
```

当 %automagic 设置为 on 时（默认值），所有行魔法命令前面的单个百分号（%）都可以省略。这带来了巨大的便捷性，但读者必须清醒地意识到自己正在使用魔法命令。

魔法单元格命令以双百分号（%%）开始，作用于整个单元格，功能十分强大，具体请参见下一节。

2.5 IPython 实践：扩展示例

在本章的剩余部分，我们会呈现一个扩展示例的第一部分，以展示魔术命令的有效性。我们将在 3.9 节中讨论该扩展示例的第二部分内容，讨论如何通过分数实现任意精度的实数算术运算。关于分数有一个特点，如 3/7 和 24/56 通常被视为相同的分数。因此，这里存在一个问题，即确定两个整数 a 和 b 的“最大公因子”，或者正如数学家常用的称谓 GCD，其可用于把分数 a/b 化简为规范形式。（通过检查因子，发现 24 和 56 的 GCD 为 8，这意味着 24/56=3/7，并且不可能进一步化简。）实现检查因子的自动化并不容易，一些研究表明可以通过欧几里得算法（Euclid’s algorithm）实现。为了简洁地表达该算法，我们需要一些专业术语。假设 a 和 b 是整数。求 a 整除 b，其余数为 $a \bmod b$，如 $13 \bmod 5 = 3$，$5 \bmod 13 = 5$。如果用 $\gcd(a, b)$ 表示 a 和 b 的最大公因子 GCD，则欧几里得算法可以通过递归算法简单地描述如下：

$$\gcd(a, 0)=a,\ \gcd(a, b)=\gcd(b, a \bmod b),\ (b\neq 0) \tag{2-1}$$

请读者尝试基于上述算法手工求解 gcd(56, 24)。其实很简单！可以看出，当 a 和 b 是连续的斐波那契（Fibonacci）数时，演算会出现最费力的情况，因此它们对测试用例很有用。斐波那契数列 F_n 通过递归算法定义如下：

$$F_0=0,\ F_1=1,\ F_n=F_{n-1}+F_{n-2},\ n\geqslant 2 \tag{2-2}$$

斐波那契数列为：0，1，1，2，3，5，8，…

如何在 Python 语言中快速有效地实现欧几里得算法和斐波那契数列呢？我们从计算斐波那契数列任务开始，因为它看起来更简单。

为了开始掌握 IPython，希望初学者先充分信任如下两个代码片段。这里仅提供了部分解释，但在第 3 章中将对所有的特征进行更全面的解释。然而，这里需要强调的重点是，每种程序设计语言都需要辅助代码块，例如函数或者 do 循环的内容。大多数语言都以某种形式的括号来区分代码块，但 Python 只依赖缩进。所有的代码块必须具有相同的缩进。通常使用冒号（:）来表示需要子代码块。子代码块则进一步缩进（按惯例使用 4 个空格），并且使用取消额外缩进的方式指示子代码块的结束。IPython 及所有支持 Python 语言的编辑器都会自动处理这个问题。下面给出三个示例。

在我们继续讨论执行代码片段的工作流之前，初学者应该尝试理解（也许是大致了解）正在发生的事情。

```
1 # File: fib.py Fibonacci numbers
2
3 """ Module fib: Fibonacci numbers.
```

```
 4     Contains one function fib(n).
 5 """
 6
 7 def fib(n):
 8     """ Returns n'th Fibonacci number. """
 9     a,b=0,1
10     for i in range(n):
11         a,b=b,a+b
12     return a
13
14 ##########################################################
15 if __name__ == "__main__":
16     for i in range(1001):
17         print "fib(",i,") = ",fib(i)
```

Python 语法的细节将在第 3 章解释。目前暂时只需要了解以 # 符号开始的行（如第 1 行和第 14 行）表示注释。另外第 3～5 行定义了一个文档字符串，其作用将在稍后进行解释。第 7～12 行定义了一个 Python 函数。注意前述内容表明每个冒号（:）都要求缩进代码块。第 7 行是函数声明。第 8 行是函数文档字符串信息（同样将在稍后阐述）。第 9 行引入了标识符 `a` 和 `b`，它们是该函数的局部变量，初始值分别引用值 0 和 1。接下来检查第 11 行，暂时忽略其缩进。此处 `a` 被设置为引用 `b` 最初引用的值，同时 `b` 被设置为引用最初 `a` 和 `b` 引用的值的和。很明显，第 9 行和第 11 行重复计算蕴含在式（2-2）中的公式。第 10 行引入了一个 `for` 循环（或者 `do` 循环，这将在 3.7.1 节阐述），循环包括第 11 行。此处 `range(n)` 生成了一个包含 n 个元素的列表 $[0, 1, \cdots, n-1]$，因此第 11 行将被执行 n 次。最后，第 12 行退出函数，并且返回最终 `a` 引用的值。

当然，我们需要提供一个测试集来证明这个函数是按照预期的方式运行的。第 14 行仅仅是注释。第 15 行将随后解释。（在输入时，请注意有四对下划线。）因为它是一个以冒号结尾的 `if` 语句，所以后面的所有行都需要缩进。我们已经了解到第 16 行代码的思想。我们使用 i=0，1，2，…，1000 重复执行第 17 行代码 1001 次。它输出表示 `i` 的值的字符串（包含 4 个字符），以及表示 `fib(i)` 的值的另一个字符串（包含 4 个字符）。

接下来，我们展示创建和使用上述代码片段的两种可能的工作流程。

2.5.1　使用 IPython 终端的工作流程

首先用户使用喜欢的编辑器，在运行 IPython 的目录中创建一个文件 `fib.py`，输入上述代码片段的内容并保存。然后，在 IPython 窗口中运行魔法命令 `run fib`。如果用户所创建的文件内容没有语法错误，则运行结果为 1001 行斐波那契数。如果文件内容存在语法错误，则将输出其中的第一处错误。重新回到编辑器窗口，更正并保存源代码。然后再次尝试运行魔法命令 `run fib`。（初学者可能需要重复数次，但这并不复杂！）

2.5.2　使用 IPython 笔记本的工作流程

打开一个新的单元格并在其中输入上述代码片段，为了稳妥起见请保存笔记本（使用快捷键按 ESC 键后再按 s 键)。接着运行单元格(使用快捷键 Ctrl+ 回车键)。如果用户所输入的代码没有语法错误,则运行结果为 1001 行斐波那契数。如果输入的代码存在语法错误,则将输出其中的第一处错误。重新回到单元格,修改错误代码,然后再次运行单元格。(初学者可能需要重复数次,但这并不复杂!)一旦程序满足要求,重新回到单元格,并在最前面插入如下单元格魔法命令:

```
%%writefile fib.py
```

现在重新运行该单元格,则单元格中的内容将写入到当前目录的 fib.py 中,如果该文件已经存在,则覆盖其内容。

一旦程序验证并运行正确后,我们如何测量其运行速度呢?再次运行程序,但使用增强魔法命令 run -t fib,则 IPython 将产生时间度量数据。在我自己的计算机上,“用户时间”(User time)是 0.05 秒,但是“系统时间”(Wall time)是 0.6 秒。很显然,该差异反映了有大量字符输出到屏幕上。要验证这一点,请将代码片段修改如下:在第 17 行的前面插入一个 # 符号以注释掉打印输出语句;添加新的第 18 行,输入 fib(i),请注意缩进格式正确。(这将对函数进行求值,但不处理计算结果值。)接下来再次运行程序,在我的计算机上耗时 0.03 秒,这表明 fib(i) 运行速度极快,但打印输出速度缓慢。(最后别忘了注释掉第 18 行,并取消第 17 行的注释!)

接下来我们将解释第 3~5 行以及第 8 行中的文档字符串,以及奇特的第 15 行。请关闭 IPython(在终端模式下,使用命令 exit),然后重新打开一个 IPython 的会话。仅输入一行语句 import fib,注意只需要文件主名,不需要输入文件后缀 .py。该语句导入了一个对象 fib。那么 fib 是什么呢?使用自省命令 fib?,IPython 将输出代码片段中第 3~5 行的文档字符串信息。这表明我们也可以获得有关函数 fib.fib 的更多信息,所以请尝试命令 fib.fib?,结果将返回第 8 行中的函数文档字符串信息。文档字符串(docstring)是用三引号括起来的信息,用途是向其他用户提供在线帮助文档。另外,自省还有一个有用的技巧,请尝试 fib.fib??,将输出该函数的源代码列表。

读者应该注意到,运行 import fib 并没有输出前 1001 个斐波那契数。但是,如果我们在一个单独的 IPython 会话中运行命令 run fib,则将输出前 1001 个斐波那契数!代码片段的第 15 行检测文件 fib.py 是被导入还是被运行,并相应地不运行或者运行测试集。其实现原理将在 3.4 节阐述。

接下来我们继续讨论原来的任务,即实现公式(2-1)中的 gcd 函数。一旦我们认识到 Python 实现递归没有任何问题,并且 a mod b 被实现为 a%b,那么最简单的解决方案可以通过如下的代码片段实现(请暂时忽略第 14~18 行)。

```
1 # File gcd.py Implementing the GCD Euclidean algorithm.
2
3 """ Module gcd: contains two implementations of the Euclid
4    GCD algorithm, gcdr and gcd.
5 """
6
```

```
 7 def gcdr(a,b):
 8     """ Euclidean algorithm, recursive vers., returns GCD. """
 9     if b==0:
10         return a
11     else:
12         return gcdr(b,a%b)
13 
14 def gcd(a,b):
15     """ Euclidean algorithm, non-recursive vers., returns GCD. """
16     while b:
17         a,b=b,a%b
18     return a
19 
20 ##################################################
21 if __name__ == "__main__":
22     import fib
23 
24     for i in range(963):
25         print i, ' ', gcd(fib.fib(i),fib.fib(i+1))
```

上述代码片段中唯一真正的新内容是第22行中的 **import** fib 语句，而上文我们已经讨论了其作用。第24行和第25行中循环的执行次数十分关键。输出结果表明，上述代码片段运行耗时为几分之一秒。接下来将第24行中的参数963更改为964，保存文件，并再次执行 run gcd。结果发现输出是一个无限循环，稍微耐心等待后，最终进程会终止，并显示错误信息“the maximum recursion depth has been exceeded”（超过最大递归深度）。虽然Python允许递归，但对自调用的数量存在限制。

这个限制对用户而言可能不是大问题。但有必要花点时间考虑是否可以在不使用递归的情况下实现欧几里得算法（2-1）。我提供了一个解决方案，位于代码片段第14～18行实现的函数 gcd 中。第16行和第17行定义一个 while 循环，请注意第16行后面的冒号。在 while 和冒号之间，Python期望一个计算结果为布尔值（True 或者 False）的条件表达式。只要条件表达式的计算结果为 True，则循环执行第17行，然后重新测试条件表达式。如果测试结果为 False，则循环终止，控制转移到下一语句（第18行）。在该上下文中，b 是一个整数，那么整数值如何转换为布尔值呢？答案非常简单：整数值0总是被强制转换为 False；所有非零值则被强制转换为 True。因此，当 b 变为0时，则循环结束，然后函数返回值 a。这是公式（2-1）的第一个子句。第17行的转换是第二个子句，所以这个函数实现了欧几里得算法。它比递归函数短，可以被调用任意次数，并且我们将看到，其运行速度更快。

那么，上述改进算法是否有效呢？使用 run 命令，我们可以获得统计数据。首先，编辑代码片段，修改代码使函数 gcdr 循环运行963次，并保存代码。接下来执行 run -t gcd，以获得运行耗时。在我的计算机上，“用户时间”是0.31秒（每个读者计算机上的耗时可能会不同，但主要考虑的是相对时间。“系统时间”则反映输出显示时间开销，并且与此处无关。接下来执行 run -p gcd 以调用Python性能分析器。虽然理解输出显示结果的每个方面需要阅读相关帮助文档信息，但也可以使用科学直观感觉。结果表明，在总共 464 167 次实际调用中，有 963 次直接调用（与预期相符）函数 `gcdr`。该函数实际耗时 0.237 秒。其次，函数 `fib` 被调用了 1926 次（与预期相符），并且耗时 0.084 秒。注意，这些时间不能与前面 `run -t gcd` 的运行结果相比较，因为 `run -p gcd` 的耗时包括性能分析器的时间开销（并且此处不能忽略）。然而，我们可以得出结论，函数 `gcdr` 耗费了大约 74% 的时间开销。

接下来我们重复有关函数 `gcd` 的练习。修改代码段的第 25 行，用 `gcd` 替换 `gcdr` 并保存文件。接下来执行 `run -t gcd`，结果用户时间是 0.20 秒。执行另一个命令 `run -p gcd`，结果显示函数 `fib` 被调用了 1926 次，耗时 0.090 秒。但是，函数 `gcd` 只被调用了 993 次（与预期相符），耗时为 0.087 秒。因此，`gcd` 耗时占比为 49%。近似地，相对耗时可以消除性能分析器时间开销的影响。结果表明，递归版本 0.31 秒耗时的 74% 是 0.23 秒，而非递归版本 0.20 秒耗时的 49% 是 0.098 秒。因此，改进算法思想的结果代码更加短小，运行时间是原始算法的 43%！

从上述示例中我们可以总结如下两点：

1. IPython 的魔法命令 `run` 或者 `%run` 可以提高 Python 的工作效率。读者可以通过自省命令来查阅其文档字符串。也请注意 `%run -t` 和 `%run -p` 的区别。同时，建议读者尝试自省命令 `%timeit`。

2. 读者在文献中会查阅到许多关于“加速”Python 的方法，这些方法通常是非常聪明的软件工程方法。但没有一种能像人类的创造力那样有效！

第 3 章

Python for Scientists, Second Edition

Python 简明教程

虽然 Python 是一种小语言，但其涉及的内容却非常丰富。在编写教科书时，常常会有一种按主题全面阐述程序设计语言各个方面的冲动。最明显的例子是来自 Python 创始人吉多·范罗苏姆的入门教程。Python 入门教程以电子形式包含在 Python 文档中，也可以在线获得⊖，或者购买纸质版本书籍（Guido van Rossum 和 Drake Jr.（2011））。这本书相对比较简洁，只有 150 页的内容，而且没有涉及 NumPy。我最喜欢的教科书是 Lutz（2013），该书超过 1500 页，是一种马拉松式学习曲线，而且只是稍微提及 NumPy。该书之所以非常优秀，是因为它提供了各功能的详细解释，但对于 Python 语言的第一门课程而言，其内容太过繁杂。另外两本教科书 Langtangen（2009）和 Langtangen（2014）的内容更倾向于科学计算，但都存在同样的问题，它们都差不多 800 页，且内容重叠较多。建议读者把上述书籍（以及其他书籍）作为参考书，但它们都不是适用于学习 Python 语言的教科书。

学习一门外语时，很少有人会先学习一本语法教材，然后背字典。大多数人的学习方法是开始学习一些基本语法和少量词汇，然后通过实践逐渐扩大其语法结构和词汇量的范围。这种学习方法可以使他们快速地理解和使用语言，而这就是本书采用的学习 Python 的方法。这种学习方法的缺点是语法和词汇被分散到整个学习过程中，但这个缺点可以通过使用其他教科书来改善，例如前一段中所提到的那些教科书。

3.1 输入 Python 代码

虽然可以仅仅通过阅读教程内容的方式来学习，但在阅读的同时使用手头的 IPython 终端来尝试示例代码会更有帮助。对于较长的代码片段（如 3.9 节和 3.11 节中的代码片段），则建议使用笔记本模式，或者终端模式与编辑器一起使用，以便保存代码。附录 A 中的 A.2 和 A.3 节描述了这两种方法。在尝试了这些代码片段之后，强烈鼓励读者在解释器中尝试自己的实验。

每种程序设计语言都包含代码块，代码块是由一行或者多行代码组成的语法体。与其他语言相比，Python 基本上不使用圆括号 () 和大括号 {}，而是使用缩进作为代码块格式化工具。在任何以冒号（:）结尾的行之后，都需要一个代码块，代码块通过一致的缩进与周围的代码区分开来。虽然没有指定缩进的空白字符个数，但非官方标准一般使用 4 个空白字符。IPython 和所有支持 Python 的文本编辑器都会自动完成这种格式化操作。若要还原到原始缩进级别，则请使用回车键输入一个空行。不使用括号可以提高可读性，但缺点是代码块中的每一行都必须与前面的缩进相同，否则将发生语法错误。

⊖ 网址为：http://docs.python.org/2/tutorial。

Python 允许两种形式的注释（comment）。一种是 # 符号，表示当前行中 # 符号后的其余部分是注释。文档字符串（docstring）可以跨越多行，并且可以包含任何可打印字符。文档字符串由一对三引号来界定，例如：

```
""" This is a very short docstring. """
```

为了完整性，读者注意到我们可以在同一行上放置多条语句，只要用分号将它们分开，但是应该考虑可读性。长语句可以使用续行符号“\”来分成多行。并且，如果一个语句包括一对括号 ()，那么我们可以在它们之间的任何位置点分行，而不需要使用续行符号“\”。一些简单的示例如下所示：

```
  a=4; b=5.5; c=1.5+2j; d='a'
  e=6.0*a-b*b+\
        c**(a+b+c)
  f=6.0*a-b*b+c**(
        a+b+c)
a, b, c, d, e, f
```

3.2 对象和标识符

Python 包含大量的对象和标识符。对象可以被认为是一个计算机内存区域，包含某种数据以及与数据相关的信息。对于一个简单的对象，这些信息包括它的类型和标识㊀（即内存中的位置，很显然这与计算机相关）。因此，大多数用户对对象标识并不感兴趣。用户需要与机器无关的访问对象的方法，这可以通过标识符提供。标识符是附加到对象上的一个标签，由一个或者多个字符组成。标识符的第一个字母必须是字母或者下划线，后续字符必须是数字、字母或者下划线。标识符是区分大小写的：x 和 X 是不同的标识符。（以下划线开始或结束的标识符具有专门用途，因此初学者应该避免使用。）我们必须避免使用预定义的标识符（如 list），并且应该总是尝试使用有意义的标识符。然而，选择 xnew、x_new 或 xNew，则是用户个人的偏好。请尝试运行如下代码片段，建议读者在终端窗口中逐行键入，可以更加明确其含义：

```
1 p=3.14
2 p
3 q=p
4 p='pi'
5 p
6 q
```

注意，我们从来没有声明标识符 p 引用的对象的类型。在 C 语言中我们必须声明 p 为“double”类型，在 Fortran 中则必须声明 p 为“real*8”类型。这不是偶然或者疏忽。Python 语言的一个基本特征是类型属于对象，而不是标识符㊁。

㊀ 很不幸这个名称的选择容易产生歧义，请不要与后述的标识符混淆。

㊁ 感兴趣的读者可以使用命令 type(p) 来查看标识符 p 引用的对象的类型，而 id(p) 则返回其对象标识。

接下来，在第3行我们设置 q=p。右侧由 p 指向的对象替换，q 是指向这个对象的新的标识符（如图3-1所示）。这里没有测试标识符 q 和 p 相等性的含义！注意，在第4行中，我们将标识符 p 重新赋值为一个“string”对象。但是，标识符 q 仍然指向原始的浮点数对象（如图3-1所示），第5行和第6行的输出可以证明上述结论。假设我们要重新赋值标识符 q。然后，除非中间把 q 赋值给另一个标识符，否则原始的“float”对象将没有任何赋值的标识符，因此程序员将无法访问它。Python 将自动检测并释放计算机内存，这个过程被称为自动垃圾收集。

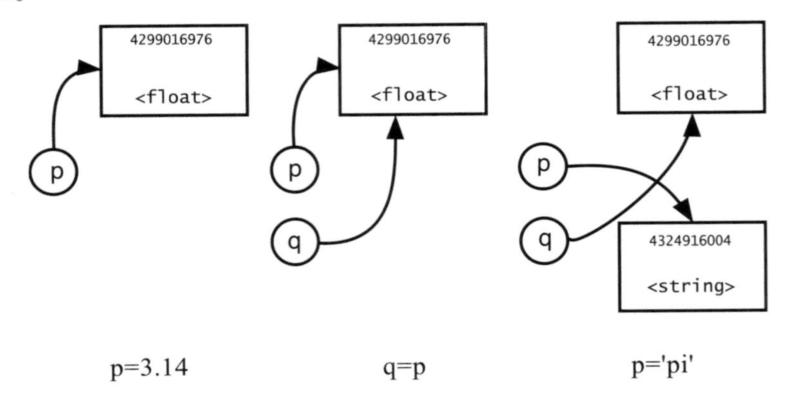

图3-1　Python 中赋值的示意图。在第一条命令 p=3.14 执行之后，创建浮点数对象 3.14，并将其赋值给标识符 p。在这里，对象被描述为对象标识（对象标识是一个大数值，对应于计算机中存储对象数据的内存地址（高度依赖于计算机））和对象类型。第二条命令 q=p 将标识符 q 分配给同一个对象。第三条命令 p='pi' 将 p 分配给一个新的“string”对象，而 q 指向原始的浮点数对象

赋值语句在稍后的章节中十分重要，我们强调赋值操作是 Python 程序的基本构建块之一，尽管赋值语句看起来像是相等性判断，但它与相等性判断无关。其语法格式如下：

```
<identifier>=<object>
```

在 Python 程序中，赋值语句将多次重复出现。如前所述，对象的类型“属于”对象，而不是属于其赋值的标识符。从今以后，我们在叙述时尽量避免咬文嚼字！

前文我们非正式地介绍了“浮点数”，接下来将讨论一些简单的对象类型。

3.3　数值类型

Python 包括三种简单的数值对象类型，我们还将介绍第四种类型（稍微复杂）。

3.3.1　整型

Python 语言中整型数据为 int。早期版本支持的整型数值范围为 $[-2^{31}, 2^{31}-1]$，但是新的版本整型数值范围进一步扩大，现在 Python 支持的整型数值范围几乎没有限制（仅受计算机内存限制）。

整型数值当然支持通常的加法（+）、减法（-）和乘法（*）运算。而对于除法运算则需要稍微注意：即使 p 和 q 是整数，p/q 的结果也不一定是整数。一般地，我们可以假设 $q>0$（不失一般性），在这种情况下，存在唯一的整数 m 和 n，满足：

$$p=mq+n,\ 其中\ 0\leqslant n<q$$

在 Python 语言中，整型除法定义为 `p//q`，其结果为 `m`。使用 `p%q`，可以求得余数 `n`。使用 `p**q`，可以求得乘幂 p^q，当 q<0 时，结果为实数。

3.3.2 实数

Python 语言中浮点数为 `float`。在大多数安装环境中，浮点数的精度大约为 16 位，其数值范围为 $(10^{-308}, 10^{308})$。浮点数对应于 C 语言家族中的 `double`，对应于 Fortran 家族中的 `real*8`。浮点数常量的标记遵循一般标准，例如：

```
-3.14, -314e-2, -314.0e-2, -0.00314E3
```

上述浮点数都表示相同的 `float` 值。

常用的加法、减法、乘法、除法和幂的运算规则同样适用于浮点数运算。对于前三种运算，可以无缝地实现混合模式操作，例如，如果需要求一个 int 和 float 之和，则 int 被自动向上转换（widening）为 float。该规则同样适用于除法运算（如果一个操作数是 int 而另一个操作数是 float）。然而，当两个操作数都是 int（例如，±1/5）时，结果会是什么呢？Python 的早期版本（<3.0）采用整数除法规则：`1/5=0`，`-1/5=-1`，而版本号≥3.0 的 Python 则采用实数除法规则：`1/5=0.2`，`-1/5=-0.2`。这是一个潜在的坑，但很容易避免：可以采用整除运算符 `//`，或者向上转换其中的一个操作数以保证运算结果没有二义性。

Python 语言具有一个继承于 C 语言的有用特性。假设我们希望将 `a` 引用的浮点数递增 2，很显然可以使用如下代码：

```
temp=a+2
a=temp
```

虽然上述代码结果正确，但若使用如下单一指令，则速度更快、效率更高：

```
a+=2
```

当然，上述规则同样适用于其他算术运算符。

可以显式地将一个 int 向上转换到一个 float，例如，`float(4)` 将返回结果 `4.` 或者 `4.0`。把一个 float 向下转换（narrowing）到一个 int 的算法如下：如果 x 是一个正实数，则存在一个整数 m 和一个浮点数 y，满足：

$$x=m+y,\ 其中\ 0\leqslant y<1.0$$

在 Python 语言中，float 向下转换为 int 可通过 `int(x)` 实现，结果为 `m`。如果 `x` 为负数，则 `int(x)=-int(-x)`。该规则可以简洁地表述为“向 0 方向截取整数”，例如，`int(1.4)=1` 和 `int(-1.4)=-1`。

在程序设计语言中，我们期望提供大量熟悉的数学函数来用于编程。Fortran 语言内置了最常用的数学函数，但在C语言家族中，我们需要在程序的顶部通过一个语句（如 `#include math.h`）导入数学函数。Python 语言同样需要导入一个模块，作为示例我们讨论 `math` 模块，该模块包括许多用于实数的标准数学函数（模块将在 3.4 节中定义）。首先假设我们不知道 `math` 模块包含哪些内容。下面的代码片段首先加载模块，然后列出其内容的标识符。

```
import math
dir(math)          # or math.<TAB> in IPython
```

要了解有关具体对象的更多信息，可以查阅书面文档或者使用内置帮助，例如在 IPython 中：

```
math.atan2?        # or help(math.atan2)
```

如果读者非常熟悉模块中包含的内容，则可以在调用函数之前，在代码中的任何地方使用一个快速的解决方案来替换上面的导入命令：

```
from math import *
```

随后，上面提到的函数可以直接使用 `atan2(y,x)` 的方式，而不是 `math.atan2(y,x)` 的方式，乍看起来这非常美妙。然而，还存在另一个模块 `cmath`，其中包含了许多关于复数的标准数学函数。接下来假设我们重复使用上述快速导入解决方案：

```
from cmath import *
```

那么，`atan2(y,x)` 代表哪一个函数呢？可以把一个实数向上转换到一个复数，而反过来则不能转换！注意，与C语言不同，`import` 语句可以位于程序中的任何地方，只要在需要其内容的代码之前即可，所以混乱正静静地等待着破坏用户的计算！当然 Python 也意识到了这个问题，我们将在 3.4 节中描述推荐的工作流程。

3.3.3 布尔值

为了完整性，这里我们将讨论布尔值或者 `bool`，它是 int 的子集，包含两个可能的值 `True` 和 `False`，大致等同于 1 和 0。

假设变量 box 和 boy 引用 `bool` 对象值，则表达式（如“`not box`”“`box and boy`”和“`box or boy`”）具有特殊的含义。

int 和 float 类型值（如 `x`、`y`）定义了标准的相等运算符，例如 `x==y`（等于）、`x!=y`（不等于）。为了提醒读者注意 Python 浮点数的局限性，下面是一个简单的练习，请猜测以下代码行的运行结果，然后键入、运行该行代码并解释其执行结果。

```
math.tan(math.pi/4.0)==1.0
```

对于比较运算符“x>y”“x>=y”“x<y”和“x<=y”，如果需要则自动进行向上类型转换。特别是，Python 支持链式（chaining）比较运算符表达式，以方便比较运算。例如，“0<=x<1<y>z”等同于：

```
(0<=x) and (x<1) and (1<y) and (y>z)
```

注意，在上例中 x 和 y 或 z 之间并没有进行直接比较。

3.3.4 复数

前文已经介绍了三种数值类型，它们构成了最简单的 Python 对象类型，它们是更复杂的数值类型的基础。例如，有理数可以用一对整数来实现。在科学计算中，复数可能是更有用的复杂数值类型，它是使用一对实数来实现的。虽然数学家通常使用 i 表示 $\sqrt{-1}$，但大多数工程师则倾向于使用 j，而 Python 语言采用了后者。因此，一个 Python 复数可以显式地定义为诸如 c=1.5-0.4j 的形式。请仔细观察该语法：j（也可以使用大写的 J）紧跟在浮点数的后面，中间没有包括符号“*”。另一种把一对实数 a 和 b 转换为一个复数的语法是 c=complex(a, b)。也可以使用下列语法把上面语句中定义的复数 c 转换为实数：c.real 返回实数 a；c.imag 返回实数 b。另外，语法 c.conjugate() 将返回复数 c 的共轭复数。有关复数属性的语法将在 3.10 节详细讨论。

Python 复数支持五种基本的算术运算，并且在混合运算模式中，将自动进行向上数值类型转换。另外，还包含一个针对复数运算的数学函数库，这需要导入库 cmath，而不是 math。然而，根据显而易见的原因，复数没有定义前文描述的涉及排序的比较运算，但可以使用等于运算符以及不等于运算符。

到此为止，读者已经学习了足够的 Python 知识，可以将 Python 解释器作为一个复杂的包含五种功能的计算器来使用，强烈建议读者尝试一些自己的示例。

3.4 名称空间和模块

当 Python 正在运行时，它需要保存已分配给对象的那些标识符列表，此列表被称为*名称空间*（namespace），并且作为 Python 对象，名称空间也具有标识符。例如，当在解释器中工作时，名称空间具有一个不大好记忆的名称：__main__。

Python 的优势之一是它能够包含由读者或者其他人编写的文件（其中包含对象、函数等）。为了实现这种包含其他文件的功能，假设读者已经创建了一个包含可以重用的对象（如 obj1 和 obj2）的文件，并且保存了文件（例如，保存为 foo.py，其后缀必须为 .py。请注意，对于大多数文本编辑器而言，都要求该文件后缀为 .py，以便支持处理 Python 代码）。这种 Python 文件被称为模块（module）。模块（foo.py）的标识符为 foo，即其文件主名，不包括其后缀。

在后续的 Python 会话中，可以通过下列语句导入该模块：

```
import foo
```

(当首次导入该模块时，会将其编译成字节码并写入磁盘文件 foo.pyc。在随后的导入中，解释器直接加载这个预编译的字节码，除非 foo.py 的修改日期更近，在这种情况下，将自动生成文件 foo.pyc 的新版本。)

上述导入语句的作用是引入模块的名称空间 foo，随后可以借助如下方法来使用 foo 中的对象，例如标识符 foo.obj1 和 foo.obj2。如果能够确信 obj1 和 obj2 不会与当前名称空间中的标识符冲突，则也可以通过下列语句直接导入 obj1 和 obj2，然后使用诸如 obj1 的形式进行直接引用。

```
from foo import obj1, obj2
```

使用 3.3.2 节中的“快速导入”方法，则等同于如下语句：

```
from foo import *
```

该语句导入模块 foo 名称空间中的所有对象。如果当前名称空间中已经存在一个标识符 obj1，则导入过程将覆盖标识符 obj1，通常这意味着原来的对象将无法被访问。例如，假设我们已经有一个引用浮点数的标识符 gamma，则执行如下导入语句：

```
from math import *
```

该导入语句将覆盖原来的标识符 gamma，现在 gamma 指向 cmath 库中的（实数）gamma 函数。接下来执行如下导入语句：

```
from cmath import *
```

该导入语句将把 gamma 覆盖为（复数）gamma 函数！另外要注意，由于 import 语句可以在 Python 代码的任何位置出现，因此使用该导入方法将导致潜在的混乱。

除非是在解释器中进行快速的解释工作，否则最佳实践方案是修改导入语句，例如：

```
import math as re
import cmath as co
```

因此，在上述示例中，可以同时使用 gamma、re.gamma 和 co.gamma。

我们现在已经了解了足够的背景知识，接下来解释如下神秘的代码行：

```
if __name__ == "__main__"
```

该语句出现在 2.5 节中的两个代码片段内。第一次出现在文件 fib.py 中。现在，如果我们将这个模块导入解释器中，那么它的名称是 fib，而不是 __main__，因此这个代码行后面的代码行将被忽略。但是，在开发模块中的函数时，通常直接通过 %run 命令运行模块，此时（正如本节开始时所解释的）模块内容被读入 __main__ 名称空间，所以满足代码行中的 if 条件，继而将执行随后的代码。在实践中，这种方法非常便利。在开发一系列对象（如函数）时，我们可以在附近编写辅助测试功能代码。而在生产模式中，通过 `import` 语句导入模块时，这些辅助功能代码被有效地“注释”了。

3.5 容器对象

计算机的有用性很大程度上取决于它们能快速执行重复性任务的能力。因此，大多数程序设计语言都提供容器对象，通常称为数组，它可以存储大量相同类型的对象，并通过索引机制检索它们。数学向量将对应于一维数组，而矩阵对应于二维数组。令人惊讶的是，Python 核心语言竟然没有数组概念。相反，它有更加通用的容器对象：列表（list）、元组（tuple）、字符串（string）和字典（dict）。我们很快就会发现，可以通过列表来模拟数组对象，这就是以前在 Python 中进行数值处理的工作方式。由于列表的通用性，这种模拟方法与 Fortran 或者 C 中的等价结构相比要耗费更多的时间，其数值计算缓慢理所当然地为 Python 带来了坏名声。开发人员提出了各种方案来缓解这个问题，现在他们已经提出了标准的解决方案，就是使用 NumPy 附加模块（将在第 4 章阐述）。NumPy 的数组具有 Python 列表的通用性，但其内部实现为 C 的数组，这显著地减少（但并非完全消除）了其速度损失。然而，本节将详细讨论这些核心容器对象，以进行大量的科学计算工作。它们擅长“行政、簿记杂务”，而这正是 Fortran 和 C 语言的弱项。用于特大数量的数值处理的数值数组则推迟到下一章，但是对数值特别感兴趣的读者也需要理解本节的内容，因为本节的知识点将延续到下一章。

3.5.1 列表

请读者在 IPython 终端输入并执行如下代码片段：

```
 1 [1,4.0,'a']
 2 u=[1,4.0,'a']
 3 v=[3.14,2.78,u,42]
 4 v
 5 len(v)
 6 len?              # or help(len)
 7 v*2
 8 v+u
 9 v.append('foo')
10 v
```

第 1 行是 Python 列表的第一个对象实例，是包括在方括号中由逗号分隔的 Python 对象的有序序列。它本身是一个 Python 对象，可以被赋值给一个 Python 标识符（例如第 2 行）。与数组不同，不要求列表的元素都是相同类型。在第 3 行和第 4 行中，我们看到在创建列表时，标识符被它所引用的对象替换，例如，一个列表可以是另一个列表中的元素。初学者应该再次参考图 3-1。注意列表是对象，而不是标识符。在第 5 行中，我们调用一个非常有用的 Python 函数 `len()`，它返回列表的长度，这里的返回结果是 4。（Python 函数将在 3.8 节中讨论。同时，我们可以在 IPython 中通过输入“ len?”来了解 len 的用途。）我们可以通过类似第 7 行的构造语句来重复列表内容，第 8 行的代码用于拼接列表。我们可以将项目追加到列表的末尾（如第 9 行）。这里 v.append() 是另一个有用的函数，仅适用于列表。读者可以尝试 v.append 或者 help(v.append)，以查看其帮助信息。另外，输入 list. 然后按 Tab 键或者执行 help(list) 命令，将显示列表对象的内置函数。它们类似于 3.3.4 节中的 c.conjugate()。

3.5.2 列表索引

我们可以通过索引来访问列表 u 的元素 u[i]，其中 i 是一个整数，并且 $i \in [0, \text{len}(u))$。请注意，索引从 u[0] 开始，到 u[len(u)-1] 结束。到目前为止，这与数组索引访问（例如 C 或者 Fortran 语言）十分相似。然而，一个 Python 列表（例如 u）“知道”其长度，因此我们也可以以相反的顺序来索引访问元素 u[len(u)-k]，其中 $k \in (0, \text{len}(u)]$，Python 将其缩写为 u[-k]。这种方法非常便利。例如，任何列表 w 的第一个元素都可以通过 w[0] 来访问，而其最后的元素可以通过 w[-1] 来访问。图 3-2 的中间部分显示了一个长度为 8 的列表的两组索引。使用上面的代码片段，请读者猜测一下对应于 v[1] 和 v[-3] 的对象，并使用解释器来检查答案。

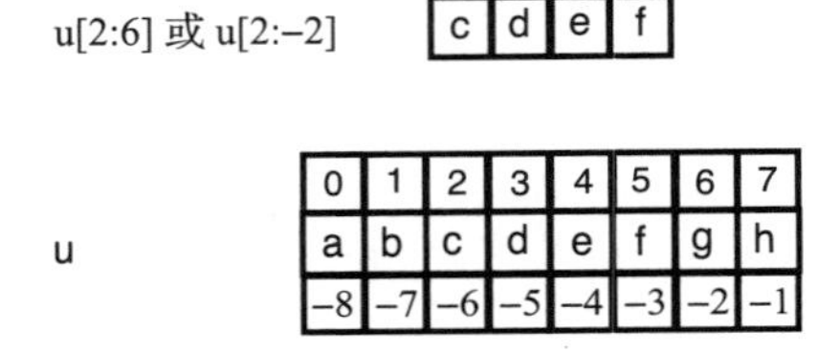

图 3-2 长度为 8 的列表 u 的索引和切片。中间部分显示 u 的内容及其两组索引，通过这些索引可以访问其元素。上面部分显示了一个长度为 4 的切片的内容（按正序）。下面部分显示了另一个切片的内容（按逆序）

乍一看，该功能似乎只是一个很小的增强，但当与切片和可变性的概念结合起来时，它就变得非常强大，我们接下来将介绍这些概念。因此，读者必须清楚地理解负数索引所代表的含义。

3.5.3 列表切片

给定一个列表 u，我们可以通过切片操作来构造更多的列表。切片最简单的形式是 u[start:end]，结果是一个长度为 end-start 的列表，如图 3-2 所示。如果切片操作位于赋值语句的右侧，则会创建一个新的列表。例如，su=u[2:6] 将创建一个包含 4 个元素的新列表，其中 su[0] 初始化为 u[2]。如果切片操作位于赋值语句的左侧，则不会生成新的列表。相反，它允许我们改变现有列表中元素块的值。这里包含一些 C 语言和 Fortran 语言用户可能不大熟悉的重要新语法。

阅读如下简单示例，它说明了各种可能的操作；一旦理解其含义，便建议读者进一步尝试自己的实验，最好在 IPython 终端模式下进行操作。

```
1 u=[0,1,2,3,4,5,6,7]
2 su=u[2:4]
3 su
4 su[0]=17
5 su
6 u
7 u[2:4]=[3.14,'a']
8 u
```

如果 start 为 0，则可以省略，例如，u[:-1] 是 u 的除最后一个元素之外的副本。在另一端同样适用，u[1:] 是 u 的除第一个元素之外的副本，而 u[:] 是 u 的副本。这里，我们假设切片操作位于赋值语句的右侧。切片操作的更一般的语法形式为 su = u[start:end:step]，结果 su 包含元素 u[start]、u[start+step]、u[start+2*step] 等，直到索引大于或者等于 start+end。因此，以上述示例中的列表 u 为例，结果为 u[2:-1:2]=[2,4,6]。一个特别有用的选项是 step=-1，它允许以相反方向遍历列表。请参见图 3-2 中的示例。

3.5.4 列表的可变性

对于任何容器对象 u，如果可以修改其元素或者切片操作，而无须对对象标识符进行任何明显的更改，则可称这样的对象为可变对象（mutable）。特别是，列表是可变对象。对于粗心大意的程序员，可变对象将是一个陷阱。请阅读如下代码：

```
1 a=4
2 b=a
3 b='foo'
4 a
5 b
6 u=[0,1,4,9,16]
7 v=u
8 v[2]='foo'
9 v
10 u
```

前 5 行代码很容易理解：a 赋值给对象 4，b 也赋值给同一个对象。随后 b 赋值给对象 'foo'，而这不会改变 a。在第 6 行代码中，u 被赋值给一个列表对象；在第 7 行代码中，v 也赋值给同一个列表对象。由于列表是可变对象，因此我们在第 8 行中改变了列表对象的第 2 个元素。第 9 行显示了改变结果。但是 u 同时指向同一个对象（参见图 3-1），第 10 行表明结果也被改变。虽然逻辑清晰无误，但这也许不是我们期望的结果，因为 u 没有被显式地修改。

请务必牢记前面关于切片的结论：一个列表的切片总是一个新的对象，即使切片的维度与原始列表相同。因此，请把上一个代码片段中的第6～10行与下面代码片段进行比较：

```
1 u=[0,1,4,9,16]
2 v=u[ : ]
3 v[2]='foo'
4 v
5 u
```

该代码片段中的第2行创建了一个切片对象，它是第1行定义的对象的一个拷贝[⊖]。因此，修改列表 v 不会影响列表 u，反之亦然。

列表是非常通用的对象，并且存在许多可以生成列表对象的 Python 函数。我们将在本书的其余部分讨论列表生成。

3.5.5　元组

下一个要讨论的容器是元组（tuple）。在语法上，元组与列表的唯一差别是使用 () 而不是 [] 作为分隔符，元组同样也支持类似于列表的索引和切片操作。然而，存在一个重要的区别：我们不能修改元组元素的值，即元组是不可变对象（immutable）。乍一看，元组似乎完全是多余的。那为什么不使用列表呢？然而，元组的不可变性具有一个优点：当需要一个标量时，我们可以使用元组；并且在许多情况下，当没有歧义时，我们可以省略括号 ()，事实上这是使用元组的最常见方式。请阅读如下代码片段，我们用两种不同的方式来对元组进行赋值。

```
(a,b,c,d)=(4,5.0,1.5+2j,'a')
a,b,c,d = 4,5.0,1.5+2j,'a'
```

第2行显示了如何使用单个赋值运算符来进行多个标量赋值。这在我们需要交换两个对象，或者交换两个标识符（如 a 和 L1）的常见情况下非常有效。交换两个对象的传统方法如下：

```
temp=a
a=L1
L1=temp
```

许多程序设计语言都采用这种方式，假设 temp、a 和 L1 都指向相同的数据类型。然而，Python 语言可以采用如下方式实现相同的任务：

```
a,L1 = L1,a
```

这种方式更加清晰、简洁，并且适用于任意数据类型。

元组的另一个用途（可能是最重要的用途）是将可变数量的参数传递给函数的能力，这

⊖ 为了完整性，我们应该注意到这是一个浅拷贝。如果 u 包含一个可变的元素，例如另一个列表 w，则 v 的相应元素仍然会访问原始的 w。为了防止这种情况，我们需要一个深拷贝来获得 u 及其当前内容的不同但准确的拷贝。有关进一步的细节，请研究 copy 模块。换而言之，请尝试 import copy，然后输入命令 copy?。

将在 3.8.4 节讨论。最后，我们注意到一个经常让初学者迷惑的语法：我们有时需要一个只有一个元素（如 foo）的元组。表达式（foo）的求值结果是去掉括号仅保留元素。正确的元组构造语法是（foo,）。

3.5.6 字符串

虽然前文已经涉及字符串，但我们注意到，Python 将字符串视为包含字母数字字符的不可变容器对象。在项目之间没有逗号分隔符。字符串分隔符既可以是单引号也可以是双引号，但不能混合使用。未使用的分隔符可以出现在字符串中，例如：

```
s1="It's time to go"
s2=' "Bravo!" he shouted.'
```

字符串同样支持类似于列表的索引和切片操作。

有两个与字符串相关的非常有用的转换函数。当函数 str() 应用到 Python 对象时，结果返回该对象的字符串表示形式。在使用过程中，函数 eval 充当 str() 的逆函数。请阅读如下代码片段：

```
L = [1,2,3,5,8,13]
ls = str(L)
ls
eval(ls) == L
```

字符串对于数据的输入非常有用，而最重要的是从打印函数生成格式化输出（参见 3.8.6 节和 3.8.7 节）。

3.5.7 字典

如前所述，列表对象是对象的有序集合，字典对象则是对象的无序集合。我们不能根据元素的位置来访问元素，而必须分配一个关键字（一个不可变对象，通常是一个字符串）来标识元素。因此字典是一对对象的集合，其中第一个项目是第二个项目的键。键 - 对象（即键 - 值）一般书写为 key:object。我们通过键而不是位置来获取字典的项目。字典的分隔符是花括号 {}。下面是一个简单的例子，用于说明有关字典的基本操作。

```
1 empty={}
2 parms={'alpha':1.3,'beta':2.74}
3 #parms=dict(alpha=1.3,beta=2.74)
4 parms['gamma']=0.999
5 parms
```

被注释了的第 3 行是等同于第 2 行的字典构造方法。第 4 行显示了如何（非正式地）向字典中添加新项。这说明了字典的主要数值用法：传递数目不确定且可变的参数。另一个重要用途是函数中的关键字参数（参见 3.8.5 节）。一种更为复杂的应用将在 8.5.2 节讨论。

字典的用途非常广泛，具有许多其他属性，并且在更一般的上下文中有许多应用，详情请参阅其他教科书。

3.6 Python 的 if 语句

通常，Python 按语句编写的顺序依次执行。if 语句是改变执行顺序的最简单方法，每种程序设计语言都包含 if 语句。Python 中最简单的 if 语句语法格式如下：

```
if <布尔表达式>:
    <代码块 1>
<代码块 2>
```

<布尔表达式>的求值结果必须为 True 或者 False。如果为 True，则执行<代码块 1>，然后执行<代码块 2>（程序的剩余部分）；如果<布尔表达式>为 False，则仅执行<代码块 2>。注意，if 语句以冒号（:）结束，这表明必须紧跟一个代码块。不使用括号分隔符的优点是逻辑更简单，但缺点是必须仔细保证缩进的一致性。所有支持 Python 语言的编辑器都会自动进行处理。

以下代码片段是 if 语句和字符串的简单应用示例：

```
x=0.47
if 0<x<1:
    print "x lies between zero and one."
y=4
```

if 语句的简单通用语法格式如下：

```
if <布尔表达式>:
    <代码块 1>
else:
    <代码块 2>
<代码块 3>
```

执行<代码块 1>或者<代码块 2>，然后执行<代码块 3>。

我们可以级联 if 语句，并且可以使用一个简便缩写 elif。注意，必须提供所有的逻辑代码块，如果特定的代码块不需要执行任何操作，则需要包含一条空语句 pass，例如：

```
if <布尔表达式 1>:
    <代码块 1>
elif <布尔表达式 2>:
    <代码块 2>
elif <布尔表达式 3>:
    pass
else:
    <代码块 4>
<代码块 5>
```

如果<布尔表达式 1>为 `True`，则执行<代码块 1>和<代码块 5>；如果<布尔表达式 1>为 `False` 并且<布尔表达式 2>为 `True`，则执行<代码块 2>和<代码块 5>。但是，如果<布尔表达式 1>和<布尔表达式 2>均为 `False`，而<布尔表达式 3>为 `True`，则仅仅执行<代码块 5>。如果<布尔表达式 1>、<布尔表达式 2>和<布尔表达式 3>均为 `False`，则执行<代码块 4>和<代码块 5>。

经常出现的情况是一种具有简洁表达式的结构，例如：

```
if x>=0:
    y=f
else:
    y=g
```

在 C 语言家族中，有一种缩写形式。在 Python 语言中，上述代码片段可以简写为如下清晰明了的一条语句：

```
y=f if x>=0 else g
```

3.7 循环结构

计算机能够快速地重复一系列动作。Python 包含两种循环结构：`for` 循环结构和 `while` 循环结构。

3.7.1 Python 的 for 循环结构

这是最简单的循环结构，所有的程序设计语言都包含该结构，例如 C 语言家族中的 `for` 循环结构和 Fortran 语言中的 `do` 循环结构。Python 循环结构是这些循环结构中更为通用、更为复杂的演化升级。其最简单的语法格式如下：

```
for <迭代变量> in <可迭代对象>:
    <代码块>
```

这里<可迭代对象>（iterable）是任何容器对象。<迭代变量>（iterator）是可以用来逐个访问容器对象的元素的任何变量。如果<可迭代对象>是一个有序容器（如列表 `a`），那么<迭代变量>可以是索引列表范围内的整数 `i`。上面的代码将包括类似于 `a[i]` 的引用。

这些听起来很抽象，所以需要详细说明。许多传统的 C 语言和 Fortran 语言的用途将被推迟到第 4 章，因为这些语言只能为本章描述的核心 Python 提供非常低效的实现。我们从一个简单但非常规的例子开始⊖。

```
c=4
for c in "Python":
```

⊖ 如果用户正在使用 Python≥3.0 的版本，则该代码将产生错误。具体请参阅 3.8.7 节以找出错误的原因，以及如何做细微的修改来修正该代码片段。

```
    print c
c
```

此处使用 c 作为循环迭代变量，将覆盖前面标识符 c 的用途。针对字符串迭代对象中的每一个字符，执行代码块（此处仅打印输出其值）。当循环完所有的字符后，循环终止，c 指向最后一个循环值。

乍一看，似乎 <迭代变量> 和 <可迭代对象> 都必须是单个对象，但我们可以通过使用元组来绕过这个要求（该方法经常被使用）。例如，假设 Z 是一个长度为 2 的元组列表，则包含两个元组变量的语法格式如下：

```
for (x,y) in Z:
    <代码块>
```

这是完全允许的。对于另一种更一般的用法，请参见将在 4.4.1 节介绍的 zip 函数。

在展示更传统的用法之前，我们需要介绍 Python 内置的 range 函数。其一般语法格式如下：

```
range(start,end,step)
```

range 函数生成一个整数列表：[start,start+step,start+2*step,...]，每个整数都小于 end。（我们在 3.5.3 节曾讨论过这个概念。）此处，step 是可选参数，其缺省值为 1；start 也是可选参数，其缺省值为 0。因此 range(4) 的结果为 [0,1,2,3]。请阅读如下代码：

```
L=[1,4,9,16,25,36]
for it in range(len(L)):
    L[it]+=1
L
```

注意，循环是在 for 语句的执行过程中设置的。代码块可以改变迭代变量，但不能改变循环。请尝试运行如下简单示例：

```
for it in range(4):
    it*=2
    print it
it
```

应该强调的是，这些例子中的循环体没有太大意义，但实际不一定如此。Python 提供了两种不同的方法来动态地改变循环执行过程中的控制流。在实际情况中，它们当然可以出现在同一个循环内。

3.7.2　Python 的 continue 语句

请阅读如下语法格式示例：

```
for <迭代变量> in <可迭代对象>:
    <代码块 1>
    if <测试 1>:
        continue
    <代码块 2>
<代码块 5>
```

这里的 <测试 1> 返回一个布尔值，可以假设是 <代码块 1> 中行为的结果。在每次循环时，都会检查其值，当其结果为 `True` 时，控制将传递到循环的顶部，从而递增 <迭代变量>，然后进行下一次循环。如果 <测试 1> 返回 `False`，则执行 <代码块 2>，之后控制传递到循环的顶部。在循环结束（以通常方式）后，执行 <代码块 5>。

3.7.3 Python 的 break 语句

`break` 语句允许中断循环，也可以通过使用一个 `else` 子句，得到不同的结果。其基本语法格式如下：

```
for <迭代变量> in <可迭代对象>:
    <代码块 1>
    if <测试 2>:
        break
    <代码块 2>
else:
    <代码块 4>
<代码块 5>
```

如果在任何一次循环中 <测试 2> 的求值结果为 `True`，则退出循环，并且控制传递到 <代码块 5>。如果 <测试 2> 的求值结果始终是 `False`，则循环以正常的方式终止，并且控制首先传递到 <代码块 4>，最后传递到 <代码块 5>。作者发现这里的控制流有悖直觉，但在此上下文中使用 `else` 子句是可选的，而且很少见。请阅读以下的简单示例。

```
y=107
for x in range(2,y):
    if y%x == 0:
       print y, " has a factor ", x
       break
else:
    print y, " is prime."
```

3.7.4 列表解析

一种意想不到但常常需要完成的任务是：给定一个列表 `L1`，需要构造第二个列表 `L2`，它的元素是第一个列表相应元素的某个固定函数的值。传统的方法是通过一个 `for` 循环来实现。例如，生成一个列表的各元素的平方的列表。

```
L1=[2,3,5,7,11,14]
L2=[]              # Empty list
```

```
for i in range(len(L1)):
    L2.append(L1[i]**2)

L2
```

然而，Python 可以通过列表解析（list comprehension）来使用一行代码实现这种循环操作：

```
L1=[2,3,5,7,11,14]
L2=[x**2 for x in L1]
L2
```

列表解析不仅更简洁，而且更快速，特别是针对长列表，因为无须显式构造 `for` 循环结构。

列表解析的用途比上述代码更加广泛。假设我们仅仅需要为列表 `L1` 中的奇数元素构造列表 `L2`，则代码如下：

```
L2=[x*x for x in L1 if x%2]
```

假设有一个平面上的点的列表，其中点的坐标存储为元组，并且还要求计算这些点和原点的欧几里得距离。相应的代码如下：

```
import math
lpoints=[(1,0),(1,1),(4,3),(5,12)]
ldists=[math.sqrt(x*x+y*y) for (x,y) in lpoints]
```

接下来有一个矩形网格的坐标点，其中 `x` 坐标存储在一个列表中，`y` 坐标存储在另一个列表中。可以使用如下代码来计算距离列表：

```
l_x=[0,2,3,4]
l_y=[1,2]
l_dist=[math.sqrt(x*x+y*y) for x in l_x for y in l_y]
```

列表解析是 Python 的一个特性，尽管最初不容易理解，但还是非常值得掌握的。

3.7.5 Python 的 while 循环

Python 语言支持的另一种非常有用的循环结构是 `while` 循环。其最简单的语法格式如下：

```
while <测试表达式>:
    <代码块 1>
<代码块 2>
```

这里 <测试表达式> 是一个表达式，其求值结果为布尔对象。如果求值结果为 `True`，则执行 <代码块 1>；否则控制权转移到 <代码块 2>。每次结束执行 <代码块 1> 后，重新求 <测试表达式>，并重复该过程。因此下列代码片段在没有外界干扰的情况下将无限循环：

```
while True :
    print "Type Control-C to stop this!"
```

和 for 循环结构一样，while 循环中也可以使用 else、continue 和 break 子句。continue 和 break 子句同样可用于缩减循环执行步骤或者退出循环。特别值得注意的是，如果上述代码片段中使用了 break 子句，则将变得大有用途。这些在 3.7.3 节曾讨论过。

3.8 函数

函数（或者子程序）是将一系列语句组合在一起，并且可以在程序中执行任意次数。为了增加通用性，我们提供可以在调用时改变的输入参数。函数可以返回数据，也可以不返回数据。

在 Python 中，函数和其他任何东西一样，都是对象。我们首先讨论函数的基本语法和作用范围的概念，然后在 3.8.2～3.8.5 节中讨论输入参数的性质。（这个顺序似乎不合逻辑，但输入参数的多样性是极其丰富的。）

3.8.1 语法和作用范围

Python 函数可以定义在程序的任何地方，但必须是在实际使用之前。其基本语法如下面的伪代码所示：

```
def <函数名称>(<形参列表>):
    <函数体>
```

关键字 def 表示函数定义的开始；<函数名称> 指定一个标识符或者名称来命名函数对象。可以使用满足通常规则的标识符名称，当然稍后也可以修改标识符名称。括号 () 是必需的。在括号中，可以插入用逗号分隔的零个、一个或者多个变量名，称之为参数。最后的冒号也是必需的。

接下来是函数的主体，即要执行的语句系列。正如我们已经看到的，这些代码块必须缩进。函数体的结束由返回到与 def 语句相同的缩进水平来标识。在极少数情况下，我们可能需要定义一个函数，但延迟实现函数体的内容；在这个初始阶段，函数体应该使用一条空语句 pass。虽然不是必需的，但这是惯例并且强烈推荐，在函数头和函数体之间包含文档字符串（docstring），用以描述函数的具体功能。文档字符串是用一对三引号括起来的任意格式的文本，可以跨越一行或者多行。包含文档字符串信息可能看起来无关紧要，但事实上十分重要。函数 len 的作者编写了该函数的文档字符串，因此用户可以在 3.5.1 节通过 len? 获取文档字符串的帮助信息。

函数体的定义引入了一个新的私有名称空间，当函数体代码的执行结束时，该私有名称空间将被销毁。调用函数时，这个名称空间将导入 def 语句中作为参数的标识符，并将指向调用函数时参数所指向的对象。在函数体中引入的新标识符也属于这个名称空间。当然，该函数是在包含其他外部标识符的名称空间内定义的。那些与函数参数或者函数体中已经定义好的标识符具有相同名称的标识符在私有名称空间中不存在，因为它们会被那些私有参数覆盖。其他名称在私有名称空间中是可见的，但强烈建议不要使用它们，除非用户绝对确定每次调用函数时它们都将指向相同的对象。为了在定义函数时确保可移植性，尝试只使用参数列表中包含的标识符以及在私有名称空间中定义的标识符，这些名称只属于私有名称空间。

通常我们要求函数生成一些对象或者相关变量（例如 y），这可以通过返回语句来实现，例如 return y。函数在执行返回语句之后会退出，即返回语句将是最后执行的语句，因此通常是函数体中的最后一条语句。原则上，y 应该是标量，但这很容易通过使用元组来规避。例如，为了返回三个标量（例如 u、v 和 w），应该使用元组，例如 return (u, v, w)，甚至直接使用 return u, v, w。如果没有返回语句，则 Python 会插入一条不可见的返回语句 return None。这里 None 是一个特殊的 Python 变量，它指向一个空对象，并且是函数返回的“值”。这样，Python 就避免了 Fortran 语言中必须将函数和过程分开的二分法。

下面是一些简单的用于说明上述特性的示例。请尝试在解释器中输入并运行这些代码片段，以便验证上面讨论的知识点，并进行进一步的实验。

```
1 def add_one(x):
2     """ Takes x and returns x+1. """
3     x = x+1
4     return x
5
6 x=23
7 add_one?                    # or help(add_one)
8 add_one(0.456)
9 x
```

在第 1～4 行中，我们定义函数 add_one(x)。在第 1 行中只有一个参数 x，它引用的对象在第 3 行中被改变。在第 6 行中，我们引入了一个由 x 引用的整数对象。接下来的两行代码分别对文档字符串和函数进行测试。最后一行检查 x 的值，该值保持不变且一直为 23，尽管我们在第 8 行中隐式地将 x 赋值为一个浮点数。

接下来请阅读如下包含错误的代码：

```
1 def add_y(x):
2     """ Adds y to x and returns x+y. """
3     return x+y
4
5 add_y(0.456)
```

在第 5 行，私有变量 x 被赋值为 0.456，而第 3 行查找私有名称 y；但没有找到，所以函数在包含该函数的封闭名称空间中查找标识符 y，结果也找不到，故而 Python 终止运行，并打印输出一个错误。但是，如果我们在调用函数之前引入 y 的实例：

```
y=1
add_y(0.456)
```

虽然函数按预期正常运行，但这是不可移植的行为。只有在 y 的实例已经被定义的情况下，我们才能使用名称空间内的函数。在一些情况下，该条件可以得到满足，但一般来说，应该避免使用这种类型的功能。

下面的示例显示了更好的代码实现，该示例还显示了如何通过元组返回多个值，并且显示了函数也是对象。

```
1 def add_x_and_y(x, y):
2     """ Add x and y and return them and their sum. """
3     z=x+y
4     return x,y,z
5
6 a, b, c = add_x_and_y(1,0.456)
7 a, b, c
```

标识符 z 是函数的私有名称，并且在函数退出后不再可用。因为我们将 c 分配给 z 所指向的对象，所以当标识符 z 消失后，对象本身不会丢失。在接下来的两个代码片段中，我们将展示函数是对象，并且我们可以给它们分配新的标识符。（重新查看图 3-1，可以帮助理解该知识点。）

```
f = add_x_and_y
f(0.456, 1)
```

```
f
```

在上述这些示例中，作为参数的对象都是不可变对象，因此函数调用没有修改它们的值。然而，当参数是可变（容器）对象的时候，情况则并非如此。请参见如下示例：

```
1 L = [0,1,2]
2 print id(L)
3 def add_with_side_effects(M):
4    """ Increment first element of list. """
5    M[0]+=1
6
7 add_with_side_effects(L)
8 print L
9 id(L)
```

列表 L 本身并没有变化。但是，在没有使用赋值运算符（在函数体之外）的情况下，列表 L 的内容可以并且已经被修改了。这种副作用（side effect）在此上下文中没有问题，但在实际应用代码中，则有可能导致细微的难以觉察的错误。补救方法是拷贝一个副本，如下述代码第 5 行所示。

```
1 L = [0,1,2]
```

```
 2 id(L)
 3 def add_without_side_effects(M):
 4     """ Increment first element of list. """
 5     MC=M[ : ]
 6     MC[0]+=1
 7     return MC
 8
 9 L = add_without_side_effects(L)
10 L
11 id(L)
```

在某些情况下，拷贝一个长列表会产生额外的开销，从而影响代码的速度，因此一般会避免拷贝长列表。然而，在使用带副作用的函数之前，请牢记这句话："过早优化是万恶之源"，并谨慎使用带副作用的函数。

3.8.2 位置参数

位置参数（positional argument）是所有程序设计语言的共同惯例。请阅读如下示例：

```
def foo1(a,b,c):
    <函数体>
```

每次调用函数 `foo1` 时，都必须精确指定三个参数。一个调用示例为 `y=foo1(3,2,1)`，很显然参数替换按照其位置顺序进行。另一种调用该函数的方法是 `y=foo1(c=1,a=3,b=2)`，这允许更加灵活的参数顺序。指定三个以外个数的参数将导致错误。

3.8.3 关键字参数

另一种函数定义形式指定关键字参数（keyword argument），例如：

```
def foo2(d=21.2, e=4, f='a'):
    <代码块>
```

调用这类函数时，既可以指定所有的参数，也可以省略部分参数（省略的参数使用 `def` 语句中定义的缺省值）。例如，调用 `foo2(f='b')` 将使用缺省值 `d=21.2` 和 `e=4`，从而满足三个参数的要求。由于是关键字参数，因此其位置顺序不重要。

在同一个函数定义中可以结合使用位置参数和关键字参数，但所有的位置参数都必须位于关键字参数之前。例如：

```
def foo3(a,b,c,d=21.2,e=4,f='a')
    <代码块>
```

调用该函数时，必须指定三到六个参数，且前三个参数为位置参数。

3.8.4 可变数量的位置参数

我们常常事先并不知道需要多少个参数。例如，假设要设计一个 `print` 函数，则无法事先指定要打印输出的项目的个数。Python 使用元组来解决这个问题,print 函数将在 3.8.7 节讨论。这里有一个更简单的示例，用于说明其语法、方法和用法。给定任意数量的数值，要求计算这些数值的算术平均值。

```
 1 def average(*args):
 2     """ Return mean of a non-empty tuple of numbers. """
 3     print args
 4     sum=0.0
 5     for x in args:
 6         sum+=x
 7     return sum/len(args)
 8
 9 print average(1,2,3,4)
10 print average(1,2,3,4,5)
```

按照惯例（但不是强制性的）在定义中把元组取名为 args，注意这里的星号是必需的。第 3 行是多余的演示代码，其目的只是为了说明所提供的参数真的被封装成元组。注意，通过在第 4 行中把 sum 强制定义为实数，可以确保第 7 行中的除法按预期工作（即实数除法），即使分母是整数。

3.8.5 可变数量的关键字参数

Python 可以完美处理下列形式的函数：该函数接受固定数量的位置参数；随后是任意数量的位置参数；再随后是任意数量的关键字参数——因为必须遵守“位置参数位于关键字参数之前”的顺序规则。如前一节所述，附加的位置参数被打包成元组（由星号标识）。附加的关键字参数则被封装到字典中（由两个星号标识）。如下示例说明了这个过程：

```
1 def show(a, b, *args, **kwargs):
2   print a, b, args, kwargs
3
4 show(1.3,2.7,3,'a',4.2,alpha=0.99,gamma=5.67)
```

初学者不太可能主动地使用所有这些类型的参数。然而，读者偶尔会在库函数的文档字符串中看到它们，因此理解其用法可以帮助理解文档。

3.8.6 Python 的输入 / 输出函数

每种程序设计语言都需要具有接受输入数据或者输出其他数据的函数，Python 也不例外。输入数据通常来自键盘或者文件，而输出数据通常被“打印”输出到屏幕或者文件。文件输入 / 输出既可以是可读的文本数据，也可以是二进制数据。

我们将先讨论数据输出然后再讨论数据输入。对于科技工作者而言，绝大多数文件输入 / 输出将主要涉及数值数据，因此被推迟到 4.4.1～4.4.3 节讨论。数据的输出是一个复杂的问题，将在本节和接下来的 3.8.7 节中讨论。

从键盘输入少量数据有多种方法，这里选择最简单的解决方案。让我们从如下简单的代码片段开始：

```
name = raw_input("What is your name? ")
print "Your name is " + name
```

执行第一条语句时会提示一个问题“What is your name?”，随后键盘输入将捕获到一个字符串。因此第二条语句的含义是输出两个拼接的字符串。

现在假设我们希望从键盘输入一个列表（例如 [1,2,3]）。如果使用上面的代码片段，则 name 指向一个字符串，因而需要使用语句 eval(name) 从字符串中构造出列表对象（参见 3.5.6 节）。请阅读如下的另一个代码片段：

```
ilist = input('Enter an explicit list')
ilist
```

假如我们输入 [1,2,3]，则同样起作用。如果预先定义了一个 Python 对象的标识符 objname，则也可以输入该标识符⊖。类似的代码片段应该可以处理绝大多数键盘输入任务。

3.8.7 Python 的 print 函数

到前两节内容为止，我们并不需要输出命令或者输出函数。在解释器中，我们可以通过键入标识符来“输出”任何 Python 对象。然而一旦开始编写函数或者程序，我们就需要一个输出函数。这里有些麻烦：在 Python 3.0 以前的版本中，print 是一条命令，其调用方法如下：

```
print <要打印输出的内容>
```

而在 Python 3.0 及以后的版本中，print 被实现为一个函数，于是上述代码行书写为：

```
Print(<要打印输出的内容>)
```

在编写本书时，部分 NumPy 及其主要扩展仅支持较早的版本。由于早期版本的 Python 可能最终会被废弃，因此数值处理的用户会面临潜在的软件过时的困境，然而，这里有两种简单的解决方案。print 函数要求一个可变数量的参数，即一个元组。如果我们在早期的 Python 版本中使用上面第二种代码片段，则 print 命令把参数看作是一个显式的元组，因为 <要打印输出的内容> 被包含在括号中。如果感觉多余的括号有些别扭，则可以使用另一种解决方案，即在代码的顶部包含如下代码行：

```
from __future__ import print_function
```

如果在 Python 3.0 以前版本中使用 Python 3.0 及以后版本的 print 函数，则请删除该语句。

⊖ 这两个输入函数的名称容易混淆。input() 返回原始输入内容，即完全与键入内容相同。而 raw_input() 则返回它们的字符串表达形式。

print 命令要求使用一个元组作为参数。因此，假设 it 指向一个整数，y 指向一个浮点数，不使用元组分隔符（括号），则可以编写如下语句：

```
print "After iteration ",it,", the solution was ",y
```

这里没有控制两个数值的格式，因此会导致潜在的问题，例如，在输出表格内容时需要高度一致的格式。首先，尝试如下稍微复杂的一种解决方法：

```
print "After iteration %d, the solution was %f" % (it,y)
```

格式化字符串的通用语法格式如下：

```
<string> % <tuple>
```

其中，格式化字符串中的 %d 项被替换为一个整数，而 %f 项则被替换为一个浮点数，这两个数按顺序从参数中的最终元组获得。这个版本的输出结果与上一个版本的输出结果相同，但我们还可以进一步改进。下面列举的格式化代码是基于 C 语言家族中有关 printf 函数的定义。

首先考虑整数 it 的格式，其中 it 的值为 41。如果把代码中的格式化字符串 %d 替换为 %5d，则输出将包括 5 个字符，数值右对齐，也即“␣␣␣41”，其中字符 ␣ 表示空白符。同样 %-5d 将输出左对齐结果“41␣␣␣”。另外，%05d 将输出结果“00041”。如果数值是负数，则符号将包含在字段的计数中。因此，如果同时输出正整数和负整数，则可能导致结果不整齐。我们可以强制输出以正号或者负号开始，右对齐时选择使用 %+5d，而左对齐时选择使用 %+-5d。当然，字段宽度 5 没有特殊含义，可以用任何其他合适的数字来替代。实际上，当整数的精确表示要求比指定宽度更多的位数时，Python 会忽略格式化字符串的指示以保证输出精度。

格式化输出浮点数则有三种可能性。假设 y 的值为 123.456789。如果把格式化字符串 %f 替换为 %.3f，则输出结果为 123.457，即浮点数值被四舍五入到保留 3 位小数。格式化字符串代码 %10.3f 输出右对齐 10 个字符宽度的字符串，也即“␣␣␣123.457”，而 %-10.3f 的输出结果相同，只是左对齐而已。与整数格式化一样，紧跟在百分号后面的正号强制输出结果带正号或者负号。另外，%010.3f 会把前面的空白符替换为 0。

很显然，当 y 非常大或者非常小的时候，%f 格式将损失精度，例如 z=1234567.89 的情形。在输出的时候，我们可以这样书写：“z=1.23456789×10^6”，而 Python 的输出则是 z=1.23456789e6。现在当输出格式化字符串代码为 %13.4e 时，应用到 z，其输出结果为“␣␣␣1.2346e+06”。小数点后恰好有 4 位数字，输出数值为 13 个字符宽度的字段。在该输出表示中，仅需要 10 个字符并且数值右对齐，所以左侧包含 3 个空白符。同上，%-13.4e 的输出结果为左对齐，%+13.4e 输出结果的前面包含一个正号和 2 个空白符。（%+-13.4e 结果相同但是左对齐。）如果宽度少于最低 10 个的要求，则 Python 会把宽度增加到 10。最后，在格式化字符串代码中把 'e' 替换为 'E'，则结果使用大写的字母 E，例如 %+-13.4E 的输出结果为“+1.2346E+06␣␣”。

有时候我们要求输出一个绝对值范围变化巨大的浮点数，但是希望显示特定位数的有效数字。以上面的 z 为例，%.4g 将输出 1.235e+06，即正好保留 4 位有效数字。注意，%g 默认等同于 %.6g。Python 将选择使用 'e' 和 'f' 中较短的一种。同样，%.4G 将在 'E' 和 'f' 之间选择。

考虑完整性，我们注意到，Python 也提供字符串变量的格式化字符串代码，例如，%20s 将输出一个至少有 20 个字符宽度的字符串，如果需要则在左边填充空白符。

3.8.8 匿名函数

很显然可以任意指定一个函数参数的名称，即 $f(x)$ 和 $f(y)$ 指向同一个函数。另一方面，我们在函数 add_x_and_y（见 3.8.1 节）的代码片段中观察到，可以改变 f 的名称而不会导致不一致。这是数学逻辑的基本原理，通常用 lambda 演算（也即 λ 演算）的形式论来描述。在 Python 编码中，会出现函数名称完全不相关的情况，并且 Python 可以模拟 lambda 演算。我们可以把 add_x_and_y 编写为如下代码：

```
f= lambda x, y : x, y, x+y
```

或者：

```
lambda x,y:x,y,x+y
```

有关匿名函数的实际应用案例，请参见 4.1.5 节和 8.5.3 节。

3.9 Python 类简介

在 Python 语言中，类是极其通用的结构。正因如此，有关类的文档既冗长又复杂。参考书籍中的例子通常不是取材于科学计算中的数据处理，而且往往过于简单或过于复杂。基本思想是，读者可能拥有经常发生的固定数据结构或者对象，以及直接与之关联的操作。Python 类既封装对象又封装其操作。我们用一个科学计算示例来进行简单的介绍性陈述，但是却包含许多科学家最常用的特性。在这一教学背景下，我们将使用整数运算。

我们以分数为例。分数可以被认为是实数的任意精度表示。我们考虑将一个 Frac 类实现为一对整数 num 和 den，其中 den 为非 0 整数。值得注意的是，3/7 和 24/56 通常被视为相同的数值。我们已经在第 2 章的后半部分讨论了这个特殊的问题，需要使用第 2 章创建的文件 gcd.py。下面的代码片段显示了 Frac 类的基本结构（借助于 gcd.py 文件）。

```
1 # File frac.py
2
3 import gcd
4
5 class Frac:
6     """ Fractional class. A Frac is a pair of integers num, den
7     (with den!=0) whose GCD is 1.
```

```
 8     """
 9
10     def __init__(self,n,d):
11         """ Construct a Frac from integers n and d.
12             Needs error message if d=0!
13         """
14         hcf=gcd.gcd(n, d)
15         self.num, self.den = n/hcf, d/hcf
16
17     def __str__(self):
18         """ Generate a string representation of a Frac. """
19         return "%d/%d" % (self.num,self.den)
20
21     def __mul__(self,another):
22         """ Multiply two Fracs to produce a Frac. """
23         return Frac(self.num*another.num, self.den*another.den)
24
25     def __add__(self,another):
26         """ Add two Fracs to produce a Frac. """
27         return Frac(self.num*another.den+self.den*another.num,
28                     self.den*another.den)
29
30     def to_real(self):
31         """ Return floating point value of Frac. """
32         return float(self.num)/float(self.den)
33
34 if __name__=="__main__":
35     a=Frac(3,7)
36     b=Frac(24,56)
37     print "a.num= ",a.num, ", b.den= ",b.den
38     print a
39     print b
40     print "floating point value of a is ", a.to_real()
41     print "product= ",a*b,", sum= ",a+b
```

这里的第一个新知识点是第 5 行中的 class 语句。请注意终止冒号。实际的类是通过缩进代码块定义的，即示例中从第 5 行一直到第 32 行。第 6～8 行定义了类的文档字符串，用于在线帮助文档。在类体中，我们定义了五个类函数，函数相对于类缩进（因为它们属于类成员），并且函数也有进一步缩进的函数体（和通常一样）。

第一个类函数从第 10～15 行，这在其他程序设计语言中被称为“构造函数”，其目的是把一对整数转换为一个 Frac 对象。函数的名称必须为 __init__（似乎有点奇怪），但我们将看到，在类的外部从来不会用到该名称。类函数的第一个参数通常被称为 self，同样只出现在类的定义中。这些都显得十分陌生，所以接下来我们看看位于第 35 行的解释测试集代码 a=Frac(3,7)。这条语句把一对整数 3 和 7 对应的 Frac 对象赋值给标识符 a。该语句隐式地调用 __init__ 函数，并使用 a 代替 self，3 和 7 代替 n 和 d。然后计算 hcf，即 3 和 7 的最大公约数（GCD，结果为 1），并在第 15 行代码中计算 a.num=n/hcf 和

a.den=d/hcf。这些都可以以通常的方式进行访问，所以第 37 行代码打印输出分数的分子和分母的值。同理，在第 36 行代码的赋值语句中，调用 __init__，并使用 b 替换 self。

几乎所有的类都能通过提供类似第 38～39 行的代码而获得方便，即“打印输出”类的对象。这就是类的字符串函数 __str__ 的目的，在代码的第 17～19 行中进行了定义。当执行第 38 行的代码时，将调用 __str__ 函数，用 a 替换 self；结果第 19 行返回字符串 "3/7"，而这就是打印输出的结果。

虽然这些类的函数或多或少都比较简单，但我们可以定义许多（或者一些）函数来执行类操作。让我们先关注乘法和加法，根据分数标准的运算规则：

$$\frac{n_1}{d_1} * \frac{n_2}{d_2} = \frac{n_1 n_2}{d_1 d_2}, \quad \frac{n_1}{d_1} + \frac{n_2}{d_2} = \frac{n_1 d_2 + d_1 n_2}{d_1 d_2}$$

两个 Frac 对象的乘法要求定义第 21～23 行的类的函数 __mul__。当在第 41 行中调用 a*b 时，将调用该函数，使用左侧操作数（即 a）替换 self，使用右侧操作数（即 b）替换 another。注意第 23 行代码计算乘积的分子和分母，然后调用 __init__ 来创建一个新的 Frac 对象，因此 c=a*b 将创建一个标识符为 c 的新的 Frac 对象。而在第 41 行代码中，则创建一个匿名的 Frac 对象并立即传递给 __str__。上面的代码片段使用了同样的方法来处理加法运算。

注意在第 37 行代码中，我们可以直接访问类的对象实例 a 的构成部分。同样，在第 40 行代码中，我们使用了与类实例相关联的函数 to_real()。它们都是类的属性，我们将越来越多地使用“点（.）访问机制”，这是 Python 最广泛的使用方式，请参见下一节。

考虑到简洁性，我们没有实现类的所有功能。对于初学者而言，以更高级的方式逐步完善代码将是非常有益的训练。

1. 分别创建名为 __div__ 和 __sub__ 的除法和减法类函数，并测试。

2. 如果分母为 1，则打印输出的结果会显得有些奇怪，例如 7/1。请改进 __str__ 函数，使得当 self.den 为 1 时，创建的字符串恰好是 self.num，并测试新版本是否正常工作。

3. 当参数 d 为 0 时，很显然 __init__ 会出错。请为用户提供警告信息。

3.10　Python 程序结构

在 3.2 节的末尾，我们讨论了标识符和对象的关系，这里我们进一步展开这个话题。在 3.9 节有关 Python 类的教学示例中，我们注意到类 Frac 的一个实例对象，例如 a=Frac(3,7)，其将创建一个标识符 a，指向类 Frac 的一个对象。现在一个 Frac 对象包含数据（一对整数）以及若干操作这些数据的函数。我们通过“点访问机制”来访问与对象实例关联的数据，例如 a.num。同样，我们也可以访问相关联的函数，例如 a.to_real()。

到目前为止，这里只是总结前文所陈述的事实。然而，Python 中充满了各种各样的对象，有些非常复杂，这种“点访问机制”被广泛用于访问对象的组件。我们已经学习了很多有关 Python 的知识，下面给出一些示例。

我们的第一个示例是 3.3.4 节中讨论的复数。假设我们有 `c=1.5-0.4j`，或者等价地 `c=complex(1.5,-0.4)`。我们应该把复数看作是类 `Complex` 的对象，即使其为了保证效率而被内置到系统中。接下来，类似于 `Frac` 类的操作，我们可以通过 `c.real` 和 `c.imag` 来访问其数据，而 `c.conjugate()` 则创建了一个共轭复数 `1.5+0.4j`。这些都是有关实例对象和属性的进一步示例。我们说 Python 是面向对象的程序设计语言。而在面向函数的程序设计语言（例如 Fortran77）中，则会使用 `C=CMPLX(1.5,-0.40)`、`REAL(C)`、`AIMAG(C)` 和 `CONJG(C)`。编写简单程序时，无须侧重于哪一种程序设计方法。

我们的下一个示例针对 3.4 节中讨论的模块。和 Python 语言的其他特性一样，模块也是对象。因此 `import math as re` 将包含 `math` 模块并为其指定一个标识符 `re`。我们可以访问其数据（例如 `re.pi`），也可以访问其函数，例如 `re.gamma(2)`。

一旦读者掌握了“点访问机制”，那么理解 Python 语言将变得更加简单。例如，请参见 3.5 节中有关容器对象的讨论。所有更加复杂的包（如 NumPy、Matplotlib、Mayavi、SymPy 和 Pandas）都是基于该基础。正是在这个级别上，面向对象的方法在提供 C 或者 Fortran 的早期版本中不具备的统一环境方面占据了优势。

3.11 素数：实用示例

本章最后通过一个实际问题来讨论“纯”Python。互联网使通信发生了革命性的变化，并且强调了安全传输数据的必要性。这种安全性在很大程度上是基于这样一个事实，即给定一个大整数 n（例如 $n>10^{100}$），很难确定其是否可以表示成若干素数的乘积。我们来讨论一个更基本的问题：构建一个素数列表。

让我们回顾素数的定义：一个整数 p 如果不能表示成整数 q 和 r（均大于 1）的乘积 $q\times r$，则 p 是素数。因此，最初的几个素数是 2、3、5、7…。确定小于或者等于给定整数 n 的所有素数的问题已经研究了几千年，也许最著名的方法是埃拉托色尼筛选法（Sieve of Eratosthenes）。在表 3-1 中描述了 n=18 的情况。表标题说明了其筛选过程的工作原理，并且显示了前 3 个步骤。注意，由于要删除的任何合数都$\leqslant n$，其中至少一个因子$\leqslant\sqrt{n}$。在本例中，$\sqrt{18}<5$，因此筛选过程不需要删除 5、7…。读者也许已经注意到，在表 3-1 中，我们包含了一个绝对多余的行，其目的是阐明这一点。

表 3-1 求素数（≤18）的埃拉托色尼筛选法。首先，我们在第 1 行写下从 2 到 18 的整数；在第 2 行中，从最左边开始删除所有 2 的倍数；然后我们处理最接近的剩余整数，这里是 3，并在第 3 行中删除所有 3 的倍数。继续这个过程。很显然，剩下的数字不是整数的乘积，即它们是素数

2	3	4	5	6	7	8	9	10	11	12	13	14	15	16	17	18
2	3		5		7		9		11		13		15		17	
2	3		5		7				11		13				17	
2	3		5		7				11		13				17	

直接实现该过程的Python函数代码如下所示：

```
 1 def sieve_v1(n):
 2     """
 3         Use Sieve of Eratosthenes to compute list of primes <= n.
 4         Version 1
 5     """
 6     primes=range(2,n+1)
 7     for p in primes:
 8         if p*p>n:
 9             break
10         product=2*p
11         while product<=n:
12             if product in primes:
13                 primes.remove(product)
14             product+=p
15     return len(primes),primes
```

前5行是常规代码。在第6行中，我们将表3-1的顶部行编码为Python列表，称为 primes，用于筛选。接下来，我们介绍一个 for 循环（第7～14行的代码），循环变量 p 的每一个值对应于表中的下一行。正如我们上面讨论的结果，我们不需要考虑 $p > \sqrt{n}$ ，这将在第8行和第9行中测试。break 命令将控制转移到循环结束后的语句，即第15行（这可以通过缩进来观察到）。接下来讨论 while 循环（第11～14行的代码）。正是因为前面出现的 break 语句，才保证了 while 循环至少执行一次。然后，如果 product 仍然在列表中，则第13行会将其删除。在3.5.1节中，我们了解到 list.append(item) 把 item 附加到 list 中，这里 list.remove(item) 从 list 中删除第一次出现的 item。如果 list 中不包括 item，则会出错，因此第12行代码确保其存在。（请读者尝试 help(list) 或者 list?，以查看有关列表的帮助文档信息。）删除了可能存在的 2*p，接下来在第14行中构造 3*p 并重复该过程。一旦通过 while 循环的迭代删除了 p 的所有倍数，程序便返回到第7行，并将 p 设置为列表中的下一个素数。最后，我们返回素数列表及其长度。后者是数论中的一个重要函数，通常表示为 $\pi(n)$。

建议读者创建一个名为 sieves.py 的文件，并输入或者拷贝上述代码片段到文件中。然后在IPython中输入如下命令：

```
from sieves import sieve_v1
sieve_v1?
sieve_v1(18)
```

这样可以验证程序是否正常工作。读者还可以通过如下命令来检查程序运行消耗的时间[⊖]：

```
timeit sieve_v1(1000)
```

⊖ 2.5节中介绍的IPython魔法命令 %run -t 仅仅适用于完整的脚本代码。然而，魔法命令 %timeit 可以测量单条语句的运行时间。

表 3-2 中的结果表明，虽然这个简单直接的函数的性能对于小 n 来说是令人满意的，但对于即便是中等大小的整数值而言，所耗费的时间也变得非常大，令人无法接受。考虑如何方便地提高其性能将是一个非常有用的练习实践。

表 3-2 素数个数 $\pi(n)\leqslant n$，以及使用上述代码片段中的 Python 函数在作者笔记本电脑上计算运行耗费的大约时间。这里关注的是相对时间（而不是绝对时间）

n	$\pi(n)$	time_v1 (secs)	time_v2 (secs)
10	4	3.8×10^{-6}	3.2×10^{-6}
10^2	25	1.1×10^{-4}	8.3×10^{-6}
10^3	168	8.9×10^{-3}	4.3×10^{-5}
10^4	1 229	9.3×10^{-1}	3.3×10^{-4}
10^5	9 592	95	3.7×10^{-3}
10^6	78 498		4.1×10^{-2}
10^7	664 579		4.5×10^{-1}
10^8	5 761 455		4.9

我们首先考虑算法，它包含两个循环。不可避免地，我们必须对实际素数进行迭代，但是对于每个素数 p，我们进行循环，并从循环中去除合数 $n\times p$，其中 n=2，3，4，…。我们可以在这里做两处非常简单的改进。注意，假设 $p>2$，那么任何小于 p^2 的合数都将从筛子中移除，因此我们可以从移除合数 p^2 开始。此外，如果 n 为奇数，则合数 $p^2+n\times p$ 是偶数，因此也在第一遍的筛选中被去除。因此，针对每个素数 $p>2$，我们可以通过去除 p^2，p^2+2p，p^2+4p，…来改进算法。虽然这并不是最好的方法（例如，63 被筛过两次），但这就足够满足要求[⊖]。

接下来我们讨论代码实现。代码中包含了 5 个循环，这相当浪费。for 循环和 while 循环都是显式的。第 12 行中的 if 语句涉及遍历素数列表。这在第 13 行中被重复，而在找到并丢弃 product 后，列表中的剩余元素都需要向下移动一个位置。请阅读如下重构代码（虽然其逻辑不那么明显）：

```
 1 def sieve_v2(n):
 2     """
 3         Sieve of Eratosthenes to compute list of primes <= n.
 4         Version 2.
 5     """
 6     sieve = [True]*(n+1)
 7     for i in xrange(3,n+1,2):
 8         if i*i > n:
 9             break
10         if sieve[i]:
11             sieve[i*i: :2*i]=[False]*((n - i*i) // (2*i) + 1)
12     answer = [2] + [i for i in xrange(3,n+1,2) if sieve[i]]
13     return len(answer), answer
```

⊖ 存在更好的素数筛选法，例如 Sundaram 筛选法和 Atkin 筛选法。

第6行代码中，把筛选器实现为一个布尔值列表，所有的元素都初始化为 `True`。相比同样长度的整数列表，布尔值列表更容易设定，并且占用更少的内存空间。外层循环是一个 `for` 循环（第7～11行的代码）。第7行的 `xrange` 是一个新函数，其作用和 `range` 函数类似，区别是不会在内存中创建整个列表，而是按需生成列表的元素。对于大型列表，这种操作会更快并且占用更少的内存。这里的循环覆盖了闭区间 [3, n] 中的所有奇数。和上一个版本一样，一旦 $i > \sqrt{n}$，则第8行和第9行会终止外层循环。接下来讨论第10行和第11行。开始时 `i` 为 3，并且 `sieve[i]` 为 `True`。我们需要设定筛选器的第 i^2，i^2+2i，…个为 `False`，其作用等同于在实现中丢弃这些元素。第11行的代码使用了单行切片方法来实现该操作，而没有使用循环结构（右边的整数因子给出切片的维度）。在 `for` 循环结束时，列表 `sieve` 中与所有奇合数对应的索引位置的元素都会被设置为 `False`。最后，第12行代码构建出素数列表。我们从包含一个元素 `2` 的列表 `[2]` 开始，使用一个列表解析式来构造一个包含所有奇数并且未筛除的数值，并把这两个列表拼接在一起，然后返回结果。

虽然一开始理解这个版本的代码可能需要一些时间，但程序并没有使用新的知识（除了 `xrange`），代码长度缩短了25%，并且运行速度大大提高了，如表3-2中的最后一列所示。事实上，它能在几秒钟的时间内筛选出超过百万的小于 10^8 的素数。如果扩展到 10^9，则需要耗时几分钟，并且需要几十GB的内存。很显然，对于非常大的素数，筛选方法不是最有效的算法。

同时请注意，在第2个版本的列表中，所有项都具有相同的类型。虽然Python没有强加这个限制，但引入一个新对象（同构类型的列表）是值得的，这自然而然就引出了下一章的主题：NumPy。

NumPy

NumPy 是一个附加程序包，其提供的增强功能允许 Python 有建设性地用于科学计算，它可以提供与编译语言接近的性能，又具有 Python 语言的简单易用性。NumPy 中的基本对象是 ndarray。ndarray 是对象的数组（也可能是多维的），数组的元素具有相同的数据类型，其大小在创建时被固定。（请注意，Python 列表对象不会限定其包含的项目同质性，并且列表对象可以通过内置对象方法 append 和 remove 来动态地放大或者缩小。）同质性要求确保每个项目在内存中占据相同的空间，这使得 NumPy 的设计者可以把许多涉及 ndarray 的操作设计为预编译的 C 代码。正因如此，执行对 ndarray 的操作才比执行 Python 列表所需的代码高效得多，并且需要的代码量也少得多。让我们用一个经常引用的简单示例来说明这一点。假设 a 和 b 是相同大小的两个 Python 列表，并且我们想将其按元素相乘。如果使用第 3 章的 Python 方法，则可以使用如下代码：

```
c=[]
for i in range(len(a)): c.append(a[i]*b[i])
```

然而，假设列表包含了成千上万的项目，那么其将十分缓慢。如果使用编译语言（例如 C 语言），并且忽略所有的变量定义，则实现代码如下：

```
for(i=0; i<rows; i++) {
    c[i]=a[i]*b[i];
}
```

处理二维数组的代码如下：

```
for(i=0; i<rows; i++) {
    for(j=0; j<cols; j++) {
        c[i][j]=a[i][j]*b[i][j];
    }
}
```

虽然代码看起来比较复杂，但其执行速度非常快。然而，使用 ndarray 的代码如下：

```
c=a*b
```

在内部将使用编译代码以达到（几乎）相同的速度。公平地说，现代编译语言（如 C++ 和 Fortran90）也可以为这样的简单示例实现相同的表达简洁性。然而，NumPy 库的“向量化”函数和操作至少与编译语言中的函数和操作库一样丰富，并且一旦考虑到 SciPy（参见 4.9.1 节），就会变得相当丰富。

本章内容是NumPy的入门知识。虽然其核心已经相当稳定的，但其扩展功能正处于开发的过程中。最权威的文档是Numpy社区最近的“用户指南”(Numpy Community (2017b))，包含130页，而“参考手册”(Numpy Community (2017a))则包含1534页。关于早期的有关参考文献（包含大量的示例），则可以参考Langtangen (2009) 和Langtangen (2014)。

首先，我们必须导入NumPy模块。按照惯例，首选的方法是在代码的前面包含如下语句：

```
import numpy as np
```

接下来NumPy函数`func`需要书写为`np.func`形式。当然使用3.3.2节中的快速导入方法也具有诱惑力：

```
from numpy import *
```

这样可以省略前缀`np.`。虽然这对于小规模操作实验没有问题，但经验表明，在实际应用中，它往往会导致名称空间冲突。因此，我们假设始终使用上面的第一个`import`语句。

一旦导入NumPy后，我们需要考虑查看在线帮助文档信息，因为这是一个非常大的模块。如果读者按照我的建议使用IPython解释器，则可以利用Tab键自动代码补全功能，即键入命令的一部分并按下Tab键，将显示可能的补全选项列表，如果恰好只有一个则直接补全代码。请尝试：

```
np.<TAB>
```

结果显示有超过500个可能的选项。我们如何从这海量的选项中选择所需呢？

我的观点是最好从使用`np.lookfor`函数开始。请尝试：

```
np.lookfor?          # or help(np.lookfor)
```

结果显示其在线帮助文档。作为一个示例，假设要查找函数文档字符串中包含单词`cosine`的函数：

```
np.lookfor('cosine')
```

结果列表令人惊讶。我们将进一步探索，例如：

```
np.cos?              # or help(np.cos)
```

结果显示关于`np.cos`函数的描述。

4.1 一维数组

向量或者一维数组是数值计算的基本构造块。我们首先讨论如何构造它们，然后讨论如何使用它们。这里将区分两种类型的构造函数，一种是从零开始构建一个向量，另一种是基于与另一个对象“相似”(look like) 来构造一个向量。

4.1.1 初始构造函数

也许最有用的构造函数是 np.linspace，用于构造均匀分布的浮点数（float）数组。其调用格式如下：

```
x=np.linspace(start,stop,num=50,endpoint=True,
              retstep=False, dtype=None)
```

x 是一个长度为 num 的数组。如果没有指定 num，则其缺省值为 50。第 1 个元素为 x[0]=start。如果 endpoint 为 True（缺省值），则最后一个元素的值为 x[-1]=stop，且区间间隔为 step=(stop-start)/(num-1)。然而，如果设置 endpoint 为 False，则 step=(stop-start)/num，因此最后一个元素的值为 x[-1]=stop - step。也就是说，参数 endpoint 用于控制区间是闭区间 [start, stop] 还是半开区间 [start, stop)。如果 retstep 为 True，则函数返回一个包含数组和 step 的元组。如下代码描述了 np.linspace 的基本用法。

```
import numpy as np
xc,dx=np.linspace(0,1,11,retstep=True)
xc,dx
```

```
xo=np.linspace(0,1,10,endpoint=False)
xo
```

函数 np.logspace 与此相似，但数值按对数刻度均匀分布。有关 np.logspace 函数的详细内容和用法示例请参见文档字符串帮助信息。

与 Python 的 range 函数相近的函数是 np.arange，用于返回一个数组而不是列表。其调用语法格式如下：

```
x=np.arange(start=0,stop,step=1,dtype=None)
```

结果返回间隔为 step 的半开区间 [start, stop)。Python 能尝试通过输入参数来自动推断数组的类型，例如 int、float 或 complex，但也可以通过指定最后一个参数来指定数组的类型。下面是两个示例：

```
import numpy as np
yo=np.arange(1,10)
yoc=np.arange(1,10,dtype=complex)
yo, yoc
```

上述三个向量构造函数出乎意料地有用。

```
z=np.zeros(num,dtype=float)
```

该函数构造一个长度为 num 填充为 0 的数组。函数 np.ones 的功能相同，但数组填充为 1。np.empty 则构造相同长度的数组，但不指定其内容。

最后我们需要介绍函数 np.array。其最简单也最常用的用法如下：

```
ca=np.array(c,dtype=None,copy=True)
```

其中，c 是任何可索引的容器对象，例如列表、元组或者另一个数组。函数会尝试自动判断出相应的类型，但也可以使用 dtype 参数来指定，可能的选项包括 bool、int、float、complex，甚至用户自定义对象（参见 3.9 节）。下面是两个示例，一个从列表构造数组，另一个把浮点类型的数组转换为复数类型的数组。

```
la=np.array([1,2,3.0])
x = np.linspace(0,1,11)
cx=np.array(x, dtype=complex)
la, x, cx
```

4.1.2　“相似”构造函数

一般情况下会自动生成数组，例如使用上面的 x，通过如下代码将生成一个标识符为 y 的新数组，其元素是对应 x 的元素的正弦值。

```
y=np.sin(x)
```

另外，还有一个非常有用的构造函数 np.empty_like：

```
xe=np.empty_like(x)
```

结果创建了一个空数组（即没有指定内容值），其大小和类型与 x 一致。np.zeros_like 和 np.ones_like 一样非常有用，它们和 np.empty_like 行为很相似。

令人惊讶的是，我们常常需要构造一个跨越某个区间但其各子区间间距不同的向量。举一个具体的例子，假设我们需要 xs 在区间 [0, 1] 中且间距为 0.1，但在 [0.5, 0.6] 中需要间距为 0.01。我们会构造 3 个子区间（2 个半闭区间和 1 个闭区间），然后将它们结合在一起。仔细阅读下面的代码片段，这将是一个十分有用的练习。

```
1 xl=np.linspace(0,0.5,5,endpoint=False)
2 xm=np.linspace(0.5,0.6,10,endpoint=False)
3 xr=np.linspace(0.6,1.0,5)
4 xs=np.hstack((xl,xm,xr))
5 xs
```

注意，np.hstack 只接收一个参数，因此在第 4 行中使用了一个元组。

本节最后，我们再次强调向量是 ndarray 的一维实例。所有的 ndarray 都是可变容器对象。我们曾经在 3.5 节有关列表的讨论中研究了这类对象的属性。这里我们要强调的是，这些属性（特别是列表的切片和拷贝）也适用于向量以及更一般的 ndarray。

4.1.3　向量的算术运算

相同大小的数组之间可以进行算术运算，示例代码片段如下：

```
1 a=np.linspace(0,1,5)
2 c=np.linspace(1,3,5)
3 a+c, a*c, a/c
```

让我们仔细讨论第 3 行中的第一项。结果是两个大小相同的数组之和。求和结果的第 *i* 个元素是 a 和 c 的第 *i* 个元素之和。从这个意义上讲，+ 运算符被称为*按元素*（component-wise）运算。这个代码段中的所有算术运算都是按元素操作的。顺便说一下，这里应该强调一个与大数组相关的效率问题。假设在上述代码片段的第 3 行中，我们设置 a=a+c，则 Python 将创建一个临时数组来保存右侧运算所需的结果，填充运算结果，然后将标识符 a 指向它，最后删除原来的数组。如果使用表达式 a+=c，则速度更快，这避免了创建临时数组。类似的构造可以用于其他作用于向量的运算符。然而，对于那些粗心大意的人来说，这里存在一个陷阱。在 Python 语言中，如果标量 a 的类型为 int 而标量 b 的类型为 float，那么运算表达式 a+=b 会将 a 的类型扩展为 float。事实上，NumPy 数组的处理方式则正好相反！建议读者尝试运行如下代码片段：

```
1 a=np.ones(4,dtype=int)
2 b=np.linspace(0,1,4)
3 a+=b, a
```

结果表明，a 的类型保持不变。结果 a 的数值转换为 int，小数部分被截断到 0。

通常，两个大小不同的向量之间的算术运算结果会产生另一个不能明确定义的向量，因此会导致错误。然而，一个数组和一个标量之间的这种操作则可以给出明确的定义。

```
1 import numpy as np
2 a=np.linspace(0,1,5)
3 2*a, a*2, a/5, a**3, a+2
```

最后一行代码需要进一步解释。数组（这里是 a）和标量（这里是 2）的加法（或者减法）运算并没有定义。但是，NumPy 可以有效地选择把 2 转换（widen 或者 broadcast）成一个数组（2*ones_like(a)）⊖，然后执行按元素求和运算。广播（broadcasting）将在 4.2.1 节详细讨论。

到目前为止我们已经学习了充足的知识，接下来讨论一个简单但实用的示例：使用三点移动平均来平滑数据。假设 f 指向一个 Python 向量数据，则可以使用如下代码来平滑数据的内部点。

```
f_av=f.copy()                       # make a copy, just as for lists
for i in range(1,len(f)-1):         # loop over interior points
    f_av[i]=(f[i-1]+f[i]+f[i+1])/3.0
```

该代码适用于小型数组，但对于大型向量数据，其运行速度会变得非常缓慢。可以考虑使用如下改进代码：

⊖ 事实上，NumPy 并没进行这样的转换！然而，它使用的方法模拟了这种效果，同时更加具有内存和时间效率。

```
f_av=f.copy()                    # as above
f_av[1:-1]=(f[ :-2]+f[1:-1]+f[2: ])/3.0
```

对于大型数组，向量化代码的执行速度非常快，因为内部将使用预编译的C代码来执行循环操作。正确的切片操作需要注意是，在每次切片操作 [a:b] 中，切片的长度（即 a-b）必须保持相同（即2）[⊖]。最后，初学者必须注意数组和列表的一个十分重要的差别：如果 l 是一个Python列表，则 l[:] 始终是一个（浅）拷贝，但NumPy数组的切片始终指向原始的数组。这就是我们在以上代码片段的顶部必须显式执行（深）拷贝操作的原因。

4.1.4 通用函数

通用函数（universal function，或者ufunc）大大增强了NumPy的实用性。一个通用函数是一个函数，当应用于标量时，结果为标量；但当应用于数组时，通过按元素逐个操作，则产生相同大小的数组。表4-1中列举了一些对科技工作者最有用的通用函数。其中许多都是很常用的，很容易查阅其文档字符串帮助信息，例如：

```
np.fix?              # or help(np.fix)
```

表4-1　一些常用的可以应用于向量的通用函数。最后一列的函数要求两个参数。要查阅帮助信息，请使用诸如 np.sign? 或者 help(np.sign) 的命令

sign	cos	cosh	exp	power
abs	sin	sinh	log	dot
angle	tan	tanh	log10	vdot
real	arccos	arccosh	sqrt	
imag	arcsin	arcsinh		
conj	arctan	arctanh		
fix	arctan2			

值得注意的一点是，在文档中没有指明各个函数的定义域和值域。例如，NumPy如何解释 $\sqrt{-1}$ 或 $\cos^{-1}2$？在纯Python语言中，math.sqrt(-1) 或者 math.acos(2) 将导致错误并且程序会终止运行。然而，cmath.sqrt(-1) 则返回结果 1j，因为参数被转换为复数值。

模块NumPy的行为则不同，并且参数的类型非常关键。注意，np.sqrt(-1+0j) 接收一个复数参数，返回复数的平方根 1j，而 np.sqrt(-1) 则产生一个警告信息并且返回结果 np.nan 或者非数值，一个不确定的浮点数。可以在 np.nan 上进一步执行其他算术运算，但是结果始终为 np.nan。这个解释同样适用于 $\cos^{-1}2$。

在NumPy中，直接被零除（1.0/0.0）会导致一个错误并且终止运行。然而，如果间接被零除（例如，在循环中），则情况并非如此。请阅读如下代码：

⊖ 请读者回顾切片规则，[:b] 等同于 [0:b]，[a:] 等同于 [a:-0]。

```
x = np.linspace(-2, 2, 5)
x, 1.0/x
```

结果产生一个警告信息和一个数组 array([-0.5,-1.,inf,1.,0.5])。其中，inf 在进一步运算中的作用等同于无穷大。正无穷大是 np.inf，负无穷大是 np.NINF。(遗憾的是，二者的表示方法并不对称！)

当然，还存在许多可以应用于向量的 NumPy 函数，其中一些将在 4.6 节讨论。

在几乎所有的实用程序中，都会包含用户自定义的函数；并且非常令人期待的是，在适当的时候，这些函数的功能类似于通用函数，也就是说，当应用于相同维度的数组时，结果返回相应维度的数组而不调用各元素上的显式循环。在许多情况下，例如只涉及算术运算和通用函数的时候，结果显而易见。

然而，如果包含了逻辑判断语句，则情况并非如此。请考虑如下的“顶帽”（top hat）函数：

$$h(x)=\begin{cases}0 & 若x<0\\1 & 若0\leqslant x\leqslant 1\\0 & 若x>1\end{cases}$$

使用第 3 章的技术，我们也许会尝试通过如下代码来实现该函数：

```
import numpy as np
def h(x):
    """ return 1 if 0<=x<=1 else 0. """
    if x < 0.0:
        return 0.0
    elif x <= 1.0:
        return 1.0
    else:
        return 0.0

v=np.linspace(-2, 2, 401)
hv=h(v)
```

然而，这不能满足通用函数的要求，原因十分简单：当 x 包含一个以上的元素时，x<0.0 不能明确定义。下一节将讨论如何解决这个问题。

4.1.5 向量的逻辑运算符

如果 x 是标量，则 x<0 没有二义性，其求值结果要么是 True 要么是 Fasle。但如果 x 是一个 NumPy 向量呢？很显然，不等式的右侧是标量。稍微考虑一下，应该建议按元素逐一进行比较判断，结果返回一个向量。让我们使用解释器来检验这个假设。

```
import numpy as np
x=np.linspace(-2,2,9)
y=x<0
x, y
```

结果表明，y 是一个长度为 9 的 bool 类型向量，其中前 4 个元素正好是 True。这就证明上面的假设的确是成立的。如下代码片段说明了 NumPy 的一个非常有用的特征。

```
z=x.copy()
z[y]=-z[y]
z
```

我们可以在赋值语句的一侧或者两侧使用逻辑数组（例如 y）作为切片定义。首先创建 x 的一个副本 z，下一行代码的右侧选择数组 z 中的负值元素（即对应于 y 为 True 的元素），然后将它们乘上 -1。然后赋值语句把修改后的结果元素精确地复制到数组 z。因此我们使用内部 C 循环完成了 z=|x| 的计算。很显然作为中间结果的逻辑数组 y 是多余的，因此可以使用如下代码更快速地计算 z=|x|。

```
z=x.copy()
z[z<0]=-z[z<0]
```

复制数组的原因是保留原始的数组 x 不变。请参见 4.1.3 节末尾的警告。

作用于标量时，我们可以使用级联逻辑运算符，例如，x>0 和 x<1 可以级联在一起，也就是 0<x<1。作用于数组时，则必须单独执行比较运算。作为一个示例，我们可以通过如下代码来计算当前向量 x 的“顶帽”函数（其定义请见上一节）：

```
1 h=np.ones_like(x)
2 h[x<0]=0.0
3 h[x>1]=0.0
4 h
```

假设我们要构造一个更复杂的函数，例如下面的示例函数 $k(x)$。NumPy 模块提供了一个相当通用的函数 select，用于封装一定数量（例如 M 个）的选项。因为正式的描述相当复杂，所以建议读者在阅读帮助文档时先看一下示例和相应的代码片段。我们假设 x 是长度为 n 的一维数组，并标记其元素为 x_i（$0\leqslant i<n$）。我们假设所有的选项构成一个列表 C，其成员为 C_J（$0\leqslant J<M$）。例如，C_0 可能是 $x\geqslant 2$。接下来，我们可以构造长度为 M 的答案列表 B。每个成员 B_J 都是一个长度为 n 的布尔数组，其元素定义为 $B_{Ji}=C_J(x_i)$。最后，我们需要提供一个长度为 M 的结果 R 的列表。每个成员 R_J 都是一个长度为 n 的数组，其元素定义如下：

$$R_{Ji}=\begin{cases}\text{期望结果} & \text{若}B_{Ji}=\text{True}\\ \text{任意值} & \text{若}B_{Ji}=\text{False}\end{cases}$$

然后，select 函数产生一个长度为 n 的一维数组 k，并按如下步骤操作。在 i 上有一个隐式外循环，其中 $0\leqslant i<n$；在 J 上有一个隐式内循环，其中 $0\leqslant J<M$。对于每一个确定的 i，我们搜索数组 B_{Ji}，跳过所有 False 值直至到达第一个 True 值。然后，我们将 k_i 设置为对应的 R_{Ji}，从 J 循环中跳出来并转移到下一个 i。这里存在潜在的复杂性。如果对于某个 i 和所有的 J，B_{Ji} 都返回 False，则上述过程将为 k_i 产生任意值。为了防止这种可能性，在这种情况下可以为 k_i 设置一个缺省的标量值。

假设已经定义了 x、C 和 R，并且 m=3，那么其正式语法形式为：

```
result=np.select([C0, C1, C2], [R0, R1, R2], default=0)
```

让我们通过一个人为设定但却有用的示例来说明其用法：

$$k(x)=\begin{cases}-x & 若x<0\\ x^3 & 若0\leqslant x<1\\ x^2 & 若1\leqslant x<2\\ 4 & 否则\end{cases}$$

实现的 NumPy 代码如下：

```
x=np.linspace(-1,3,9)
choices=[ x>=2, x>=1, x>=0, x<0 ]
outcomes=[ 4.0, x**2, x**3, -x ]
k=np.select(choices, outcomes)
```

或者更简洁的代码如下：

```
x=np.linspace(-1,3,9)
k=np.select([ x>=2, x>=1, x>=0, x<0 ],
            [ 4.0, x**2, x**3, -x ])
```

注意，必须保证选项（及其结果）的顺序。请读者考虑是否还有其他的顺序。

在某种程度上，select 函数有些浪费，因为必须事先计算所有可能的结果。如果这会造成性能问题，则可以使用 NumPy 提供的另一种方法（称为 piecewise，分段函数），将函数列表作为其参数。考虑如下示例：

$$m(x)=\begin{cases}\mathrm{e}^{2x} & 若x<0\\ 1 & 若0\leqslant x<1\\ \mathrm{e}^{1-x} & 若1\leqslant x\end{cases}$$

该定义的实现代码如下：

```
1 def m1(x):
2     return np.exp(2*x)
3 def m2(x):
4     return 1.0
5 def m3(x):
6     return np.exp(1.0-x)
7
8 x=np.linspace(-10,10,21)
9 conditions=[ x>=0, x>=1, x<0 ]
10 functions=[ m2, m3, m1 ]
11 m=np.piecewise(x, conditions, functions)
12 m
```

现在仅当需要时才会调用对应的函数。请注意，函数列表的长度应该与条件列表的长度相同，或者多一个元素。在多一个元素的情况下，最后一个函数是缺省选项。当然，还有其他选项，请参阅 np.piecewise 的文档字符串以获取详细帮助信息。

在上面的代码段中，函数 m1、m2 和 m3 不太可能在别处使用。然而，np.piecewise 的语法要求使用函数列表作为参数，因此这种情况下，可以使用 3.8.8 节讨论的匿名函数。使用匿名函数，可以实现如下更为紧凑的代码：

```
m=np.piecewise(x, [x>=0, x>=1, x<0], [lambda x: 1.0,
                lambda x: np.exp(1.0-x), lambda x: np.exp(2*x)])
```

4.2 二维数组

接下来我们讨论二维数组。关于二维数组以及更一般的 n 维数组，官方的文档还不够完善。幸运的是，一旦我们掌握了基本的定义，就很容易看出其定义与向量的定义是一致的，而且我们已经了解到的有关一维数组或者向量的很多内容也同样适用于多维数组。

一个通用的 NumPy 数组包含三个重要的属性：ndim（维度或者轴的数量）；shape（维度 ndim 的元组，包含各轴的范围或者长度）；dtype（指定各元素的类型）。首先通过一个属性的示例来观察这些属性。

```
v=np.linspace(0,1.0,11)
v.ndim, v.shape, v.dtype
```

结果 shape 为 (11,)，即包括一个元素的元组，几乎等同于数值 11（但含义有区别）。

生成一个二维数组的简单方法是通过一个列表的列表来构建，例如：

```
x=np.array([[0,1,2,3],[10,11,12,13],[20,21,22,23]])
x
```

首先请观察由代码片段的最后一行产生的输出结果。与 shape 元组最后一个元素相对应的最后一个轴按水平方式显示，然后与 shape 元组的倒数第二个元素相对应的下一个轴则按垂直方式显示。（对于大型数组，默认选项仅打印输出四个边角的元素。）下一个代码片段展示了如何访问单独的行和列。

```
x[2], x[ : ,1], x[2][1], x[2,1]
```

好消息是 Python 的切片规则同样适用于多维数组。最后两项展示了访问 x 的单个元素的方法。首先，我们从最后一行创建中间临时向量，然后访问该向量的元素。然而，更有效的方法（特别是对于大型数组）是直接访问所需的元素（参见最后一个表达式）。

4.2.1 广播

假设 y 是一个与 x 形状完全相同的数组，那么 x+y、x-y、x*y 和 x/y 是具有相同形状的数组，其中操作是按元素逐一执行的，即各对应位置的元素分别进行运算。在某些情况下，即使 x 和 y 的形状不同，这些操作也可以明确定义，这种方式被称为广播（broadcasting)。我们推广到一种情况：当存在多个数组，并且其形状不一定相同时，这些数组之间将进行算术运算。乍看起来，广播似乎有些奇怪，但如果我们记住两条法则，就更容易掌握：

- **广播的第一条法则**：如果多个数组的维度数量不同，则使用“1”来扩展维度数少的数组的维度，一直到轴的数量相同。
- **广播的第二条法则**：确保包含大小为 1 的维度或者轴的数组与最大维度的数组在该维度上大小相同（即小的数组被“广播”），被“广播”的数组在该维度上的值相同。

作为一个简单的示例，考虑前文引入的 shape 为 (11,) 的数组 v。那么 2*v 的运算方法是什么呢？首先，2 的 shape 为 (0,)，因此按照第一条法则，我们把其“2”的 shape 扩展到 (1,)；接下来，我们使用第二条法则，把“2”的 shape 增大到 (11,)，其元素值相同；最后，按元素进行逐一运算，结果 v 的每个元素都加倍。“广播”运算法则也适用于其他算术运算[⊖]。然而，假设 w 是一个 shape 为 (5,) 的向量，“广播”运算法则不允许运算 v*w。

为了观察“广播”运算法则在数组算术运算的应用，请阅读如下代码：

```
1 x=np.array([[0,1,2,3],[10,11,12,13],[20,21,22,23]])
2 r=np.array([2,3,4,5])
3 c=np.array([[5],[6],[7]])
4 print "2*x = \n", 2*x
5 print "r*x = \n", r*x
6 print "x*r = \n", x*r
7 print "c*x = \n", c*x
```

值得注意的是，x*r=r*x。即 x*r 与线性代数中的矩阵乘法不一样，x*x 也不是矩阵乘法。要实现矩阵乘法运算，尝试使用 np.dot(x,r) 或者 np.dot(x,x)。在 4.8 节将简要介绍矩阵算术运算。

4.2.2 初始构造函数

假设给定包含 x 值 x_i（其中 $0\leqslant i<m$）和 y 值 y_k（其中 $0\leqslant k<n$）的向量，我们希望使用网格值 $u_{ik}=u(x_i, y_k)$ 来表示函数 $u(x, y)$。在数学上，我们可以使用一个 $m\times n$ 数组排列的矩阵格式（matrix form），例如，当 $m=3$ 和 $n=4$ 时：

$$\begin{matrix} u_{00} & u_{01} & u_{02} & u_{03} \\ u_{10} & u_{11} & u_{12} & u_{13} \\ u_{20} & u_{21} & u_{22} & u_{23} \end{matrix}$$

我们通常认为 x 从上到下排列，y 从左到右排列。然而在图像处理领域，则倾向于要求 x 从左到右排列，y 从上到下排列，从而产生如下的图像格式（image form）：

$$\begin{matrix} u_{03} & u_{13} & u_{23} \\ u_{02} & u_{12} & u_{22} \\ u_{01} & u_{11} & u_{21} \\ u_{00} & u_{10} & u_{20} \end{matrix}$$

⊖ 我们已经在 4.1.3 节讨论了该问题。4.1.3 节中讨论的内容与本节的“广播”运算法则保持一致。

很显然，这两个矩阵互为线性变换。由于参考文献中经常使用对称矩阵，因此很难明确地说明其区别。所以，我们必须额外留心。

对于向量，我们发现最有用的*初始构造函数*（ab initio constructor）是NumPy函数np.linspace和np.arange，这取决于我们是要建模一个闭区间还是半开区间。对于二维数组，有4种可能的区间。作为一个具体的例子，我们尝试明确地构造一个网格数组数据（其中 $-1 \leqslant x \leqslant 1$，$-1 \leqslant y \leqslant 1$，并且其在两个方向上的间距均为0.25），并对其进行简单的算术运算。

也许最容易理解的是np.meshgrid构造函数。我们首先构造向量xv和yv，这两个向量定义了区间的两个坐标轴，然后构造两个数组xa和ya（其中 y 和 x 分别保持不变）。最后，我们计算它们的乘积。

```
1 xv=np.linspace(-1, 1, 5)
2 yv=np.linspace(0, 1, 3)
3 [xa,ya]=np.meshgrid(xv,yv)
4 print "xa = \n", xa
5 print "ya = \n", ya
6 print "xa*ya = \n", xa*ya
```

通过使用np.arange构造向量xv和yv，我们可以确定半开区间选项。注意，通过xa或者ya，np.meshgrid使用图像格式。

np.mgrid和np.ogrid则使用完全不同的语法格式（利用从切片符号和复数的表示符号j拼凑起的语法格式）。我们首先在一维数组上说明其用法。请尝试运行如下两行代码：

```
np.mgrid[-1:1:9j]
```

```
np.mgrid[-1:1:0.25]
```

注意，第一行代码使用纯复数符号j间隔来模拟一维np.linspace函数，而第二行代码则模拟np.arange函数。虽然感觉其语法格式有点陌生，但是十分简洁，并且也适用于二维或者多维数组的情况（使用的是矩阵格式）。例如：

```
1 [xm,ym]=np.mgrid[-1:1:5j, 0:1:3j]
2 print "xm = \n", xm
3 print "ym = \n", ym
4 print "xm*ym = \n", xm*ym
```

这个代码片段比本节前一个代码片段更简洁，但达到了相同的线性变换的结果。前一段代码实现比较适用于处理半开区间的情形。

对于大型数组（特别是多维数组），xm和ym的大多数数据也许是多余的。使用另一个函数np.orgrid（其结果也使用矩阵格式），可以解决这种低效问题。

```
1 [xo,yo]=np.ogrid[-1:1:5j, 0:1:3j]
2 print "xo = \n", xo
```

```
3 print "yo = \n", yo
4 print "xo.shape = ", xo.shape, " yo.shape = ", yo.shape
5 print "xo*yo = \n", xo*yo
```

读者可以检验 xo 和 yo 的形状以便应用“广播”运算法则，因此 xm*ym（上一个代码片段）与 xo*yo 的结果相同。

在上一节，我们介绍了作为向量构造函数的 np.zeros、np.ones 和 np.empty。它们同样可以作为更一般数组的构造函数，只需要把第一个参数（向量的长度）替换为定义数组形状的元组。例如：

```
x=np.zeros((4,3),dtype=float)
```

上述代码定义了一个 4×3 的浮点数数组（矩阵格式），各个元素的初始值都为 0。当然，在这个上下文中，只包含一个元素的元组（例如 (9,)）可以替换为一个整数（例如 9）。

4.2.3 “相似”构造函数

前文有关向量的“相似”构造函数也适用于多维数组。特别是，非常实用的构造函数（np.zeros_like、np.ones_like 和 np.empty_like）也可以使用数组参数。

另一个实用的“相似”构造函数是 np.reshape，该函数带有两个参数：一个已经存在的数组（甚至是一个列表）和一个元组，如果可能，则把参数指定的数组转换为另一个由参数元组确定形状的数组。一个常见的示例如下所示：

```
l=range(6)
a=np.reshape(l,(2,3))
a
```

然而，存在一个潜在的更有用的构想：

```
1 v=np.linspace(0, 1.0, 5)
2 vg=np.reshape(v, (5, 1))
3 vg.shape
4 vg
```

4.2.4 数组的运算和通用函数

对于形状相同的数组，不出意外，通常的算术运算按预期工作。而对于形状不同的数组（甚至是不同的维度），如果“广播”运算法则允许把它们强制转换到一个共同的形状，则允许运算操作。请阅读如下代码：

```
1 u=np.linspace(10,20,3)
2 vg=np.reshape(np.linspace(0,7,15),(5,3))
3 u+vg
```

带一个参数的通用函数（例如 np.sin(x)）也同样适用于数组。而对于带多个参数的通用函数（例如 np.power(x, y)），如果参数形状相同或者可以满足“广播”运算法则，则运算结果也符合预期。

这里需要稍微提及切片操作。虽然存在许多快捷方式，但最安全和最清晰的方式是明确指定两个维度，并在一个或者两个维度上使用明确的方式进行切片。例如：

```
1 vg=np.reshape(np.linspace(0,7,15),(5,3))
2 vg
3 vg[1:-1,1: ]=9
4 vg
```

4.3 多维数组

好消息是，几乎所有关于二维数组的内容都适用于更高维度的数组。唯一的例外是 np.meshgrid 函数，它被限制为两个维度。这里有一个简单而有启发性的示例，它使用三个维度的 np.ogrid。

```
1 [xo,yo,zo]=np.ogrid[-1:1:9j, 0:10:5j, 100:200:3j]
2 xo
3 yo
4 zo
5 xo+yo+zo
```

4.4 内部输入和输出

在本节中，我们将讨论如何与人类和其他程序通信，以及如何存储中间结果。我们可以区分至少三个场景，并讨论它们的输入过程和输出过程的简单示例。第一个场景，假设给定一个包含单词和数字的文本文件，我们希望从文本文件中读取数字到一个 NumPy 数组。与之相对应，我们可能希望将数值输出写入到文本文件。第二个场景，与之相似但更简单，因为我们只需要处理从文本文件中读取数值或者写入数值到文本文件中。第三个场景，与第二个场景类似，但考虑到速度和空间效率，我们希望使用二进制文件，这些文件可以由另一个 NumPy 程序处理（可能在不同的平台上）。

还存在通用的情况，即处理由另一个程序（可能是电子表格或者非 Python 的“数字处理”程序）生成的数据。这将在 4.5 节讨论。

4.4.1 分散的输出和输入

考虑到简洁性，假设我们正在报告结果，包括四个季度，每个季度的数据对应一个浮点数。给定包含这些结果的 NumPy 数组，我们首先生成一个名为 q4.txt 的文件，该文件既可以被人类读取，也可以被其他程序读取。事实上，这项任务主要使用核心 Python 思想。

```
1 import numpy as np
2 quarter=np.array([1,2,3,4],dtype=int)
3 results=np.array([37.4,47.3,73.4,99])
4 outfile=open("q4.txt","w")
5 outfile.write("The results for the first four quarters\n\n")
6 for q,r in zip(quarter, results):
7     outfile.write("For quarter %d the result is %5.1f\n" %
8                   (q,r))
9 outfile.close()
```

第1～3行生成一些人工数据。第4行中的Python函数 `open` 创建一个名为 `q4.txt` 的文件，并打开该文件准备进行写入[⊖]。请读者阅读 `open` 函数的文档字符串，以获得更多的帮助信息。在本程序中，文件随机选择了一个标识符 `outfile`。在第5行，我们向文件中写入了一行标题字符串，以一个换行符 `\n` 结束，第二个换行符 `\n` 在标题字符串下面插入一个空行。第6行使用了一个新的特性，Python的 `zip` 函数。`zip` 函数带有多个可迭代对象参数（这里是两个NumPy数组），并会返回由这些可迭代对象的各对应元素组成的元组的可迭代对象。当最短的可迭代对象被耗尽时，`for` 循环终止。在循环中，我们向文件内写入一个包含各数组元素的格式化字符串，并用换行符终止。最后，在第9行，我们关闭打开的文件。读者可以通过查找文件 `q4.txt`（它应该在当前目录中）以及使用自己喜欢的文本编辑器读取该文件内容来检查此代码片段的正确性。

现在让我们考虑逆向过程。假设有一个文本文件 `q4.txt`，并且文件中包含如下内容：前两行形成一个表标题，可以忽略；接下来是未知数量的行数据，它们都有相同的格式（一系列由空白字符分隔的“单词”序列）。从0开始标记每行的单词，我们希望构建两个NumPy数组：一个包含每行的第二个单词（作为整数），另一个包含每行的第六个单词（作为浮点数）。（要了解为什么需要第二个和第六个单词，请查看文本文件的内容。）数组的维度与要读取的行数相同。下面的代码片段执行这个任务，并且和前一个代码片段一样，它主要是纯Python思想。

```
1 infile=open("q4.txt","r")
2 lquarter=[]
3 lresult=[]
4 temp=infile.readline()
5 for line in infile:
6     words=line.split()
7     lquarter.append(int(words[2]))
8     lresult.append(float(words[6]))
9 infile.close()
10 import numpy as np
11 aquarter=np.array(lquarter,dtype=int)
12 aresult=np.array(lresult)
13 aquarter, aresult
```

⊖ 文件的名称很大程度上取决于所选择的操作系统。这里假定使用的是UNIX，并在当前工作目录中创建或者覆盖文件。读者应该使用你的操作系统所允许的有效文件路径来替换第一个字符串。

第1行用于连接程序要读取的文本文件，第10行最终将其关闭。第2行和第3行创建空列表用于保存数值。文件对象 infile 是一个字符串列表，每行对应一个字符串。接着，第4行把第一个字符串读入到内存中标识符为 temp 的字符串内，从而有效地移除 infile 的第一个元素。第5行重复这个过程，这样我们就跳过了前2行的表标题。（如果表标题包含更多行的内容，则使用 for 循环可能更合适。）接下来我们循环处理 infile 的剩余行。字符串函数 split 作用于字符串 line，把字符串拆分为一个子字符串列表（这里取名为 words）。基于 line 字符串中的空白字符来拆分字符串，并忽略本身的空白字符。（我们也可以使用不同的拆分字符，例如逗号。有关详细内容，请参阅文档字符串帮助信息。）结果 words[2] 包含一个字符串，我们希望转换为一个整数，而第7行中的 int 函数实现了这种转换。接下来，我们将转换后的整数附加到 lquarter 列表。第8行重复浮点数的处理过程。最后，在第12行和第13行中，我们基于两个结果列表构建了 NumPy 数组。请注意，事先我们并不知道存在多少行数据。

4.4.2 NumPy 文本文件的输出和输入

NumPy 基于文本的输出和输入代码更加简洁。例如，如下代码片段首先构造四个向量和一个数组，然后把它们保存到一个文本文件中。

```
 1 len=21
 2 x=np.linspace(0,2*np.pi,len)
 3 c=np.cos(x)
 4 s=np.sin(x)
 5 t=np.tan(x)
 6 arr=np.empty((4,len),dtype=float)
 7 arr[0, : ]=x
 8 arr[1, : ]=c
 9 arr[2, : ]=s
10 arr[3, : ]=t
11 np.savetxt('x.txt',x)
12 np.savetxt('xcst.txt',(x,c,s,t))
13 np.savetxt('xarr.txt',arr)
```

前10行仅用于构建一些数据。第11行创建一个文本文件并打开它，使用默认格式 %.18e 将向量 x 写入到文件中，然后关闭文件。第12行展示如何向文本文件中写入多个向量（或者数组），但其形状相同，我们只需要把它们打包成一个元组。第13行展示了如何将数组保存到文本文件中。有关更多操作方法，请参阅 np.savetxt 的文档字符串帮助信息。

写入文本文件之后，读取这些文件的内容就变得非常简单了。

```
1 xc=np.loadtxt('x.txt')
2 xc,cc,sc,tc=np.loadtxt('xcst.txt')
3 arrc=np.loadtxt('xarr.txt')
```

当然存在更优秀的方法，具体请参见文档字符串帮助信息。

4.4.3 NumPy 二进制文件的输出和输入

由于写入和读取二进制文件不需要转换为文本或者从文本转换，因此其速度更快，并且生成的文件大小更紧凑。但其明显的缺点是文件不能人工阅读。由于不同的平台以不同的方式来编码数值，因此存在二进制文件可能高度依赖平台的风险。NumPy 包含了自己的二进制格式，可以保证与平台无关。但是，这些文件并不能被其他非 Python 程序轻松读取。

单个的向量或者数组很容易写入到二进制文件或者从二进制文件中读取。利用上述的数组定义，把数组写入到二进制文件的代码如下：

```
np.save('array.npy',arr)
```

而从二进制文件读取数据到数组的代码如下：

```
arrc = np.load('array.npy')
```

只要使用 `.npy` 做文件名的后缀，NumPy 就会自动处理文件打开和关闭操作。

若干可能不同形状的数组的处理方式是创建一个压缩二进制文档。使用上述的数组定义，我们可以使用一行代码来把这些数组写入到一个压缩文档中。

```
np.savez('test.npz',x=x,c=c,s=s,t=t)
```

从压缩文档中恢复数据包含以下两个步骤：

```
1 temp=np.load('test.npz')
2 temp.files
3 xc=temp['x']
4 cc=temp['c']
5 sc=temp['s']
6 tc=temp['t']
```

第 2 行代码显示了压缩文档（其标识符为 `temp`）中包含的文件名。第 3～6 行展示了如何恢复数据到数组中。请注意，在这两个步骤中，文件的打开、压缩、解压和关闭都是自动处理的。还有许多其他执行二进制文件输入 / 输出的方法（特别是 struct 模块），具体请参见文档字符串帮助信息。

4.5 外部输入和输出

接下来我们将非常简单地讨论如何读取从非 Python 源产生的数据的问题，解决方案取决于数据的大小。

4.5.1 小规模数据

相对少量的数据通常包括：逗号分隔值（CSV）文件、时间序列数据、观测数据、统计数据、SQL 表、电子表格数据。我们可以尝试按照 4.4.1 节的方式来构造一个读取器，但是必须仔细检查缺失数据或者格式错误的数据条目。幸运的是，这个问题可以使用 Python 数据分析库来处理，数据分析库由 Pandas 包提供[㊀]。Pandas 应该包含在推荐的 Python 发行版中（参见 A.1 节），但如果没有，那么可以从其网站或者从 Python 软件包索引（参见 A.5 节，其中还包含安装包的说明）中下载。然而，在安装之前，感兴趣的读者应该查阅网站上提供的优秀文档。最近由 Pandas 的开发者之一编著的教科书（McKinney（2012））包含了大量非常实用的示例。重复这些内容或者编写类似的内容都是一种资源浪费，这就是本节简短的原因。

4.5.2 大规模数据

大规模数据（通常是 TB 数量级）通常存储为标准数据格式。这里我们将考虑当前版本为 5 的流行格式 HDF（Hierarchical Data Format，分层数据格式）。HDF5 包[㊁]本身仅由格式定义和相关库组成。要实际使用它，则需要应用程序编程接口（API）。C、C++、Fortran90 和 Java 语言都有官方支持的编程接口。显然，HDF5 满足了科学数值处理的要求！因此，科学计算包 Mathematica、Matlab、R 和 SciLab 提供了“第三方”的 API。Python 可能是独一无二的，它针对不同的群体提供了两个半的 API。

半个 API 是指 Pandas 内部提供的简单编程接口，请参阅相关文档。包 h5py[㊂]提供对 HDF5 的低级和高级访问，旨在实现与编译语言 API 类似的功能。另一个包 PyTables[㊃]只提供高级接口，但也提供了额外功能，例如复杂的索引和查询功能，这些功能只有在数据库中才能找到。

HDF5 文档在并不能帮助读者决定使用哪种 Python API，在做出决定之前，读者需要研究这三种 API。请注意，在 UNIX/Linux 平台上安装一个最新版本的 HDF5 需要强大的心理承受能力。而 Windows 用户则更加方便：h5py 和 PyTables 都提供了二进制安装，并且其中包括 HDF5 的私有副本。

4.6 其他通用函数

NumPy 包含若干其他通用函数，本节将归纳一些最有用的通用函数。有关更完整的列表，请参见 NumPy 参考手册（NumPy Community 2017a）。

4.6.1 最大值和最小值

基本的最值函数的语法格式为 `np.max(array,axis=None)`。如下代码片段展示了其使用方法，其中最后两行代码分别构建在行和列上的最值子数组。

```
x=np.array([[5,4,1],[7,3,2]])
np.max(x)
```

㊀ 官网地址为 http://pandas.pydata.org，其中包含了大量的有用信息。

㊁ 官网地址为 http://www.hdfgroup.org/HDF5/。

㊂ 官网地址为 http://www.h5py.org，提供文档和下载。

㊃ 官网地址为 http://www.pytables.org，包含许多有用信息。

```
np.max(x,axis=0)
np.max(x,axis=1)
```

当然，如果其中一个元素是nan，则它自动成为包含它的数组或者子数组的最大值。函数np.nanmax的功能几乎相同，但忽略了nan值。求最小值的函数是np.min和np.nanmin。数组或者子数组的范围（峰值到峰值）可以通过函数np.ptp(x)获取。请查看文档字符串以获得更多的帮助信息。

顺便说一下，函数np.isnan(x)返回一个与x形状相同的布尔数组，对应nan的元素结果为True。函数np.isfinite(x)则功能相反，对应nan或者inf的元素结果为Fasle。

4.6.2 求和与乘积

使用函数np.sum(x)可以对数组x的元素求和。如果x包含多个维度（为了便于说明，我们使用两个维度），那么np.sum(x, axis=0)在各列上求和，而np.sum(x, axis=1)则在各行上求和。使用相同的语法，函数np.cumsum(x)产生与x形状相同但具有累积和的数组。函数np.prod和np.cumprod使用相同的语法来求乘积。按照惯例，请读者查阅文档字符串帮助信息，以获得使用方法示例。

4.6.3 简单统计

NumPy的函数np.mean和np.median与前一小节讨论的函数语法相同，用于对整个数组或者沿特定轴求平均值或者中值。求加权平均值函数np.average则略有差异。

```
np.average(x,axis=None,weights=None)
```

如果指定了参数weights，则weights必须是与x形状相同的数组，或者与所选轴形状相同的数组。结果是对应权重的平均值。

求方差的函数的语法格式为：

```
np.var(x,axis=0,ddof=0)
```

前两个参数显而易见。注意，如果x的元素是复数值，则平方运算使用一个复数共轭，以便生成一个实数值。方差的计算涉及除以n的除法运算，其中n是所涉及元素的数目。如果指定了ddof（即“δ自由度”），则除法运算的分母采用n-ddof来替换。函数np.std与此非常相似，且用于计算标准偏差。

NumPy还包含若干用于关联数据分析的函数。最常用的包括np.corrcoeff、np.correlate和np.cov。它们的语法与上面讨论的函数有很大的不同，因此在使用之前需要仔细研究相关的文档字符串帮助信息。

4.7 多项式

单变量的多项式在数据分析中经常出现，NumPy提供了几种处理它们的方法。描述多项式的简明方法是将其系数存储为一个Python列表，例如：

$$c_0x^4+c_1x^3+c_2x^2+c_3x+c_4 \longleftrightarrow \{c_0, c_1, c_2, c_3, c_4\} \longleftrightarrow [c_0, c_1, c_2, c_3, c_4]$$

4.7.1 根据数据求多项式系数

定义多项式的一种比较抽象的方法是指定其根的列表。这不仅将系数列表定义为一个整体因子，并且函数 np.poly 也总是选择 c[0]=1，即一元多项式。下面给出一个例子。

通常，我们有一个包含 x 值的列表或者数组 x，以及另一个包含 y 值的列表或者数组 y，我们希望使用一个给定阶 n 的未知多项式来寻求“最佳拟合”最小二乘法。这被称为*多项式插值*或者*多项式回归*，而函数 np.poly.fit(x, y, n) 正好提供该功能。

4.7.2 根据多项式系数求数据

如果给定了多项式的系数数组，那么 np.roots 用于求根。更常用的方法是：给定多项式系数数组和单个 x 值或者 x 值数组，np.polyval 返回相应的 y 值。下面的代码片段说明了本节和前一节涉及的概念。

```
 1 import numpy as np
 2
 3 roots=[0,1,1,2]
 4 coeffs=np.poly(roots)
 5 print "coeffs = \n", coeffs
 6 print "np.roots(coeffs) = \n", np.roots(coeffs)
 7 x=np.linspace(0,0.5*np.pi,7)
 8 y=np.sin(x)
 9 c=np.polyfit(x,y,3)
10 print "c = \n", c
11 y1=np.polyval(c,x)
12 print "y = \n", y, "\n y1 = \n", y1, "\n y1-y = \n", y1-y
```

4.7.3 系数形式的多项式运算

函数 np.polyadd、np.polysub、np.polymult 和 np.polydiv 用于四个基本的算术运算。函数 np.polyder 用于获取给定多项式的 x 导数，而 np.polyint 用于求 x 积分，其中任意常数设置为0。按照惯例，更多内容请参见相关函数的文档字符串帮助信息。

4.8 线性代数

4.8.1 矩阵的基本运算

前文已经定义了相同形状的数组的加法运算，以及数组与标量的乘法运算，它们的运算分别按元素逐一进行。这与解释数学家关于“作为二维数组的*矩阵*”的概念是完全一致的。然而，两个数组之间的乘法则不然。标准的NumPy运算按元素逐个进行，这与线性代数中定义的矩阵乘法不一致。NumPy 提供了两种不同的方法。下面我们通过一个简单的矩阵方程来比较这两种方法。

$$\begin{bmatrix}1 & 2\\3 & 4\end{bmatrix}\begin{bmatrix}5\\6\end{bmatrix}=\begin{bmatrix}17\\39\end{bmatrix}$$

一种方法是预先定义一个 matrix 类，基于矩阵运算法则来解释乘法（*）和乘幂（**）运算。需要注意的是，索引从 0 开始，而线性代数从 1 开始。如下代码片段实现了上面方程的左边部分。

```
import numpy as np

A = np.matrix([[1,2],[3,4]])
b = np.matrix([[5],[6]])
A, b, A*b
```

注意，向量（例如 b）必须转换成矩阵。然而，可以直接进行量化运算，例如 b*b、A*A 和 A**17。

其他用户或许倾向于继续使用通用的 NumPy 数组，也倾向于采用预定义的矩阵乘法运算函数 np.dot。示例代码如下：

```
A = np.array([[1,2],[3,4]])
b = np.array([[5],[6]])
A, b, np.dot(A,b)
```

对于这个简单的模型方程，这两种方法之间几乎没有差别。然而，正如我们将看到的，几乎所有有用的功能都针对第二个版本进行了开发，所以我们推荐这个版本。

假设 A 是一个二维 NumPy 数组（请注意，与通常的线性代数规则不同，数组的索引坐标从 0 而不是 1 开始），通过函数 A.transpose()（或者更简洁的 A.T），可以获得 A 的转置矩阵。注意，NumPy 并不区分列向量和行向量。这意味着，如果 u 是一个一维数组或者向量，则 u.T = u。

通过前文，已经了解了如何构造零矩阵，例如 z=np.zeroes((4,4))。函数 np.identity 创建单位矩阵，例如：

```
I=np.identity(3,dtype=float).
```

一种更简单的方式是使用单位矩阵函数 np.eye(m,n,k,dtype=float)，结果返回一个 $m\times n$ 矩阵，其中第 k 个对角线元素值为 1，其他元素值为 0。请仔细阅读如下代码：

```
C=2*np.eye(3,4,-1)+3*np.eye(3,4,0)+4*np.eye(3,4,1)
C
```

接下来考虑一个不同的情况，给定一组 m 个向量 v1，v2，…，vm，所有向量的长度都是 n，我们要构造一个 $m\times n$ 矩阵，并使用这些向量作为矩阵的行。使用 np.vstack 函数可以很容易实现，示例代码如下所示。

```
1 v1=np.array([1,2,3])
2 v2=np.array([4,5,6])
3 rows=np.vstack((v1,v2))
4 rows
5 cols=rows.T
6 cols
```

注意，第3行中的实际参数个数是可变的，所以我们必须先将它们打包成一个元组，因为 `np.vstack` 只接受一个参数。当然，我们也可以把它们编码为列，创建一个 $n \times m$ 矩阵，请参见代码片段的最后两行。

4.8.2 矩阵的特殊运算

模块 NumPy 包含一个子模块 `linalg`，用于处理更专业化的矩阵运算操作。导入时没有标准的缩写，并且本书使用 `npl`。假设 A 是一个 $n \times n$ 正方形矩阵，A 的行列式由 `npl.det` 给出，并且假设 A 是非奇异的，则可以使用 `npl.inv` 来求矩阵的逆。如下代码片段展示了这些函数的用法。

```
1 import numpy as np
2 import numpy.linalg as npl
3
4 a=np.array([[4,2,0],[9,3,7],[1,2,1]])
5 print "a=",a
6 print "det(a) = ", npl.det(a)
7 b=npl.inv(a)
8 print "b = ", b, "\n b*a = ", np.dot(b,a)
```

函数 `npl.eig` 可以用于生成特征值和特征向量。该函数将特征向量作为 n 行矩阵的列。每个列具有单位欧几里得长度，即特征向量被归一化。

```
1 import numpy as np
2 import numpy.linalg as npl
3
4 a=np.array([[-2,-4,2],[-2,1,2],[4,2,5]])
5 evals, evecs = npl.eig(a)
6 eval1 = evals[0]
7 evec1 = evecs[:,0]
8 eval1, evec1
```

检查归一化的代码如下：

```
npl.norm(evec1), np.dot(evec1, evec1)
```

检查特征值属性的代码如下：

```
np.dot(a, evec1) - eval1*evec1
```

`np.linalg` 模块中包含了许多其他函数。请使用 `npl?` 以获得更多的帮助信息。

4.8.3 求解线性方程组

一个非常普遍的问题是求解一个线性方程组的“解”$\boldsymbol{x}$。

$$\boldsymbol{Ax}=\boldsymbol{b} \tag{4-1}$$

其中$\boldsymbol{A}$是矩阵，$\boldsymbol{x}$和$\boldsymbol{b}$是向量。

最简单的情况是：$\boldsymbol{A}$是形状为$n\times n$并且非奇异的矩阵，而$\boldsymbol{x}$和$\boldsymbol{b}$是长度为n的向量。在这种情况下，解向量$\boldsymbol{x}$是明确且唯一的。能够直接求得其数值近似解，实现代码片段如下所示。我们将同时求解两种情况。

$$\boldsymbol{A}=\begin{bmatrix}3&2&1\\5&5&5\\1&4&6\end{bmatrix},\quad \boldsymbol{b}=\begin{bmatrix}5\\5\\-3\end{bmatrix}\quad 和 \quad \boldsymbol{b}=\begin{bmatrix}1\\0\\-\frac{7}{2}\end{bmatrix}$$

```
1 import numpy as np
2 import numpy.linalg as npl
3
4 a=np.array([[3,2,1],[5,5,5],[1,4,6]])
5 b=np.array([[5,1],[5,0],[-3,-7.0/2]])
6 x=npl.solve(a,b)
7 x
```

可以使用如下代码来检查求解结果：

```
np.dot(a,x)-b
```

上面仅仅是 NumPy 的线性代数功能的简单介绍。请同时参见 4.9.1 节。

4.9 有关 NumPy 的更多内容和进一步学习

NumPy 模块所包含的资源比这里的概述要多得多，特别是几个专门的函数组，包括以下内容：

- `numpy.fft`：离散傅里叶变换例程的集合；
- `numpy.random`：从各种分布中生成随机数。8.6 节中的随机微分方程将涉及部分相关内容。

有关上述函数以及其他专用函数的帮助信息，可以通过解释器的文档字符串帮助信息或者参考手册（NumPy Community（2017a））获得。

4.9.1 SciPy

SciPy 模块 `scipy` 包含了其他各种各样的专用函数组。这里列出了其中一些函数组：

- `scipy.special`：包含许多特殊函数，例如贝塞尔（Bessel）函数；
- `scipy.integrate`：包含各种求积分函数，最重要的是，包含用于求解常微分方程组的初始值问题的函数（参见 8.1 节）。

- scipy.optimize：包含优化函数和求根函数，下面会给出一个简单的示例。
- scipy.fftpack：包含一组更广泛的离散傅里叶变换的函数集合。
- scipy.linalg、scipy.sparse 和 scipy.sparse.linalg：它们极大地扩展了 NumPy 的线性代数能力。其速度更快，对于复杂的线性代数来说，其比 NumPy 中的线性代数功能更有优势。

作为一个简单示例，我们尝试求解后续 8.4.5 节中的一个问题——求解如下方程的所有正数解：

$$\coth v=v$$

使用 v 的函数粗略地绘制方程两边的图示，表明正好存在一个解，并且它大于 1。使用我们以前的代码片段中所涉及的知识点，下面的代码解决了这个问题。

```
1 import numpy as np
2 import scipy.optimize as sco
3
4 def fun(x):
5     return np.cosh(x)/np.sinh(x)-x
6
7 roots=sco.fsolve(fun,1.0)
8 root= roots[0]
9 print "root is %15.12f and value is %e" % (root, fun(root))
```

求解结果约等于 1.199 678 640 258，函数值约等于 3×10^{-14}。

有关更多上文未涉及的函数组的详细信息，请参阅参考手册（SciPy Community（2017））。总之，SciPy 文档已经达到了相当高的水平，几乎可以比肩 NumPy 文档的水平。

4.9.2 SciKits

此外，考虑到种种原因，尚有若干科学计算包没有包含到 SciPy 中。它们可能因过于专业化而没有被纳入，也可能因涉及软件许可证方式而没有被纳入（例如 GPL 与 SciPy 的 BSD 许可证不兼容），或者正处在开发过程中而没有被纳入。其中许多可以通过 SciKits 网页访问㊀，或者通过 Python 软件包索引访问（参见 A.5 节）。我们将使用具体的例子来说明它们的用法。首先，在 8.4 节中处理常微分方程的边值问题时，将需要 scikits.bvp1lg 包。在 8.5 节中讨论简单延迟微分方程时，我们选择不使用 SciKits 包 skikits.pydde，因为可以从其网页㊁下载更通用且更友好的包 pydelay。两个软件包的安装方法相同，在 A.5 节中描述了其安装过程。

㊀ http://scikits.appspot.com/。

㊁ http://pydelay.sourceforge.net。

二维图形

5.1 概述

最珍贵且（也许）最著名的科学计算图形包是Gnuplot，可以从官网上下载这个开源项目[一]。其官方文档是Gnuplot Community（2016），大约250页。在教科书Janert（2015）中包含其更加详细的入门介绍。很显然，Gnuplot独立于Python语言。然而存在一个NumPy接口，它提供了对最常用Gnuplot函数的类似Python语法的访问。该接口可以从网上下载[二]。理所当然地，虽然大多数科学计算的Python实现都安装了相关的代码，但是来自这个网站的上线文档和示例文件非常有用。对于许多需要二维图形的应用程序来说，Gnuplot的输出都能满足要求，但只有在最佳情况下它才能够达到印刷质量。到目前为止，Matlab在这方面一直处于市场领先地位，而Python的目标则是在质量和通用性方面达到或者超过Matlab。

Matplotlib项目[三]的目标是作为NumPy的附加组件，输出Matlab质量的图形。几乎可以肯定，Matplotlib应该是读者必须安装的软件包之一。在大多数为科学家设计的Python软件包中，默认都会安装该软件包。还有一本"官方文档"Matplotlib Community（2016）（总共2842页），教科书Tosi（2009）也是另一个有用的帮助。强烈要求读者阅读Matplotlib图形示例库[四]，其中列举了大量的出版物质量图形以及生成这些图形的代码。这是一个很好的学习方法，用于探索Matplotlib的图形视觉表现能力，获得代码片段以帮助创建期望的图形。因为Matplotlib包含了数百个函数，本书只能包含其中的一小部分。请注意，本章以及后续章节中的几乎所有图形都是使用Matplotlib生成的，并且还包含了相关的代码片段。然而，根据图书出版要求，这些彩色图形会被转换为黑白图形和灰度图形。

如同所有其他功能强大的通用工具一样，强烈鼓励潜在用户阅读说明手册，但是很少有科技工作者会尝试阅读超过1000页的参考手册。事实上，本书的理念是"观察和探索"。因此，我们将本书的覆盖范围限制在大多数科技工作者最感兴趣的内容上。5.2～5.9节讨论各种简单图形，5.8节展示如何显示数学公式的图形。接下来，5.10节着眼于复合图形的构建。最后，5.11节展示了如何按逐个像素的方式构造一个精细的图形。本章篇幅较长，然而，花几分钟仔细阅读下一节可以让充满希望但缺少耐心的用户避免数小时的挫折感。

[一] 参见 http://www.gnuplot.info。

[二] 参见 http://gnuplot-py/sourceforge.net。

[三] 参见 http://matplotlib.org。

[四] 参见 http://matplotlib.org/gallery.html。

5.2 绘图入门：简单图形

将理论愿望转换成实际图形涉及两个截然不同的过程，即“前端”(front-end）和“后端”(back-end)，读者需要对这两个过程有所了解。

5.2.1 前端

“前端”是用户界面。作为将来的潜在用户，读者需要决定生成图形的方式：总是在解释器中生成图形；或是希望其更加通用，也许是在解释器内开发图形，但是稍后通过对Python文件进行批处理以调用它们；甚至把它们嵌入到其他应用程序中。第一种方式更简单，但是限制也更多，可以通过Matplotlib的子模块`pylab`来提供。在操作系统命令行中，可以通过下列代码来使用该`pylab`，例如：

```
ipython --pylab
```

该命令隐式地加载NumPy和Matplotlib，并且没有提供3.4节中提倡的避免名称冲突的保护措施。其动机是通过提供几乎相同的语法来吸引Matlab用户。但正在阅读本章的科技工作者（同时作为Matlab用户）可能希望突破它的限制，所以我们将避开这种方法。相反，我们将使用`pyplot`子模块，这是本章的主要内容。我们将看到，使用`pyplot`子模块是遵循命名空间/模块约定的，因此提供了一个更通用的路径。

在IPython解释器中，访问`pyplot`子模块的推荐方法如下：

```
import matplotlib.pyplot as plt
```

接下来，尝试运行一些自省命令，例如`plt?`。键入`plt.`然后按下Tab键可以进一步查询200种可用的选项，结果表明这是一个强大的模块。幸运的是，大多数图形可以使用相当少数的命令来完成绘制。

5.2.2 后端

“前端”为Python提供用户请求。但是Python应该如何把绘图请求转化为可视化结果呢？结果是否应该输出到屏幕（哪个屏幕）？输出到纸上（哪个打印机）？还是输出到另一个应用程序？这些问题显然依赖于硬件，软件的“后端”任务就是解决这些问题。Matplotlib软件包有多种“后端”，但应该使用哪一种呢？幸运的是，你的Python安装程序应该已经识别出计算机的硬件配置，并且已为此选择最佳的通用后端。对于好奇的读者，可以使用`plt.get_backend()`命令以显示实际使用的“后端”。在许多情况下，不需要改变“后端”。如果希望改变“后端”，则首先需要知道有哪些可用的“后端”。要查找所配置的后端，读者需要定位Matplotlib的首选项文件。使用如下命令：

```
import matplotlib
matplotlib.matplotlib_fname()
```

可以显示该文件的位置。接下来，在编辑器中打开此文本文件，定位到第30行，读者将会看到一个可用的“后端”列表。(特殊的符号 AGG 代表 Anti-Grain Geometry (反粒度几何),这是一个库[⊖],用于生成高质量的结果图形。)名称不区分大小写,所以建议使用小写。

如果希望永久更改预安装的默认选项,则可以编辑首选项文件以指定要使用的首选项。但是,如果只希望在当前会话中修改“后端”,则可以在请求任何绘图命令之前,调用如下命令:

```
plt.switch_backend('qtagg')
```

5.2.3 一个简单示例图形

假设读者只想绘制如图 5-1 所示的包含一组坐标轴的单个图形,那么可以使用一些简洁的类似 Matlab 的命令。

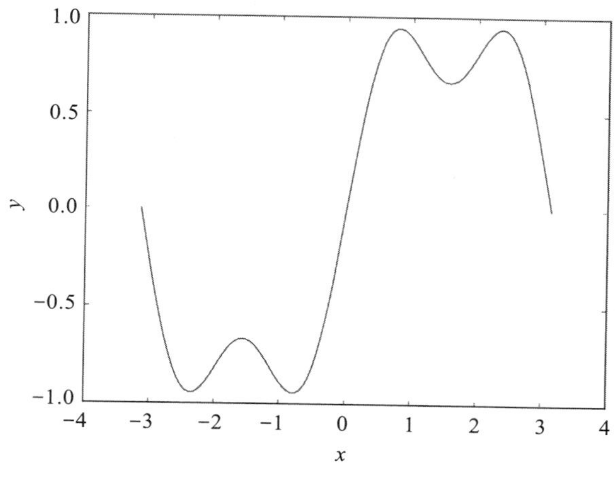

图 5-1 使用 Matplotlib 绘制的简单图形

我们将使用 IPython 解释器。(如果使用替代解释器,则会略有差异。)然而,使用此解释器有三种不同的方式。第一种,也是最简单的方式,是使用*终端模式*。在终端模式下,生成的任何图形都出现在单独的窗口中。这些窗口包含控制按钮,允许与图形交互。第二种方式是使用*非内联笔记本模式*,同样是在单独的窗口中生成图形。第三种方式是使用 `%matplotlib` *笔记本命令*,该命令使用一个特殊的“后端”,该“后端”是为 Jupyter 笔记本设计的。结果图形显示在笔记本中,同时保持交互性。

如果读者不确定使用哪种方式,那么可以分别尝试使用这三种方式,以确定你倾向于哪一种。最简单的方法是首先将下面的代码片段输入到一个新的文件中,比如 `foo.py`。然后在 IPython 终端模式下,通过魔法命令 `%run foo` 来执行。结果会在一个单独的窗口中显示输出图形,如图 5-1 所示。(如果没有结果显示,则需要考虑上面描述的其他“后端”。)请注意,在图形的底部显示了一组允许交互式操作的按钮,其功能将在 5.2.4 节描述。

```
1 import numpy as np
```

⊖ 官网地址为 http://agg.sourceforge.net。

```
 2 import matplotlib.pyplot as plt
 3
 4 # Use the next command in IPython terminal mode
 5 plt.ion()
 6 # Use the next command in IPython non-inline notebook mode
 7 #%matplotlib
 8 # Use the next command in IPython inline notebook mode
 9 #%matplotlib notebook
10
11 x=np.linspace(-np.pi,np.pi,101)
12 y=np.sin(x)+np.sin(3*x)/3.0
13
14 plt.plot(x, y)
15
16 plt.xlabel('x')
17 plt.ylabel('y')
18 plt.title('A simple plot')
19
20 #plt.show()
21 plt.savefig('foo.pdf')
```

第1、2、11、12行的代码读者应该熟悉。正如我们在5.2.1节所建议的，第2行展示了导入Matplotlib的通用推荐方法。

第14行创建一个图形，第16～18行向图形添加一些装饰信息，第21行将其保存到当前目录内的文件中。（可以写入的文件类型取决于实现和“后端”。大多数实现支持png、pdf、ps、eps和svg文件，具体的实现则应该支持其他格式。）显示图形有两种方式可供选择。为了开发一个图形并将其用于解释器终端模式，第5行打开了“交互模式”（极少情况下也可以使用plt.ioff关闭“交互模式”）。然后，当我们添加更多的线条时，其效果立即显现出来。这种方式会消耗资源，默认情况下是先修改代码而不显示图形。最后，当该图形准备好显示，并且用户没有使用解释器终端时，注释掉第20行的代码以显示完成的图形。因此，当在终端模式下使用IPython解释器时，需要调用plt.ion()或者plt.show()以向屏幕发送输出结果。在解释器中，它们输出相同的结果，但是plt.show具有阻塞特性，即暂停进一步的处理，直到删除图形为止。读者可以通过实验找出哪种命令最适合自己的工作风格。图形本身朴实无华，默认的轴的范围看起来也合理。在5.4节，我们将讨论如何增强图形的显示效果。值得注意的是，我们只需要三个Matplotlib函数来绘制、显示和保存一个图形！请使用自省来更详细地了解代码段中使用的所有函数的实际功能。读者还可以尝试更改标签或者标题（代码的第16～18行），并观察窗口中发生的事情。

接下来讨论在IPython笔记本中生成图形。首先将代码片段复制到IPython笔记本的单元格中。接下来注释掉第5行代码，并取消注释第7行代码。然后通过同时按Shift + 回车键来执行代码。输出结果应该完全相同。

最后，重置内核，注释掉第7行代码，并取消注释第9行代码。即打开“交互式操作”并使用nbagg“后端”，因此可以在IPython笔记本中绘制图形，而不是创建一个外部窗口。同时也保留了“交互式操作”。

5.2.4 交互式操作

Matplotlib 窗口底部的七个交互式按钮允许对当前图形进行交互式操作，以产生一系列新的图形。

我们首先讨论按钮 4（平移 / 缩放工具）。首先单击以启用它，然后把鼠标指针移动到图形中，执行如下两种操作：

- **平移**（pan）：单击鼠标左键并按住鼠标，将鼠标拖动到新位置，然后释放鼠标。通过同时按住 x 键或者 y 键，平移动作被限制到所选择的方向。
- **缩放**（zoom）：在一个选定的点单击鼠标右键，并拖曳以缩放图形。向右或者向左的水平移动在 x 轴中产生比例放大或者缩小，保持所选择的点固定不变。垂直移动同样在 y 轴方向进行缩放。x 和 y 键的工作方式与平移相同。同时按住 Ctrl 键保持纵横比不变。

按钮 5 在许多方面操作起来更加方便。首先单击以启用它，然后按住鼠标左键，在图形上拖曳出一个矩形区域，视图将缩放到矩形的内部。

与浏览器不同，按钮 1 返回原始图形，按钮 2 和 3 则允许向前或者向后浏览修改后的图形栈。按钮 6 允许控制图形的边距。原则上，按钮 7 允许保存当前图形，此选项是依赖于实现的，并不是在所有安装中都起作用。

5.3 面向对象的 Matplotlib

Matplotlib 的功能远比上面讨论的简单绘图更加强大。其强大功能实现为使用类的面向对象的方式，面向对象在 3.9 节中简要叙述过。然而，虽然该部分关注于类的实际构造，但科技工作者将使用预定义的类，因此只需要两个专业术语。

图形（Figure）类实例等同于艺术家称为“画布”的东西，参见图 5-2。一个 Matplotlib 会话可能包括多个图形。在一个图形中可能有一个或者多个轴（Axes）类的实例。注意“轴”是复数名词，代表坐标轴的集合。例如，图 5-2 包含两个轴类的实例。每个实例包含一个 x 轴和一个 y 轴。为了掌握绘图，我们需要能够访问这两个类。

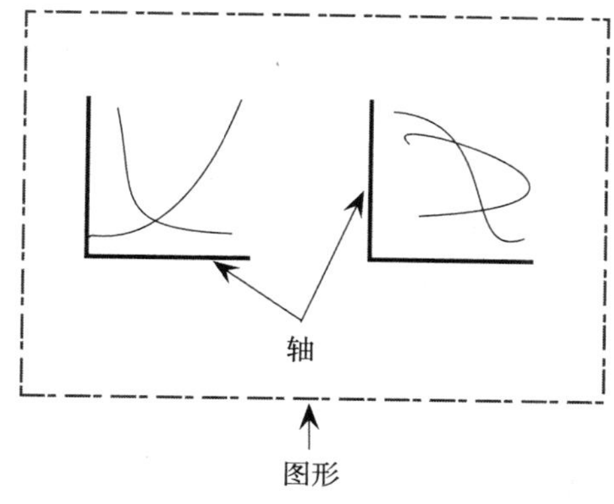

图 5-2 由 Matplotlib 制作的示意图。总体是一个图形类的实例，它包含两个轴类的实例，每个实例包含一个 x 轴和一个 y 轴

幸运的是，创建图形和轴的实例非常容易。每个图形实例都可以通过调用 plt.figure() 来初始化。例如：

```
import matplotlib.pyplot as plt
fig1 = plt.figure()
fig2 = plt.figure()
```

很显然，轴实例属于一个图形示例。然而，一个图形可能包含许多轴。例如，图 5-2 包含两个排成一行两列的轴。更一般地，假设我们需要在 fig2 中包含排成两行三列的六个轴实例。然后，创建第 5 个实例（最后一行的中间列）的命令是：

```
ax5 = fig2.add_subplot(2, 3, 5)
```

或者，如果所有的参数值均小于 10，则可以使用缩写方式：

```
ax5 = fig2.add_subplot(235)
```

作为一个示例，让我们考虑最简单的情况，并以面向对象的形式来重写上一节的代码片段。第 14～18 行和第 21 行应被替换为：

```
1  fig = plt.figure()
2  ax = fig.add_subplot(111)
3  ax.plot(x, y)
4  ax.set_xlabel('x')
5  ax.set_ylabel('y')
6  ax.set_title('A simple plot')
7
8 fig.savefig('foo.pdf')
```

初学者也许会惊叹：“为什么要这样改写代码呢？为什么要用六行代码替换四行有效代码，然后更改函数名呢？”我们需要仔细研究这里发生的事情。在实践中，Matplotlib 将按如下方式处理前面的代码片段：它自动生成等同于前面代码片段的第 1～2 行的指令，但是普通用户无法使用私有名称 fig 和 ax。接下来，它定义了 plt.plot()，等同于 ax.plot。到目前为止，一切都还不错。但是接着定义了 plt.xlabel()，表示 ax.set_xlabel()，并且类似于其他两个装饰器！名称的改变是为了确保与 Matlab 的一致性，除非尝试构造更加复杂的图像，否则这些都是无关紧要的。除非采用面向对象的方法，否则必须强制学习两组命令。正是考虑到这个原因，我建议使用面向对象的程序来代替快速简单的图形。持怀疑态度的读者可能需要尝试通过自省来获得帮助：键入 plt. 然后按下 Tab 键将显示 232 个选项（在编写本书时），而键入 ax. 然后按下 Tab 键则显示 317 个选项。

5.4 笛卡儿坐标绘图

5.4.1 Matplotlib 绘图函数

这是一个强大且功能多样的函数，具有冗长且复杂的文档字符串帮助信息。然而，其原理直接明了。最简单的调用（参见上面的代码片段）是 ax.plot(x, y)，其中 x 和 y 是相同长度的 NumPy 向量。这将生成连接点 (x[0], y[0]), (x[1], y[1]), …的曲线，使用默认样式选项。最简洁的调用是 ax.plot(y)，其中 y 是长度为 n 的 NumPy 向量。然后用整数间隔创建默认的 x 向量，以便能够绘制曲线。该语法允许使用一条调用命令来绘制多条曲线。假设 x、y 和 z 是相同长度的向量，则 ax.plot(x, y, x, z) 将产生两条曲线。然而，建议通常每次调用只绘制一条曲线，因为使用 ax.plot(x, y, fmt) 的调用来增强单个曲线非常容易，其中的格式参数 fmt 将在稍后描述。

5.4.2 曲线样式

所谓的曲线样式，是指其颜色、线条样式和宽度。Matplotlib 包含各种各样的颜色描述，最常用的颜色选项如表 5-1 所示。因此，假设 x 和 y 是长度相同的向量，如果要绘制一条紫红色的曲线，则可以使用语句 ax.plot(x,y,color='magenta')，或者简写为 ax.plot(x,y,color='m')。如果绘制多条曲线但没有指定颜色选项，则循环使用表 5-1 中列出的前 5 种颜色。

表 5-1 标准 Matplotlib 颜色选项。如果没有指定一系列曲线的颜色，则 Matplotlib 循环使用前 5 种颜色

字符	颜色	字符	颜色
b	蓝色（默认）	m	紫红色
g	绿色	y	黄色
r	红色	k	黑色
c	青色	w	白色

曲线通常是实线（默认的线条样式），但也可以指定其他线条样式，参见表 5-2。使用这些参数最简洁的方法是将它们与颜色参数连接，例如，'m-.' 参数将输出紫红色点划线。不需要显示曲线的情况，方法随后讨论。

表 5-2 标准 Matplotlib 线条样式

字符	说明	字符	说明
-	实线（默认）	-.	点划线
--	虚线	:	点线

最后的线条样式是宽度，其测量单位是打印机的点（浮点值）。使用方法如下，例如 linewidth=2，或者简写为 lw=2。因此，要绘制一个宽度为四点的紫红色点划线，可以使用如下语句：

```
ax.plot(x,y,'m-.',lw=4)
```

5.4.3 标记样式

Matplotlib 提供了若干系列的标记样式（最新统计包括 22 种），表 5-3 中给出了 12 种最常用的标记样式。有关完整的列表，请参见 ax.plot 的文档字符串帮助信息。同样，最简洁的使用方法就是将这些曲线样式串联起来，例如，将 'm-.x' 作为参数，输出一条带有字符“x”标记的紫红色点划线。注意，参数 'mo' 在每个点上输出紫红色圆圈标记，但没有曲线连接它们。因此调用 ax.plot(x, y, 'b--') 后再调用 ax.plot(x, y, 'ro') 将绘制一个带有红色圆圈标记的蓝色虚线。我们还可以用更冗长的参数来控制颜色和大小，例如，

```
ax.plot(x,y,'o',markerfacecolor='blue',markersize=2.5)
```

表 5-3　最常用的 12 种标记样式

字符	说明	字符	说明
.	点（默认）	^	上三角
o	圆圈	<	左三角
*	星号	>	右三角
+	加号	n	正方形
x	字符 x	p	五角形
v	下三角	h	六角形

这种调用方式经常用于制作具有不同颜色边缘的双色调标记，例如通过添加参数 markeredgecolor='red',markeredgewidth=2。这里存在许许多多的可能性，但并非所有结果都是美观的。

5.4.4　坐标轴、网格线、标签和标题

在上面的章节中，我们讨论了常规的笛卡儿坐标轴。然而，常常也需要使用一个或者多个对数轴。由 ax.semilogx、ax.semilogy 和 ax.loglog 提供了三种方案，它们可以作为 ax.plot 的替代品。

Matplotlib 通常可以很好地确定坐标轴的范围和刻度。然而，也可以使用如下语句很方便地修改坐标轴的范围：

```
ax.set_xlim(xmin,xmax)
```

同样的方法可以用于设置 y 坐标轴的范围。函数 ax.set_xticks 和 ax.set_yticks 用于控制坐标轴的刻度，如果希望改变其默认设置，则需要查阅其文档字符串帮助信息。

默认情况下，Matplotlib 不包括网格线，可以通过使用 ax.grid() 来显示网格线。这个函数包含许多可选参数，如果读者希望微调网格线，则强烈建议查阅文档字符串帮助信息。

假设我们在一个图形中输出两条或者两条以上的曲线，则可以在调用 ax.plot 时包含参数 label='string' 来为曲线添加标签。当所有的曲线都绘制完成之后，函数 ax.legend(loc='best') 将在合适的位置绘制一个图例框。在图例框中，对应每条标签曲线都有一条图例线，以显示其样式和标签。按照惯例，函数可以带各种参数。相关详细内

容请参阅文档字符串帮助信息。

设置图形标题和坐标轴标题的最方便的方法是使用命令 ax.set_title()、ax.set_xlabel() 和 ax.set_ylabel()，这些函数要求至少有一个字符串参数。读者可以通过使用自省来查阅其他参数信息。如果想在同一个图形中绘制多张图（参见 5.10 节），则可以使用 ax.set_title() 为每张图设置标题，而使用 fig.suptitle() 为整个图形设置总标题。

5.4.5 一个稍复杂的示例：傅里叶级数的部分和

接下来我们将讨论使用前文介绍的知识实现一个稍复杂的示例。在区间 $(-\pi, \pi]$ 上定义函数 $f(x)$：

$$f(x)=\begin{cases}-1, & 若-\pi<x<0\\ 1, & 若0\leqslant x\leqslant\pi\end{cases}$$

并且在该区间外具有 2π 周期性。则其傅里叶级数是：

$$\mathcal{F}(x)=\frac{4}{\pi}\sum_{n\ \mathrm{odd}}^{\infty}\frac{\sin(nx)}{n}$$

使用如下代码片段可以创建如图 5-3 所示的彩色版本图形。（不要忘记包含 5.2.3 节代码片段第 5、7 和 9 行中的任意一行代码。）

```
 1 import numpy as np
 2 import matplotlib.pyplot as plt
 3
 4 x=np.linspace(-np.pi,np.pi,101)
 5 f=np.ones_like(x)
 6 f[x<0]=-1
 7 y1=(4/np.pi)*(np.sin(x)+np.sin(3*x)/3.0)
 8 y2=y1+(4/np.pi)*(np.sin(5*x)/5.0+np.sin(7*x)/7.0)
 9 y3=y2+(4/np.pi)*(np.sin(9*x)/9.0+np.sin(11*x)/11.0)
10
11 plt.ion()
12 fig = plt.figure()
13 ax = fig.add_subplot(111)
14
15 ax.plot(x,f,'b-',lw=3,label='f(x)')
16 ax.plot(x,y1,'c--',lw=2,label='two terms')
17 ax.plot(x,y2,'r-.',lw=2,label='four terms')
18 ax.plot(x, y3,'b:',lw=2,label='six terms')
19 ax.legend(loc='best')
20 ax.set_xlabel('x',style='italic')
21 ax.set_ylabel('partial sums',style='italic')
22 fig.suptitle('Partial sums for Fourier series of f(x)',
23              size=16,weight='bold')
```

关于图形装饰，有几点需要说明。我们把标题的字体设置为大字体和粗体，但这种设置更适合演示而不是作为书籍中的图形。坐标轴标签被设置为斜体。在 Matplotlib 中，可以设置更复杂的文本修饰，具体将在 5.8 节讨论。

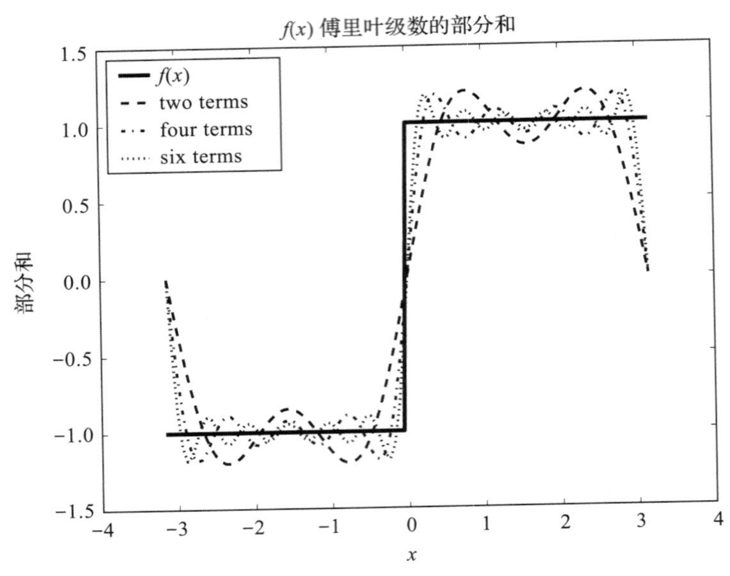

图 5-3 使用 Matplotlib 绘制的稍复杂的增强图形

5.5 极坐标绘图

假设我们使用极坐标 (r, θ) 并且使用 $r=f(\theta)$ 定义曲线。绘制该曲线最直接的方法是使用 plt.polar，其功能类似于 ax.plot。然而存在一些显著的差异，因此建议在使用前仔细阅读文档字符串帮助信息。图 5-4 是使用以下代码片段创建的极坐标图形。(注意需要包括来自 5.2.3 节的三个选项中的任意一个)。

```
 1 import numpy as np
 2 import matplotlib.pyplot as plt
 3 theta=np.linspace(0,2*np.pi,201)
 4 r1=np.abs(np.cos(5.0*theta) - 1.5*np.sin(3.0*theta))
 5 r2=theta/np.pi
 6 r3=2.25*np.ones_like(theta)
 7
 8 fig = plt.figure()
 9 ax = fig.add_subplot(111,projection='polar')
10
11 ax.plot(theta, r1,label='trig')
12 ax.plot(5*theta, r2,label='spiral')
13 ax.plot(theta, r3,label='circle')
14 ax.legend(loc='best')
```

使用极坐标图形时，交互式平移 / 缩放按钮的行为不同。径向坐标标签可以使用鼠标左键旋转到一个新的位置，而鼠标右键则可以缩放径向比例尺。

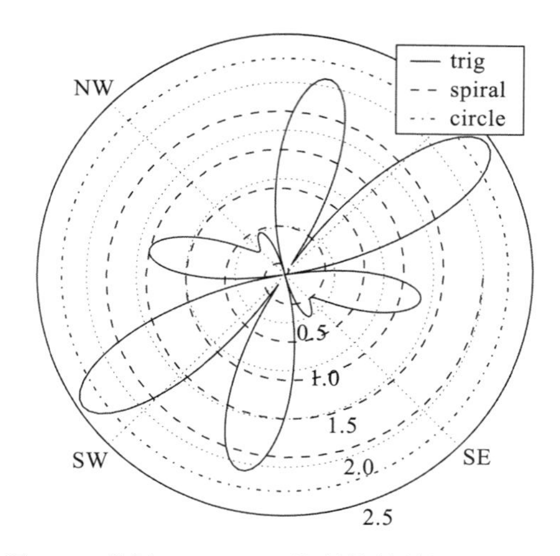

图 5-4 使用 Matplotlib 绘制的简单极坐标图形

5.6 误差条

当涉及测量数据时，我们经常需要显示误差条。Matplotlib 使用 `ax.errorbar` 函数有效地处理这些问题。该函数的行为类似 `ax.plot`，但是包含额外的参数。首先考虑 `y` 变量的误差，这里我们用 `yerr` 变量来表示。假设 `y` 的长度为 `n`，如果 `yerr` 具有相同的维数，则绘制对称的误差条。因此，对于位于 `y[k]` 的第 k 个点，误差条从 `y[k]-yerr[k]` 到 `y[k]+yerr[k]`。如果误差不对称，那么 `yerr` 应该是 $2\times n$ 的数组，并且第 k 个误差条从 `y[k]-yerr[0, k]` 到 `y[k]+yerr[1, k]`。上述讨论同样适用于 x 的误差和相应的变量 `xerr`。默认情况下，颜色和线宽由主曲线确定。当然，也可以使用参数 `ecolor` 和 `elinewidth` 来设定颜色和线宽。对于其他参数，请参见 `ax.errorbar` 的文档字符串帮助信息。

图 5-5 中所示的完全人工的误差条图形是使用下述代码片段生成的。

```
1 import numpy as np
2 import numpy.random as npr
3 x=np.linspace(0,4,21)
4 y=np.exp(-x)
5 xe=0.08*npr.randn(len(x))
6 ye=0.1*npr.randn(len(y))
7
8 import matplotlib.pyplot as plt
9
10 fig = plt.figure()
11 ax = fig.add_subplot(111)
12 ax.errorbar(x,y,fmt='bo',lw=2,xerr=xe,yerr=ye,
13             ecolor='r',elinewidth=1)
```

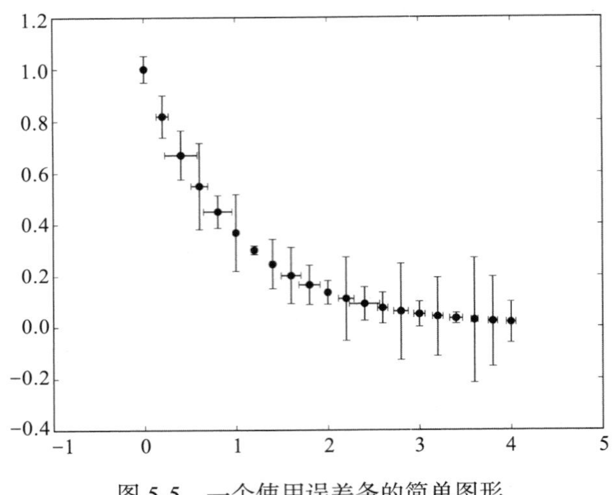

图 5-5　一个使用误差条的简单图形

5.7　文本与注释

针对一个图形，假设我们希望在用户坐标 (x, y) 开始的位置放置一个纯文本字符串，例如图形坐标轴的定义，那么一个非常通用的 Matplotlib 函数 `ax.text(x,y,'some plain text')` 正好可以满足要求。可以使用不同的方法来增强其显示、颜色、边框等，详细内容请参见该函数的文档字符串帮助信息。

有时我们希望在图形中标注一个特定的特征，这正是 `ax.annotate` 函数的目的，其语法稍微有些特殊，请参阅如下代码片段和函数的文档字符串帮助信息。

```
1 import numpy as np
2 x=np.linspace(0,2,101)
3 y=(x-1)**3+1
4
5 import matplotlib.pyplot as plt
6
7 fig = plt.figure()
8 ax = fig.add_subplot(111)
9 ax.plot(x,y)
10 ax.annotate('point of inflection at x=1',xy=(1,1),
11             xytext=(0.8,0.5),
12             arrowprops=dict(facecolor='black',width=1,
13             shrink=0.05))
```

代码运行结果如图 5-6 所示。有关更加复杂的注释示例，请参阅本章开头提到的 Matplotlib 图形示例库。

5.8　显示数学公式

此处是讨论所有绘图软件的“阿喀琉斯之踵”（Achilles heel，唯一致命的弱点）的合适时机。我们如何显示美观的数学公式？大多数文字处理器都提供附加工具来显示数学公式，但通常情况下，尤其是对于复杂的公式，它们看起来并不美观。数学家已经学会了如何使用 LaTeX 软件包来制作出版物质量的数学公式[㊀]事实上，本书正是使用该软件包排版的。

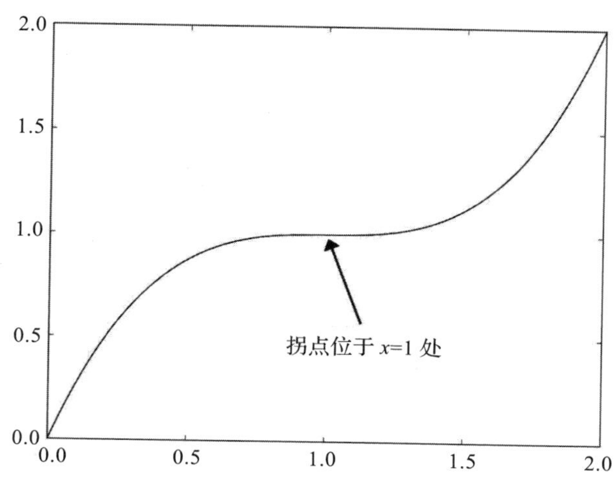

图 5-6　一个使用 Matplotlib 绘制的包含注释的简单图形

首先简单介绍一下 LaTeX，其准官方的、最全面的包是 TexLive[㊁]，它为几乎所有平台提供了大量的文档和可运行的二进制文件，包括所有常用的 LaTeX 程序、宏包和字体。还有许多并非十分全面的集合。

然而，Matplotlib 已经做出了非常勇敢的努力，使 TeX 特性既适用于非 LaTeX 用户也适用于 LaTeX 用户。对于小规模的一次性使用，这是非常有效的。

5.8.1　非 LaTeX 用户

Matplotlib 包含一个原始的引擎，称为 mathtext，以提供 TeX 样式表达式。这远不是完整的 LaTeX 安装，但它是自包含的，并且 Matplotlib 文档包含主要的 TeX 命令的简单概述。可以通过接收字符串参数的绘图函数来访问引擎，例如 `fig.suptitle` 和 `ax.text`（或者其他类似函数，例如 `ax.set_xlabel`、`ax.set_ylabel` 或者 `ax.annotate`）。文档示例代码非常棒！然而，作为一个具体的实际示例，后面 5.9 节中的图形需要一个标题“$z=x^2-y^2$ 的水平等高曲线”。我们该如何实现呢？

最简单的解决方案如下：

```
ax.set_title(r'The level contours of $z=x^2-y^2$')
```

要理解这一行代码，首先考虑字符串本身。读者需要了解，在 TeX 中数学公式定义于一对美元（$）符号之间。然后，TeX 去除美元符号，并（默认情况下）把数学公式的字体设

㊀　原来的软件包被称为 TeX，但在版本 3.1416 后停止开发。LaTeX 包含 TeX，是其超集，且还处在开发维护状态。

㊁　官网地址为 http://www.tug.org/texlive。

置为“Computer Modern Roman (CMR) italic”(计算机现代罗马斜体字)，字体大小由（TeX）上下文确定。第一个字符串分隔符之前的 `r` 指示这是一个原始字符串，这样 Matplotlib 将调用它的 mathtext 引擎。(如果没有它，美元符号将按原样逐字呈现。) 上面的代码行在 5.9 节的第一个代码片段中使用，生成图 5-7。显示效果有些奇怪！这四个单词都显示为 Matplotlib 默认大小的 sans-serif 字体。数学公式的显示没有错误，但 CMR 斜体字在 TeX 默认大小情况下会显得比较小！除了字体不匹配，似乎没有简单的方法来解决尺寸差异问题。

幸运的是，可以使用 TeX 来解决这些问题。字体 / 大小差异的一个明显解决方案是以 TeX 数学模式来呈现整个字符串。但是，我们希望前四个单词使用默认 TeX 字体，可以通过在大括号中加上 `\rm` 来实现。但是，TeX 数学模式会消耗空白空间，因此需要插入“`\␣`”(␣表示空格)、“`\,`”或者“`\;`”以获得小、中或者更大的空间。我们修改的命令如下：

```
ax.set_title(r'${\rm The\ level\ contours\ of\;} z=x^2-y^2$',
         fontsize=20)
```

上面的代码行在 5.9 节的第二个代码片段中使用，输出结果如图 5-8 所示，消除了字体 / 大小的不匹配问题，结果一致。不要忘记，同样的处理可以应用到图中可能出现的所有其他文本实例。

另一个实际示例，请参见 8.6.4 节。

5.8.2 LaTeX 用户

当然，Matplotlib“知道”LaTeX，并且如果用户已经安装了 LaTeX，那么我们现在说明如何使用它来简化生成上面讨论的标题字符串。第一步是导入 `rc` 模块，用于管理 Matplotlib 参数。接下来，我们需要通知 Matplotlib 使用 LaTeX 以及希望采用的字体。实现方法是在代码片段的 `import` 语句后，插入如下两行代码。

```
from matplotlib import rc

rc('font',family='serif')
rc('text',usetex = True)
```

(关于其他选项，请查阅 `rc` 的文档字符串帮助信息。) 接下来使用如下代码创建标题：

```
ax.set_title(r'The level contours of $z=x^2-y^2$',fontsize=20)
```

其中字符串包含标准 LaTeX 格式。使用该代码片段可以创建如图 5-9 所示的标题。

5.8.3 LaTeX 用户的替代方案

显然，上面所讨论的创建 TeX 格式化字符串的方案都并不简单，并且两者都局限于 Matplotlib 中创建的图形。至少有两种扩展功能的方法，可以将已经创建的 TeX 字符串（考虑到清晰度，我们假设采用 PDF 格式）准确地放置到一个图形中。

第一种方法适用于所有平台上的 LaTeX 用户，并且假设图表已经包含在 LaTeX 源文件中。然后，可以使用广泛采用的 LaTeX 包 pinlabel 来完成这项工作。

开源软件 LaTeXit ㊀，具有非常直观的图形用户界面，并且允许将文本放置到任何 PDF 文件中，这也是我的首选。其缺点是，虽然它现在是一个成熟的产品，但目前只能在 Macintosh OS X 平台上使用。

另一个开源软件包是 KlatexFormula ㊁，其包含一些 LaTeXit 的功能，可以在所有的平台上使用，但是我没有测试这个软件包。

5.9 等高线图

假设存在方程 $F(x, y)=z$，并且假定 z_0 是 z 的一个固定值。根据隐函数定理的条件，在可能交换了 x 和 y 的角色之后，求解这个方程（至少是局部解），对于 $y=f(x, z_0)$，这些就是 z 的“等高曲线”(或者称 “等值曲线” “轮廓曲线”)。当 z_0 变化时等高曲线是什么样子呢？原则上，我们需要为每个 x、y 和 z 指定形状相同的二维数组，以及为 z_0 值指定向量。Matplotlib 允许在这个过程中使用一些快捷方式。例如，根据文档，我们可以省略 `x` 数组和 `y` 数组。然而，Matplotlib 可以使用 `np.meshgrid` 函数来创建整数间隔的网格作为缺省的数组，但通常需要进行数组转置，因此如果使用此选项，则应该小心谨慎！如果没有指定 z_0 向量，那么我们可以给出应该绘制的等高曲线的数量，或者接受默认值。默认情况下，z_0 值不会被显示，因此可以使用 `plt.clabel` 函数生成这些值，使用 `plt.contour` 返回的值作为参数。这些函数的字符串帮助信息包括其他的选项。如下代码片段的输出结果请参见图 5-7。

```
 1 import numpy as np
 2 import matplotlib.pyplot as plt
 3
 4 fig = plt.figure()
 5 ax = fig.add_subplot(111)
 6
 7 [X,Y] = np.mgrid[-2.5:2.5:51j,-3:3:61j]
 8 Z=X**2-Y**2
 9
10 curves=ax.contour(X,Y,Z,12,colors='k')
11 ax.clabel(curves)
12
13 fig.suptitle(r'The level contours of $z=x^2-y^2$',fontsize=20)
```

我们已经讨论过第 1～8 行的思想。`X`、`Y` 和 `Z` 是 51×61 的浮点数组。在第 10 行中，函数 `ax.contour` 尝试绘制 12 条等高曲线，其返回值是一组曲线。然后在第 11 行，我们将 `Z` 值标签附加到曲线上。Matplotlib 将使用彩虹颜色（标准默认值）显示曲线。对于这种特殊的情况，彩虹颜色曲线在这本黑白印刷的书籍里不会呈现。第 10 行中的选项 `colors='k'` 确保曲线全部以黑色显示（对应于 `'k'` 的颜色，具体请参见 5.4.2 节）。还有很多其他的选

㊀ 可以从网址 http://www.chachatelier.fr/latexit/ 下载。

㊁ 官网地址是 http://klatexformula.sourceforge.net。

项，详细内容请参见这两个函数的文档字符串帮助信息。最后，第 13 行根据 5.8 节中的方法创建了一个标题。

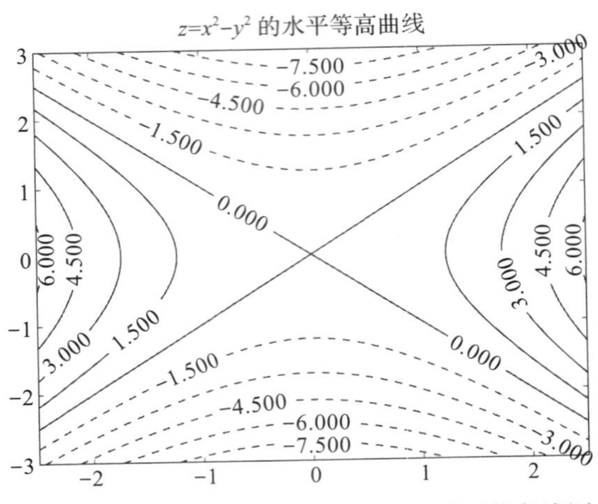

图 5-7 一个使用 Matplotlib 绘制的平面等高线图

通过使用颜色（并提供一个颜色条）填充等高曲线之间的空间可以提供另一种等高曲线图。例如，图 5-8 是通过替换上述代码片段中的第 10 行和第 11 行来创建的。

```
im=ax.contourf(X,Y,Z,12)
fig.colorbar(im,orientation='vertical')
```

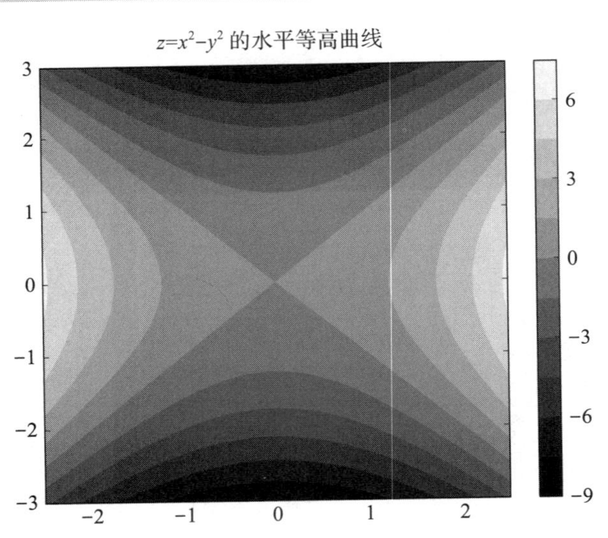

图 5-8 使用 Matplotlib 绘制的填充等高曲线图

5.8.1 节中的第二种方法被用来替代第 13 行代码以生成图形标题。

最后，我们可以创建如图 5-9 所示的第三种等高曲线图，其颜色是连续的（而不是离散的）。通过简单地把上面修改代码的第 1 行替换为如下代码就可以创建该图形。

```
im=ax.imshow(Z)
```

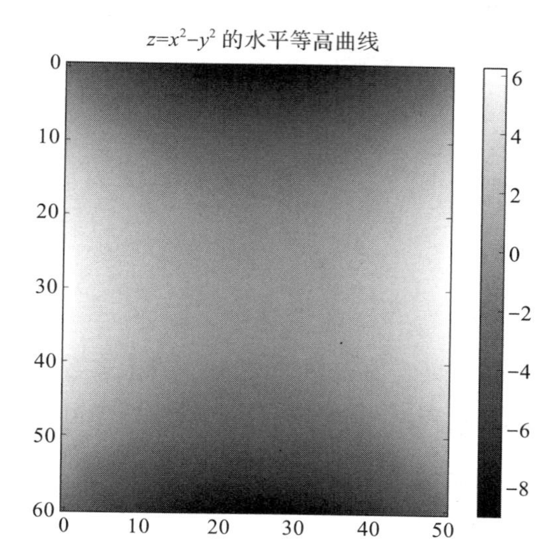

图 5-9 使用 Matplotlib 绘制的隐藏在连续图形中的等高曲线图

我们还使用了 5.8.2 节的方法来生成图形标题。在使用 `ax.imshow` 选项时，我们需要记住 `np.meshgrid` 会与默认的适当大小的整数网格一起使用。为了保持间隔信息，我们可能需要改变 `extent` 和 `aspect` 参数。详细内容请参见函数的文档字符串帮助信息。为了解决 meshgrid 问题，还可能需要进行数组转置。

5.10 复合图形

我们在图 5-3 中看到了如何在单个图形中呈现大量的信息。在许多情况下，这不是最佳的方法。为了避免不必要的命名，我们引入了一个普遍的范例。一个有创造力的艺术家会选择使用一种或另一种策略，或者两种策略的组合：在新的页面上开始新的绘制，或者在同一个页面上绘制几个较小的图形。第一个策略在概念上比较简单，因此我们首先讨论如何在 Matplotlib 上实现类似情况。

5.10.1 多个图形

事实上，本小节要求使用（但仅仅基本了解）Matplotlib 的类结构。我们在 5.3 节中介绍了这些知识点，这里我们重复一些关键要素。我们需要知道的是，艺术家视作草图块的页面，而 Matplotlib 用户视作屏幕窗口，实际上是一个图形类（`Figure`）的实例。我们用命令 `plt.Figure()` 来创建一个新的图形实例（新页面、新屏幕）。

下面是一个简单示例，用于创建两个非常简单的图像。

```
1 import numpy as np
2 import matplotlib.pyplot as plt
3
4 x=np.linspace(0,2*np.pi,301)
5 y=np.cos(x)
```

```
 6 z=np.sin(x)
 7
 8 plt.ion()
 9 fig1 = plt.figure()
10 ax1 = fig1.add_subplot(111)
11 ax1.plot(x,y)  # First figure
12 fig2 = plt.figure()
13 ax2 = fig2.add_subplot(111)
14 ax2.plot(x,z)  # Second figure
```

注意，上述代码片段将创建两个 Matplotlib 窗口。在大多数安装版本中，第二个窗口将叠加在第一个窗口之上，因此需要拖曳窗口以便同时观察两个窗口。

5.10.2 多个绘图

有时需要在同一图形中呈现几个绘图，也就是复合图。在许多绘图软件包中，这是一个烦琐复杂的过程。然而，使用 Matplotlib 的面向对象的特征，可以很容易完成此任务。我们在这里展示了一个完全人工的例子，在同一个图中显示了四种不同的衰减率。很显然，产生图 5-10 所需的代码片段需要比通常的代码片段要长。

```
 1 import numpy as np
 2 import matplotlib.pyplot as plt
 3
 4 x=np.linspace(0,5,101)
 5 y1=1.0/(x+1.0)
 6 y2=np.exp(-x)
 7 y3=np.exp(-0.1*x**2)
 8 y4=np.exp(-5*x**2)
 9
10 fig=plt.figure()
11 ax1=fig.add_subplot(2,2,1)
12 ax1.plot(x,y1)
13 ax1.set_xlabel('x')
14 ax1.set_ylabel('y1')
15 ax2=fig.add_subplot(222)
16 ax2.plot(x,y2)
17 ax2.set_xlabel('x')
18 ax2.set_ylabel('y2')
19 ax3=fig.add_subplot(223)
20 ax3.plot(x,y3)
21 ax3.set_xlabel('x')
22 ax3.set_ylabel('y3')
23 ax4=fig.add_subplot(224)
24 ax4.plot(x,y4)
25 ax4.set_xlabel('x')
26 ax4.set_ylabel('y4')
27 fig.suptitle('Various decay functions')
```

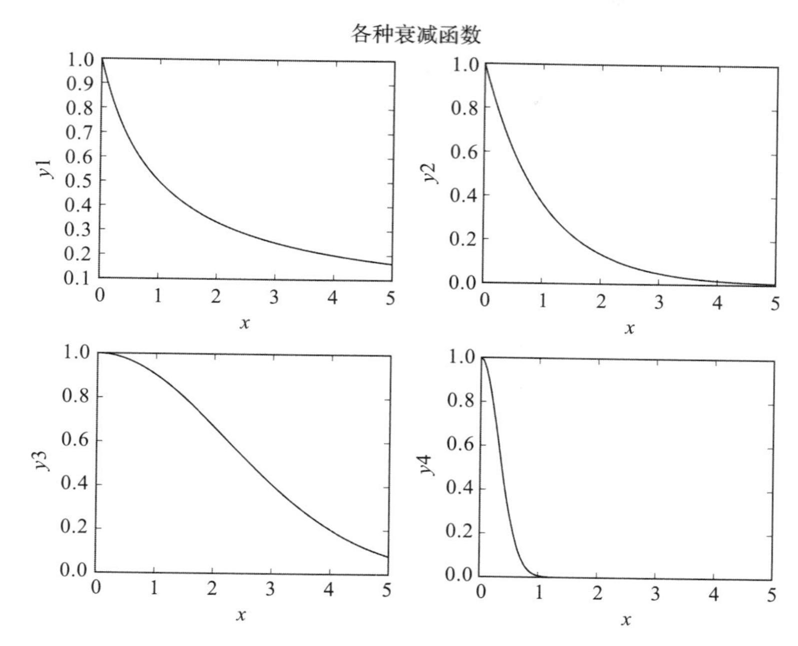

图 5-10 使用 Matplotlib 的复合图形示例

阅读上述代码片段。第 4～8 行构造了四个数据向量。接下来我们需要介绍一些有点不熟悉的符号。掌握了 3.9 节的读者会意识到这里发生了什么。首先，我们在第 10 行中使用 `plt.figure` 函数构造一个“图形类对象”，并把该对象命名为 `fig`。

观察图 5-10，读者将看到该图包括一个标题和四个子图。让我们先来实现标题吧。在代码片段的第 27 行，使用与类实例 `fig` 关联的 `suptitle` 函数，可以绘制该标题。至于四个子图，我们使用第 11 行代码构造了第一个子图。函数 `fig.add_subplot(2,2,1)` 考虑到将有一系列子图，排列成二行二列。最后一个参数表示我们正在处理其中的第一个子图。该函数的返回值是一个“轴子图类对象”，其标识符为 `ax1`。如果在 IPython 环境中，尝试键入命令 `ax1.` 然后按下 Tab 键，结果将显示超过 300 种可能的功能选项，在第 12～14 行使用其中三种功能来绘制曲线和轴标签。第 15～26 行重复其他三个子图的绘制过程。假设要绘制的子图数量小于 10（通常情况下），则可以使用标准的缩写方法，例如第 15 行中，代码 `add_subplot(2,2,2)` 可以缩写为 `add_subplot(222)`。可以利用很多其他各式各样的特征，详细内容请仔细阅读相应的函数文档字符串帮助信息。需要特别注意的是，`ax1.set_title(string)` 用于输出子图的相关标题。

当构造复杂的复合图形时，重要的是要记住空间的局限性。如果子图开始重叠，则应该考虑调用函数 `fig.tight_layout`。

5.11 曼德尔布罗特集：实用示例

我们用一个稍微长一点的示例来结束本章，以展示简单的 Python 命令在图像处理的极限下是如何发挥作用的。由于还没有讨论微分方程的数值解，因此我们（人工地）把自己限制在离散过程。我所选择的示例虽然相对简单，但具有极其复杂的动态性，并且面临的挑战是其图形化表示。虽然读者可能对曼德尔布罗特集（Mandelbrot set）没有专业兴趣，但是关于其实现的讨论导致了一些更一般的技术要点，例如：

- 有效地进行数亿次的运算操作；
- 从多维数组中动态删除元素；
- 采用逐个像素的方式来创建高清晰度图像。

这就是我们选择该示例的原因。

佩特根和李希特（Peitgen and Richter，1986）系统研究了分形图形，从而引发了人们对计算机图形应用的关注。互联网上有许多网站不仅关注能够展示曼德尔布罗特集（最著名的分形）边界的卓越图形，而且关注生成这些图形的程序。虽然存在长度为100～150个字符的短程序，但本节的目标是在迄今为止介绍的内容的基础上进行构建，并展示如何创建快速生成有洞察力的图像的程序。我们首先简要描述所涉及的数学知识，然后讨论一种算法来显示集合边界。最后，我们解释下面的代码片段是如何实现该算法的。

我们将用笛卡儿坐标 (x, y) 或者复变量 $(z=x+iy)$ 来描述复平面，其中 $i^2=-1$。我们还需要一个复数平面自身之间的映射关系 $z\to f(z)$。曼德尔布罗特选择了 $f(z)=z^2+c$，其中 c 是常数，当然还存在许多其他选项。然后可以定义一个迭代序列：

$$z_{n+1}=z_n^2+c,\ z_0\text{ 是预先给定的，并且 } n=0, 1, 2, \cdots \tag{5-1}$$

按惯例通常选择 $z_0=0$，然而通过简单重新编号，我们选择 $z_0=c$。因此，式（5-1）可以定义为 $z_n=z_n(c)$。

下面是两个例子，分别对应于 $c=1$ 和 $c=i$ 的情况：

$$z_n=\{1, 2, 5, 26, 677, \cdots\},\ z_n=\{i, -1+i, -i, -1+i, -i, \cdots\}$$

我们关注当 $n\to\infty$ 时 $z_n(c)$ 的行为。如果 $|z_n(c)|$ 有界，则我们称 c 位于曼德尔布罗特集 M 内。很显然，$c=i$ 位于 M 内，但 $c=1$ 则不然。深入研究结果表明 M 是一个连通集，即包含内部和外部，我们将展示两部分的元素。

回想一下三角不等式：如果 u 和 v 是复数，则 $|u+v|\leqslant|u|+|v|$。利用这个结果，可以直接证明，如果 $|c|\geqslant 2$，则 $z_n(c)\to\infty$，使得 c 位于 M 之外。现在假设 $|c|<2$，如果我们发现对于某些 N 满足 $|z_N(c)|>2$，那么三角不等式可以用来证明 $|z_n(c)|$ 随着 n 的增大（一直到 N 之外）而增加，即当 $n\to\infty$，$|z_n(c)|\to\infty$。如果 c 位于 M 之外，那么将会有一个最小的 N，为了说明我们的算法，我们将其称为逃逸参数 $\varepsilon(c)$。如果 c 位于 M 中，则该参数没有定义，但在这种情况下，为了便于讨论，我们认为 $\varepsilon(c)=\infty$。

我们可以对居里叶集（Julia set）进行类似的研究。上面我们使用固定的 $z_0=0$ 和变换的参数 c 来迭代递推关系式（5-1）以获得曼德尔布罗特集。现在讨论另一种方法，保持参数 c 固定并改变起始点 z_0。如果 $|z_n(c)|$ 是有界的，则称 z_0 位于居里叶集 $J(c)$ 中。

计算机的作用是帮助可视化 $\varepsilon(c)$，当 c 位于复平面的某个区域时。事实证明，这个函数具有极其复杂的行为，因此平面图是不合适的。因为我们可以观察到结构存在于所有尺度上，因此等高曲线图会产生误导。相反，我们使用颜色来表示逃逸参数的值，并且这可以在逐个像素的基础上完成。这可以创造捕获许多人想象力的图形。在这里，我们探索经典的曼德尔布罗特集可视化。稍后，在6.10节，我们采用另外的视角来讨论居里叶集的递推关系式（5-1）。

我们首先选择矩形区域$x_{lo} \leqslant x \leqslant x_{hi}$，$y_{lo} \leqslant y \leqslant y_{hi}$。我们已经了解如何使用`np.mgrid`在均匀间隔的矩形网格上构造`x`和`y`，然后可以在每个网格点构造参数`c=x+1j*y`。接下来，对于每个网格点，我们将`z`作为`c`的一个副本。我们需要指定一个整数参数`max_iter`，即我们准备执行的曼德尔布罗特迭代的最大次数。然后，我们构造一个迭代循环来迭代`z`到`z**2+c`。在迭代循环的每一步，我们测试是否有`np.abs(z)>2`。第一次发生这种情况时，我们将逃逸参数`eps`调整为迭代次数。如果这种情况从未发生，那么我们将`eps`设置为`max_iter`。然后我们处理下一个网格点。在这个迭代过程结束时，我们将得到一个逃逸参数的矩形数组，可以将其可视化。这是直截了当的。然而，我们需要考虑一个问题，网格尺寸在每个方向上都是大于10^3，并且`max_iter`大于10^2。因此，我们至少需要10^8次曼德尔布罗特迭代！我们需要向量化这个计算。原则上，这也很简单。我们使用一个`for`循环来执行曼德尔布罗特迭代，并使用NumPy数组同时演化所有的网格点。然而，如果在早期，我们在网格点设置逃逸参数的值，那么我们不希望在后续迭代中包括该点。

这涉及逻辑操作，仔细观察，4.1.5节中对向量的逻辑操作的讨论可以扩展到多维数组。然而与一维数组相比，从二维数组中移除元素并没有那么容易。因此，我们需要“扁平化”二维数组以产生一维向量。我们采用`z`数组，并使用`reshape`函数来构造包含相同点的向量；这是用指针来完成的。这里并没有实际的数据复制。在迭代向量之后，我们检查“逃逸点”，即$|z|>2$的那些点。对于所有的逃逸点，我们同时写入逃逸参数。接下来，我们创建一个包含所有被删除的逃逸点的新向量。同样，这可以直接完成而不需要实际复制数据。然后我们迭代较小的向量，以此类推。

这种处理运行速度非常快，但稍微有点复杂。我们需要建立一个二维的逃逸参数矩阵，而其位置信息在扁平截断向量中被丢失了。解决方案是创建携带x和y位置的一对“索引向量”，并以与截断`z`向量完全相同的方式来截断它们。因此，对于`z`向量中的任何点，我们总是可以通过查看两个索引向量中的对应点来恢复其坐标。

下面的代码片段可以分为五个部分。第一部分（第5～9行）很简单，仅用于设置参数。（如果希望重构程序为函数，那么这些将是输入参数。）

第二部分（第12～15行）使用熟悉的函数来设置数组。不过，需要对数组`esc_parms`进行一些说明。图像处理中的惯例是颠倒x坐标和y坐标的顺序（实际上是转置），对于每个点，我们需要由三个长度为8的无符号整数所构成的三元组，它们将保存该像素的红、绿、蓝（rgb）数据。

接下来，在代码片段的第18～21行中，我们使用`reshape`函数来对`ix`、`iy`和`c`的数组进行“扁平化”。这里并没有进行数据复制，并且扁平数组包含与其二维数组相同数量的元素。在这个阶段，我们于第22行引入`z`向量，它最初是`c`向量的副本，即迭代的起点。

```
1 import numpy as np
2 from time import time
```

```
 3
 4 # Set the parameters
 5 max_iter=256                                # maximum number of iterations
 6 nx, ny=1024, 1024                           # x- and y-image resolutions
 7 x_lo, x_hi=-2.0,1.0                         # x bounds in complex plane
 8 y_lo, y_hi=-1.5,1.5                         # y bounds in complex plane
 9 start_time=time()
10
11 # Construct the two-dimensional arrays
12 ix,iy=np.mgrid[0:nx,0:ny]
13 x,y=np.mgrid[x_lo:x_hi:1j*nx,y_lo:y_hi:1j*ny]
14 c=x+1j*y
15 esc_parm=np.zeros((ny,nx,3),dtype='uint8')  # holds pixel rgb data
16
17 # Flattened arrays
18 nxny=nx*ny
19 ix_f=np.reshape(ix,nxny)
20 iy_f=np.reshape(iy,nxny)
21 c_f=np.reshape(c,nxny)
22 z_f=c_f.copy()                               # the iterated variable
23
24 for iter in xrange(max_iter):                # do the iterations
25     if not len(z_f):                         # all points have escaped
26         break
27     # rgb values for this choice of iter
28     n=iter+1
29     r,g,b=n %4*64,n%8* 32,n % 16 * 16
30     # Mandelbrot evolution
31     z_f*=z_f
32     z_f+=c_f
33     escape=np.abs(z_f) > 2.0                 # points which are escaping
34     # Set the rgb pixel value for the escaping points
35     esc_parm[iy_f[escape],ix_f[escape],:]=r, g, b
36     escape=-escape                           # points not escaping
37     # Remove batch of newly escaped points from flattened arrays
38     ix_f=ix_f[escape]
39     iy_f=iy_f[escape]
40     c_f=c_f[escape]
41     z_f=z_f[escape]
42
43 print "Time taken = ", time() - start_time
44
45 from PIL import Image
46
47 picture=Image.fromarray(esc_parm)
48 picture.show()
49 picture.save("mandelbrot.jpg")
```

for 循环（第24～41行）用于执行曼德尔布罗特迭代。我们首先测试 z 向量是否为空（即是否所有的点都已逃逸），如果为空，则停止迭代。在第28行和第29行中，我们选择由迭代计数器任意编码给出的 rgb 三元组值。（当然，这也可以被其他选项替换）。第31行和第 32 行执行迭代，也许使用一行代码 z_f=z_f*z_f+c_f 会更简单且更清楚，但这会涉及创建两个临时数组，在上述版本中并不需要这两个临时数组。这个版本 80% 的时间都花在运行 z_f=z_f*z_f+c_f 这条语句了。第 33 行测试逃逸情况。escape 是与 z_f 相同大小的布尔值向量，如果 abs(z_f)>2，则为 True，否则为 False。下一行代码用于为“escape 为 True”的元素设置相应的 rgb 数据。正是在这一点上，我们需要使用 ix_f 和 iy_f 向量来存储点的位置信息。

我们可以很容易地检测到如果 b 是布尔值向量，那么 -b 是一个大小相同的向量，其中 True 和 False 的值互换。因此，在第 36 行之后，除了逃逸点之外，所有点的 escape 都是 True。现在，第 38～41 行从数组 ix_f、iy_f、c_f 和 z_f 中删除所有的逃逸点，之后我们再次遍历循环。请注意，如果在 max_iter 次迭代之后某个点没有逃逸，那么它的 rgb 值是缺省值（0），并且相应的颜色是黑色。

代码的最后一部分（第 45～49 行）调用 Python 图像处理库（PIL）将 rgb 数组转换为图片，显示图片并保存为文件。PIL 应该包含在用户的 Python 安装包中。如果没有，则可以从其官网下载，也可以同时下载帮助文档[⊖]。

这个代码片段没有使用 Matplotlib，但如果希望将图片嵌入到笔记本中，那么需要在代码片段的末尾添加以下代码行：

```
import matplotlib.pyplot as plt
%matplotlib notebook
pil_im=Image.open("mandelbrot.jpg", 'r')
plt.imshow(np.asarray(pil_im))
```

上述代码片段输出的黑白版本图像如图 5-11 所示。为了理解曼德尔布罗特集边界的丰富性，读者可以在复数平面上用其他较小的区域进行试验。读者可能更喜欢不太阴暗的颜色方案，这可以通过改变代码片段的第 29 行来轻松实现。

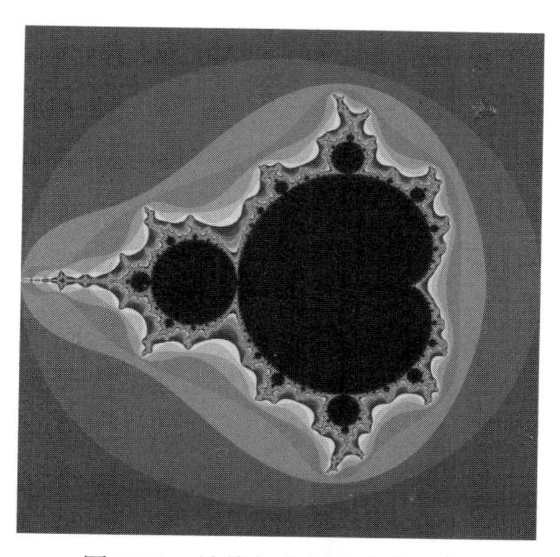

图 5-11 曼德尔布罗特集的示例

⊖ 官方网址为 http://www.pythonware.com/products/pil。

多维图形

6.1 概述

多维数据集

在前一章中，我们看到 Python 的 Matplotlib 模块非常适用于生成单个函数 $y=f(x)$ 的图形。事实上，其功能还不止如此。假设 u 是一个独立变量，并且给出 u 的多个值，通常是均匀间隔的。假设我们定义了一个参数化曲线 $x=x(u)$、$y=y(u)$。Matplotlib 的 `ax.plot` 函数可以很容易地绘制这样的曲线。作为一个具体的简单示例，假设在 $[0, 2\pi]$ 上定义了 θ，则 $x=\cos(\theta)$、$y=\sin(\theta)$ 定义了一条熟知的曲线：单位圆。另一个重要的例子是二维系统，由坐标 x 和 y 描述，随时间 t 而变化。我们可以画出关于 t 和 $x(t)$、t 和 $y(t)$，以及 $x(t)$ 和 $y(t)$ 的图形。Matplotlib 还擅长制作等高曲线。更具体地，假设 z 是两个变量的函数 $z=Z(x, y)$，则至少在局部且满足某些条件时，通过交换 x 和 y，我们可以将关系反转为 $y=Y(x, z)$。如果现在固定 z 的值，假设 $z=z_0$，那么我们会得到一系列由 z_0 参数化的曲线 $y=y(x, z_0)$。这就是使用 Matplotlib 的 `ax.contour` 函数绘制得到的等高曲线。

在大多数科学计算的情况下，事情要比这复杂得多。例如，$y=f(x)$ 必须替换为 $y=f(x_1, x_2, \cdots, x_n)$，其中 $n\geqslant 2$。随后我们面临两个基本问题：第一个问题将在 6.2 节讨论，即如何将数据编辑成可视化的形式。第二个问题将在 6.3 节讨论，即一旦当 Matplotlib 无能为力时，还有哪些其他方法可用。本章的剩余部分则用于讨论可视化的实际例子。

6.2 降维到二维

视频显示装置（VDU）的屏幕以及纸张都是二维的，因此三维或者更高维对象的任何表示最终都必须简化为二维。至少有两个标准过程来实现这一目标。为了避免表述过于抽象，假设我们使用坐标 $(x, y, z, w, \cdots)$ 来描述对象。

第一种降维过程（通常称为“截面”技术）是在坐标上施加一个或者多个任意的条件，以便减少维度。最简单且最常用的方法是假设除两个坐标外的所有坐标值为常量（例如，$z=z_0$，$w=w_0$，…），从而给出对象的有限二维视图。通过多次（但数量不是太大）选择不同的 z_0、w_0，…（因此称之为参数）来获得其二维视图，应该能够恢复有关对象的有用信息。这种方法的一个例子是前一节提到的在 Matplotlib 中绘制等高曲线的过程。

第二个常用的降维过程是投影（projection）。首先假设对象是三维的。假设我们选择一个“观察者方向”，即三维空间中的一个单位向量，并将对象投影到与观察者方向正交的二维平面上。（如果不同的对象点投影到相同的图像点，则需要考虑是否以及如何区分它们。

在本文中，我们将忽略这个难题。）在三维向量的标准表示法中，设 $\boldsymbol{n}$ 为观察者方向，其中 $\boldsymbol{n}\cdot\boldsymbol{n}=1$，$\boldsymbol{x}$ 为任意一个三维向量，则投影算子 $\mathcal{P}$ 可以定义为：

$$\mathcal{P}(\boldsymbol{x})=\boldsymbol{x}-(\boldsymbol{x}\cdot\boldsymbol{n})\boldsymbol{n}$$

很容易看出这个向量与 $\boldsymbol{n}$ 是正交的，即对于所有的 $\boldsymbol{x}$，$\boldsymbol{n}\cdot\mathcal{P}(\boldsymbol{x})=0$。在物理学上，$\mathcal{P}(\boldsymbol{x})$ 所跨越的平面上的投影就是远距离观察者所看到的结果。投影技术也可以应用于更高的维度，但是其物理解释不直观。我们可以通过选择足够的方向来“可视化”对象。

需要注意的另一点是，如果每个维度都需要用 N 个点来解析一个对象，并且存在 d 个维度，那么所需要的点数将是 N^d。因此，如果 $d\geqslant 3$，那么我们不能期望达到与二维情况一样好的分辨率。此外，还可能存在大量的数据，我们可能需要一些复杂的软件来管理它。

6.3 可视化软件

这里包含两个任务，需要单独讨论，尽管第一个任务经常被掩盖。

原则上，我们可能需要将数据转换成或多或少的标准数据格式之一。也许最有名的是 HDF（*分层数据格式*）[1]和 VTK（*可视化工具包*）[2]，即使有很多其他公共领域的标准格式。这些格式的目的是提供可视化“对象”的最大程度的一般性描述，因此其学习曲线相当陡峭。特定格式的选择通常取决于所使用的可视化软件包。

可视化软件包的任务是以指定格式获取数据并生成二维视图。软件包必须运行速度快，因此无论是使用截面技术还是投影技术，图形都可以以最小的时滞产生和修改。考虑到也需要产生各种输出、图像、电影等，软件包往往非常复杂，其学习曲线也十分陡峭。因为这些软件包开发起来比较困难，所以它们通常是具有非常昂贵的价格的商业产品。幸运的是，在公共领域已经有一些高品质的软件包，包括（远远不是完整的列表，按字母顺序）：Mayavi[3]和 Paraview[4]（二者都基于 VTK）以及 Visit[5]（使用 silo 或者 HDF）。这三个软件包都提供了 Python 接口，以访问其特性。然而，上面列举的三个示例中，后两个存在一个问题：像 Python 一样，它们是复杂的应用程序，并且仍处在开发过程中。由于编译它们所涉及的复杂性，它们都为所有主要平台提供了可运行的二进制版本。当然，Python 接口只与创建二进制程序时使用的 Python 版本一起工作，并且这可能与最终用户的版本不同。然而，由于 Mayavi 是许多 Python 发布包的一部分，因此应该更少地受到这个问题的影响。它的主要优点是，当与 `mlab` 模块一起使用时，用户不必掌握原始 VTK 代码的复杂性。

6.4 可视化任务示例

本书的理念是尽量减少在 Python 基础上添加外部软件，同时更重要的是，消除陡峭的

[1] 更多相关信息请参见 https://www.hdfgroup.org/。
[2] 官网地址为 http://www.vtk.org。
[3] 官网地址为 http://mayavi.sourceforge.net。
[4] 官网地址为 http://www.paraview.org。
[5] 官网地址为 http://wci.llnl.gov/codes/visit。

学习曲线。Python 通过提供几种不同的方法来避免这两个缺点，这些方法与我们已经讨论过的方法非常相似。为了说明它们的用途，我们将讨论四个不同的任务。注意，在所有这些例子中，数据必须是先验分析的。这是为了把注意力集中在可视化上。在现实问题中，数据来自实验或者数值逼近。然而，这里提出的解决方案是现实生活问题可视化的起点。

6.5　孤立波的可视化

研究最多的非线性波动方程之一是 Korteweg-de Vries 方程，对于函数 $u(t, x)$：

$$u_t+u^3+6uu_x=0$$

其中 $u_t=\partial u/\partial t$ 等。存在一个唯一解，即孤立波，给定：

$$u(t,x,c)=\frac{c}{2(\cosh((\sqrt{c}/2)(x-ct)))^2}$$

其中 $c>0$ 是一个常量参数。

我们考虑三个“截面”的任务，它们可以共享很多相同的代码。首先，我们假设 u 是 x 的函数，但是取决于两个常数参数 t 和 c。当我们改变 t 和 c 的选择时，图形会如何变化呢？我们将其称为交互式操作任务。接下来是动画任务，比如说保持 c 固定不变，当 t 变化时我们能否对固定范围的 x 实现一个快速的动画呢？动画不需要过于精细，但必须快速且（几乎）毫不费力。最后，我们有一个电影任务，即为了演示目的而制作更复杂的电影，当 c 保持不变时，随着 t 的变化，将 u 表示为 x 的函数。

对这些任务的调查揭示了 Matplotlib 的一个意想不到且不受欢迎的侧面。这个软件包通过其精心设计的后端结构（参见 5.2.2 节）为二维图形带来了平台独立性。然而，当通过 `animation`（动画）模块处理更复杂的任务时，保持这种独立性的尝试并不是太成功。在教学水平上缺少文档字符串帮助信息为那些偶尔使用该模块的用户增加了使用难度。幸运的是，IPython 笔记本的概念提供了部分有效的解决办法。无论是哪种浏览器，都会使用 HTML 语言，这既提供了平台独立性，也提供了 Matplotlib 创始人从未想到的全新图形后端特性。最后两个任务示例了使用（或不使用）这些特征的不同方式。

6.5.1　交互式操作任务

交互式操作任务的实现方法有很多种，但有些方法对后端的选择特别挑剔，并且这种选择似乎依赖于平台。正因如此，我提供了一个解决方案，虽然看起来简单，但应该能在所有平台上工作。它依赖于 Matplotlib 控件的概念。相关文档[㊀]过于复杂，所以建议研究示例[㊁]，下面的代码片段摘自示例，但被简化了。

```
1 import numpy as np
2 import matplotlib.pyplot as plt
3 %matplotlib notebook
```

㊀ 网页地址为 http://matplotlib.org/api/widgets_api.html。

㊁ 位于网页 http://matplotlib.org/examples/index.html 的底部。

```
 4 from matplotlib.widgets import Slider, Button, RadioButtons
 5
 6 def solwave(x, t, c):
 7     """ Solitary wave solution of the K deV equation."""
 8     return c/(2*np.cosh(np.sqrt(c)*(x-c*t)/2)**2)
 9
10 fig, ax = plt.subplots()
11 plt.subplots_adjust(left=0.15, bottom=0.30)
12 plt.xlabel("x")
13 plt.ylabel("u")
14 x = np.linspace(-5.0, 20.0, 1001)
15 t0 = 5.0
16 c0 = 1.0
17 line, = plt.plot(x, solwave(x, t0, c0), lw=2, color='blue')
18 plt.axis([-5, 20, 0, 2])
19
20 axcolor = 'lightgoldenrodyellow'
21 axtime = plt.axes([0.20, 0.15, 0.65, 0.03], axisbg=axcolor)
22 axvely = plt.axes([0.20, 0.1, 0.65, 0.03], axisbg=axcolor)
23
24 stime = Slider(axtime, 'Time', 0.0, 20.0, valinit=t0)
25 svely = Slider(axvely, 'Vely', 0.1, 3.0, valinit=c0)
26
27 def update(val):
28     time = stime.val
29     vely = svely.val
30     line.set_ydata(solwave(x, time, vely))
31     fig.canvas.draw_idle()
32
33 svely.on_changed(update)
34 stime.on_changed(update)
35
36 resetax = plt.axes([0.75, 0.025, 0.1, 0.04])
37 button = Button(resetax, 'Reset', color=axcolor,
38                 hovercolor='0.975')
39
40 def reset(event):
41     svely.reset()
42     stime.reset()
43
44 button.on_clicked(reset)
45
46 plt.show()
```

第6～8行定义波形。第10行展示了如何用一个命令来获得图形和轴实例。第11行调整绘图的位置。第17行将 `line` 设置为使用默认参数绘制的线条的标识符。`plt.plot` 传递包含一个元素的元组，这就是逗号必须出现在左侧的原因。如果还要理解其余代码是如何工作的，那么读者需要研究文档字符串帮助信息。应该很容易适应不同的问题，使用更多的滑块等。

6.5.2 动画任务

顾名思义，animation模块应该生成动画，但是其方式却有些粗略，并且高度依赖于平台。幸运的是，已经开发了一个附加模块JSAnimation，虽然它是轻量级的，但可以胜任这项工作。“JS”指的是JavaScript，它包含在大多数现代操作系统中。按照A.5节中的方法，可以下载[⊖]和安装该模块。我们在IPython笔记本中展示如何为孤立波生成一个简单的动画（当c=1时）。

```
import numpy as np
import matplotlib.pyplot as plt
%matplotlib inline
from matplotlib import animation
from JSAnimation import IPython_display

def solwave(x,t,c=1):
    """ Solitary wave solution of the K deV equation."""
    return c/(2*np.cosh(np.sqrt(c)*(x-c*t)/2)**2)
```

具体的工作由如下代码片段完成：

```
 1 # Initialization
 2 fig = plt.figure()
 3 ax = plt.axes(xlim=(-5, 20), ylim=(0, 0.6))
 4 line, = ax.plot([], [], lw=2)
 5
 6 t=np.linspace(-10,25,91)
 7 x = np.linspace(-5, 20.0, 101)
 8
 9 def init():
10     line.set_data([], [])
11     return line,
12
13 def animate(i):
14     y = solwave(x,t[i])
15     line.set_data(x,y)
16     return line,
17
18 animation.FuncAnimation(fig, animate, init_func=init,
19                         frames=90, interval=30, blit=True)
```

在第3行中，我们预先设置轴的边界限制，以避免动画中不必要的抖动。唯一要改变的是所绘制的线，我们将其设置为第4行中的元组，并使用在第9～11行中定义的函数init()对其进行初始化。使用在第6行和第7行中定义的t和x数组，函数animate(i)（第13～16行）执行产生第i帧的工作。最后，动画是由第18行产生的。大多数控件应该是众所周知的。最左边的按钮（−）和最右边的按钮（+）分别用于减慢动画和加速动画。

⊖ 官网地址为https://github.com/jakevdp/JSAnimation。

6.5.3 电影任务

现场动画比较简单，但它们需要运行 Python 程序。考虑到许多目的，特别是演示文稿，有可能需要创建单独的电影。在本节中，我们将展示如何以平台无关的方式来实现该任务。

这个过程包括两个步骤。首先，我们必须建立一组帧文件，每个 t 值一个。接下来，我们必须考虑如何将这个帧文件的集合转换成电影。参考手册 Matplotlib Community（2016）建议使用 mencoder 函数，或者使用 ImageMagick 软件包中的 convert 实用程序。本书作者则建议使用 ffmpeg 软件包[⊖]，该软件包在大多数平台都是可用的。

下面代码片段中的第 5～7 行重新定义了孤立波，在这里我们固定速度 $c=1$。我们的电影将由许多帧组成，每一个 t 值都有一个相对应的帧值。在第 11～17 行中，我们创建一个函数 plot_solwave(t, x)，它为给定的 t 创建相应的帧。

```
 1 import numpy as np
 2
 3 c=1             # Fix the velocity
 4
 5 def solwave(t, x):
 6     """ Solitary wave solution of the K deV equation."""
 7     return c/(2*np.cosh(np.sqrt(c)*(x-c*t)/2)**2)
 8
 9 import matplotlib.pyplot as plt
10
11 def plot_solwave(t, x):
12     fig=plt.figure()
13     ax=fig.add_subplot(111)
14     ax.plot(x, solwave(t, x))
15     ax.set_ylim(0, 0.6*c)
16     ax.text(-4, 0.55*c, "t = " + str(t))
17     ax.text(-4, 0.50*c, "c = " + str(c))
18
19 x=np.linspace(-5,20.0,101)
20 t=np.linspace(-10,25,701)
21
22 for i in range(len(t)):
23     file_name='_temp%05d.png' % i
24     plot_solwave(t[i],x)
25     plt.savefig(file_name)
26     plt.clf()
27
28 import os
29 os.system("rm _movie.mpg")
30 os.system("/opt/local/bin/ffmpeg -r 25 " +
31           " -i _temp%05d.png -b:v 1800 _movie.mpg")
32 os.system("rm _temp*.png")
```

⊖ 请参见 http://www.ffmpeg.org。

主循环（第22～26行）对每个i执行以下步骤。创建一个由_temp、i和后缀png组成的文件名；然后绘制帧并将其保存到这个按指定文件名生成的文件中；最后在第26行清除帧以准备下一帧的绘制。在这一步结束时，将生成许多文件：_temp00000.png，_temp00001.png，…，当然也可以选择另一种文件格式而不是png，但这种格式可能是质量和大小之间的合理折中。

处理过程的第二部分，我们导入os模块，特别是函数os.system()。该函数十分简单，它接收一个字符串参数，将其解释为命令行指令并执行。这个代码片段假设使用UNIX/Linux操作系统，Windows用户需要修改代码。os.system的第一次调用（第29行）从当前目录中删除文件_movie.mpg（如果存在）。写入时，第二次使用os.system来创建一个调用ffmpeg的命令行。注意，Python并不知道你的用户配置文件，因此字符串中的第一项是我复制的ffmpeg二进制文件的绝对路径名。几乎可以肯定，你的系统与此不同，因此具体使用时需要编辑这一行代码。然后遵循ffmpeg需要的参数。基本的参数是-r 25（即每秒25帧）和-b:v 1800（比特率）。这些选项都满足我的要求。输入文件遵循-i，并且_temp%05d.png被解释为刚刚创建的帧文件的集合。最后一项是输出文件_movie.mpg。最后一行删除前面创建的所有帧文件，保留电影文件，可以使用任何标准实用程序查看。当然，也可以选择使用其他的电影格式，而不是mpg。此外，还可以通过修改第30～31行，把ffmpeg替换为用户喜欢的其他实用工具。

上述代码片段创建并销毁了701个帧文件。它的速度取决于用户的系统安装环境。解释器可能会发出一些文件大小的警告，可以安全地忽略这些警告。使用Python来执行这些系统命令的原因应该是显而易见的。一旦对代码感到满意，我们就可以把它打包成一个独立的制作电影的功能！这是使用Python作为脚本语言的一个实例。

6.6　三维对象的可视化

我们将考虑三种情况，每种情况给出一个具体实例。我们的例子是人造的，从某种意义上说，它们是预先定义的分析。然而在设置它们时，我们必须构造有限的离散数据集。在现实世界中，我们将使用自己的有限离散数据集，这些数据要么来自实验，要么来自复杂的数值模拟。

第一种情况是参数化曲线$\mathbf{x}(t)=(x(t), y(t), z(t))$，作为具体实例我们将讨论曲线$C_{nm}(a)$：

$$x=(1+a\cos(nt))\cos(mt),\ y=(1+a\cos(nt))\sin(mt),\ z=a\sin(nt)$$

其中$t\in[0, 2\pi]$，n和m是整数，并且$0<a<1$。结果是环绕圆环面的螺旋，分别具有大半径1和小半径a，是利萨如（Lissajous）图形的三维泛化。

第二种情况是曲面$z=z(x, y)$。这里我们将讨论人造但具体的实例：

$$z=e^{-2x^2-y^2}\cos(2x)\cos(3y)，其中\ -2\leqslant x\leqslant 2,\ -3\leqslant y\leqslant 3$$

第三种情况，我们将讨论更普遍的参数化曲面场景$x=x(u, v)$，$y=y(u, v)$，$z=z(u, v)$，如果选择$x=u$，$y=v$，则简化为上面的第二种情况。作为具体实例，我们将讨论由Enneper发现的自相交极小曲面：

$$x=u(1-u^2/3+v^2),\ y=v(1-v^2/3+u^2),\ z=u^2-v^2,\ \text{其中}\ -2\leqslant u,\ v\leqslant 2$$

用更高的维数来构造相似的例子并不困难。

有一个问题在两个维度上几乎是微不足道的，即数据值之间的关系（如果有的话）。在二维空间中，当我们调用 `ax.plot(x,y)` 时，`x` 和 `y` 被看作线性列表，并且在连续的数据点之间画一条线。如果我们认为数据是不相关的，那么使用 `ax.scatter(x,y)` 将仅仅显示数据点。

在三维空间中则更加灵活。例如，如果要绘制上面的第二个例子，当 `x` 和 `y` 是均匀分布的数组时（例如由 `np.mgrid` 生成的结果），我们将用矩形对二维表面进行镶嵌（镶嵌成花纹或者铺成棋盘形图案）。上面的 Enneper 表面是更一般的四边形的平铺结果。然而，我们也可以考虑三角形的镶嵌，或者根本不限定结构而仅仅绘制点。在更高的维度，还有更多的可能性。

我们将讨论使用两种不同的软件方法来实现每一个例子。第一个是 Matplotlib 的 `mplot3d` 模块。这意味着在第 5 章中获得的大部分经验可以重复使用。此外，输出将依旧是高清晰度向量图形。然而，存在一个不足之处。因为我们要处理非常多的点（参见 6.2 节末尾的参数），所以试图实现上一节中讨论的交互式操作或者电影任务的速度将变得异常缓慢。

由于 `mplot3d` 速度太慢，因此我们还要考虑 Mayavi 软件包，特别是可以从 Mayavi 加载的 `mlab` 模块，它本身就是一个 Python 软件包。这使得 Mayavi 的许多特性可以用类似 Matplotlib 的接口来实现。有关文档帮助，请参阅用户指南 Ramachandandran 和 Variquaux（2009）。然而，Mayavi 并非没有问题。其开发大约在 2010 年已经完成，当时它被称为 Mayavi2，并且这反映在文档中。该模块依赖于几个非 Pythonic 包，因此很难建议直接在 IPython 解释器中使用它，IPython 解释器既独立于平台，又独立于分布[⊖]。然而，有一个简单的解决方法，下面我们将讨论。

在接下来的三节内容中，我们将讨论三个实例的两种不同可视化方法。掌握可视化的最快且最令人满意的方法是尝试代码片段，然后使用这些代码片段来尝试其他示例。强烈建议使用 IPython 笔记本模式。

6.7 三维曲线

现在我们讨论 6.1.1 节的第一个实例：曲线 $\mathcal{C}_{mn}(a)$。我们将使用任意选择的参数：$a=0.3$，$m=11$，$n=9$。读者可以尝试选择使用其他参数值。

6.7.1 使用 mplot3d 可视化曲线

如下代码片段首先使用 Matplotlib 包的 `mplot3d` 模块来可视化曲线。这里假设使用强

⊖ Enthought 赞助了 Mayavi 项目，因此 Canopy 实现应该能够在大多数平台上运行。可惜的是，目前在 Anaconda 内实现 Mayavi 并不简单。

烈推荐的 Jupyter 笔记本。

```
1 import numpy as np
2
3 theta=np.linspace(0,2*np.pi,401)
4 a=0.3   # specific but arbitrary choice of the parameters
5 m=11
6 n=9
7 x=(1+a*np.cos(n*theta))*np.cos(m*theta)
8 y=(1+a*np.cos(n*theta))*np.sin(m*theta)
9 z=a*np.sin(n*theta)
10
11 import matplotlib.pyplot as plt
12 %matplotlib notebook
13 from mpl_toolkits.mplot3d import Axes3D
14
15 plt.ion()
16 fig=plt.figure()
17 ax=Axes3D(fig)
18 ax.plot(x,y,z,'g',linewidth=4)
19 ax.set_zlim3d(-1.0,1.0)
20 ax.set_xlabel('x')
21 ax.set_ylabel('y')
22 ax.set_zlabel('z')
23 ax.set_title('A spiral as a parametric curve',
24                  weight='bold',size=16)
25 #ax.elev, ax.azim = 60, -120
26 fig.savefig('torus.pdf')
```

第1～12行代码已经熟知。第13行引入了 `Axes3D` 类对象，用于实现可视化。接下来，第16行和第17行将两个概念连接起来：`ax` 是绑定到 Matplotlib 图形类实例 `fig` 的 `Axes3D` 对象的实例。第5章介绍了使用 Matplotlib 的面向对象风格的程序设计方式，它是 `mplot3d` 的使用标准，因此第18行实际绘制了曲线，第20～24行以及第26行执行了与二维情况类似的熟悉操作。

该图应该在熟悉的 Matplotlib 窗口中显示，其中交互按钮的行为保持不变（参见5.2.4节）。然而，这里有重要的新功能。只需在图形中按下鼠标左键并移动就可以改变观察者的方向，同样按下鼠标右键并移动就可以缩放图形大小。

如前所述，代码片段将保存用方位角和高度角分别为 $-60°$ 和 $30°$ 的默认值绘制的图形，这些默认值并不是最有用的。通过实验，我们可以建立更理想的设定值。被注释了的第25行显示如何将它们设置为对该特定图像更为可取的值。如果修改并取消该行的注释，并重新运行程序，则将保存所需的图形，如图6-1所示。如果有标题，则演示文稿的图形表现会更好，然而对于书中的图形则通常不需要标题。作为折中，图6-1和图6-2都带有标题，以显示如何实现它们，但在本章的剩余部分则省略了标题。

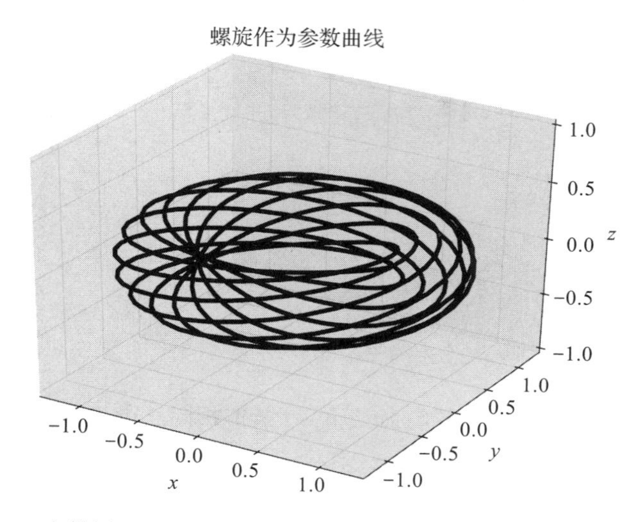

图 6-1　一个使用 `Matplotlib.mplot3d` 绘制的环绕圆环面的曲线示例

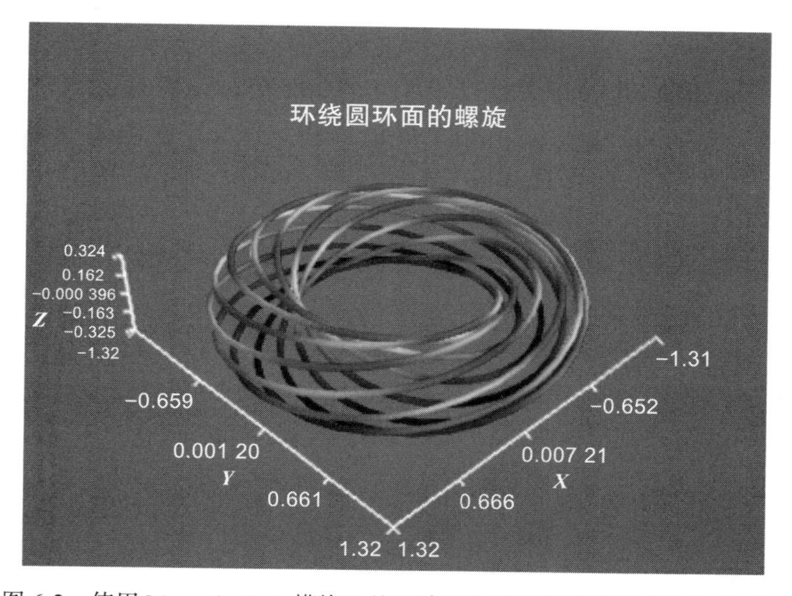

图 6-2　使用 Mayavi `mlab` 模块且基于默认设置的环绕圆环面的曲线示例

6.7.2　使用 mlab 可视化曲线

接下来我们使用推荐的与平台无关的方式（即使用 Mayavi）来可视化曲线。首先需要构造下面的代码片段，检查它是否存在语法错误，然后将其保存到文件中，比如 `torus.py`。

```
1 import numpy as np
2
3 theta=np.linspace(0,2*np.pi,401)
4 a=0.3    # specific but arbitrary choice of the parameters
```

```
 5 m=11
 6 n=9
 7 x=(1+a*np.cos(n*theta))*np.cos(m*theta)
 8 y=(1+a*np.cos(n*theta))*np.sin(m*theta)
 9 z=a*np.sin(n*theta)
10
11 from mayavi import mlab
12 mlab.plot3d(x,y,z,np.sin(n*theta),
13             tube_radius=0.025,colormap='spectral')
14 mlab.axes(line_width=2,nb_labels=5)
15 mlab.title('A spiral wrapped around a torus',size=1.2)
```

结果如图 6-2 所示。第 1～10 行与 mplot3d 版本相同。第 12 行绘制曲线。这里，我们选择根据 $\sin(n\theta)$ 的值来对曲线进行着色，其中 θ 是曲线的参数，使用颜色映射 spectral（颜色映射将随后讨论）。第 14 行和第 15 行输出轴和标题。文档字符串提供了进一步的帮助信息。（注意，Mayavi 开发人员选择了与 Matlab 兼容的函数版本来装饰图形。有关此问题的讨论，请参阅 5.10 节。）不要尝试运行此代码片段，而是将其保存到文件中，比如 torus.py。接下来运行 Mayavi 应用程序，从 File 菜单中选择运行 Python 脚本并选择文件 torus.py。应用程序将绘制沿 z 轴所看到的曲线。其图形窗口和 Matplotlib 的图形窗口完全不同。一旦绘制出图形，我们就可以通过按下鼠标左键并拖曳鼠标来改变图形视角。鼠标右键则提供图形的平移和缩放功能。在左上角有 12 个小按钮，用于与图形交互。默认情况下，背景颜色为黑色，按钮 12（右侧）允许我们改变背景颜色。按钮 11 用于保存当前场景。可用的格式依赖于具体的实现，但是所有实现都应该允许将场景保存为 png 文件。

左边是 mlab 构建的用于绘制图形的 Mayavi “管道”。这可以用于在原来位置编辑图形。例如，标题太小，而且位置不对。首先点击“管道”中的标题，然后在“管道”下面的 Mayavi 对象编辑器中单击，接下来单击 TextProperty 并使用显示的菜单来更改字体大小、字体样式和位置。

强烈建议读者进一步尝试其他“管道”元件，或者阅读 Mayavi 文档。

6.8　简单曲面

本节我们将讨论在 6.1.1 节定义的简单曲面，其定义如下：

$$z=e^{-2x^2-y^2}\cos(2x)\cos(3y)，其中\ -2\leqslant x\leqslant 2,\ -3\leqslant y\leqslant 3$$

6.8.1　使用 mplot3d 可视化简单曲面

图 6-3 是使用如下代码片段绘制的图形。

```
1 import numpy as np
2
3 xx, yy=np.mgrid[-2:2:81j, -3:3:91j]
4 zz=np.exp(-2*xx**2-yy**2)*np.cos(2*xx)*np.cos(3*yy)
```

```
 5
 6 import matplotlib.pyplot as plt
 7 from mpl_toolkits.mplot3d import Axes3D
 8
 9 plt.ion()
10 fig=plt.figure()
11 ax=Axes3D(fig)
12 ax.plot_surface(xx,yy,zz,rstride=4,cstride=3,color='c',alpha=0.9)
13 ax.contour(xx,yy,zz,zdir='x',offset=-3.0,colors='black')
14 ax.contour(xx,yy,zz,zdir='y',offset=4.0,colors='blue')
15 ax.contour(xx,yy,zz,zdir='z',offset=-2.0)
16 ax.set_xlim3d(-3.0,2.0)
17 ax.set_ylim3d(-3.0,4.0)
18 ax.set_zlim3d(-2.0,1.0)
19 ax.set_xlabel('x')
20 ax.set_ylabel('y')
21 ax.set_zlabel('z')
22 fig.savefig('surf1.pdf')
```

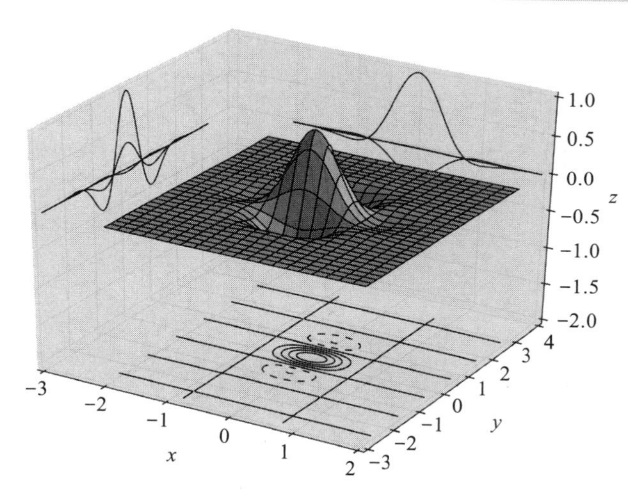

图 6-3 使用Matplotlib.mplot3d模块绘制的一个简单曲面的示例，包括三个等高曲线

这里，第 3 行和第 4 行定义了曲面，第 6～11 行曾经出现在用于可视化参数曲线的代码片段中。第 12 行代码用于绘制曲面。参数 rstride=4、cstride=3 意味着每第四行和每第三列实际上被用来构造图形。参数 alpha=0.9 用于控制曲面的透明度[⊖]，它是位于范围 [0, 1] 中的浮点数。有关其他可用的参数，请参见函数的文档字符串帮助信息。同样，第 19～22 行代码在前面已经使用过。

如果希望使用“线框”表示曲面，则可以使用如下代码来替换第 15 行代码：

```
ax.plot_wireframe(xx,yy,zz,rstride=4,cstride=3)
```

函数的文档字符串帮助信息包含其他功能选项。

⊖ alpha 值越大意味着曲面越不透明，即看不到曲峰后面的网格线，而 alpha 值越小则曲峰越透明。

这里的另一个新特征是绘制等高曲线图。回想一下，在5.9节我们展示了Matplotlib可以如何可视化曲面 $z=z(x, y)$ 的水平等高曲线。在当前代码片段的第13行，在将函数关系重新排列为 $x=x(y, z)$ 之后，我们也进行同样的处理。我们必须将绘制定位到 yz 平面的某处，因此参数 offset=-3 将其放置在平面 $x=-3$ 上。现在，默认的 x 范围由代码片段的下半部（第13行开始）设置为 $x\in[-2, 2]$，这将使等高曲线不可见。因此，第16行代码将 x 范围重置为 $x\in[-3, 2]$。第14、15、17、18行处理其他坐标方向。当然，没有必要绘制所有三个等高曲线图，甚至也不必绘制其中的一个或两个。如果用户更明智地选择图形具体绘制哪些内容（如果有的话），那么用户的图形会显得更加清晰明了。

6.8.2　使用 mlab 可视化简单曲面

图6-4是使用如下代码片段绘制的图形。调用Mayavi之前，该代码片段应该保存为一个文件，例如 surf2.py。

```
1 import numpy as np
2
3 xx,yy=np.mgrid[-2:2:81j, -3:3:91j]
4 zz=np.exp(-2*xx**2-yy**2)*np.cos(2*xx)*np.cos(3*yy)
5
6 from mayavi import mlab
7 fig=mlab.figure()
8 s=mlab.surf(xx,yy,zz,representation='surface')
9 ax=mlab.axes(line_width=2,nb_labels=5)
10 #mlab.title('Simple surface plot',size=0.4)
```

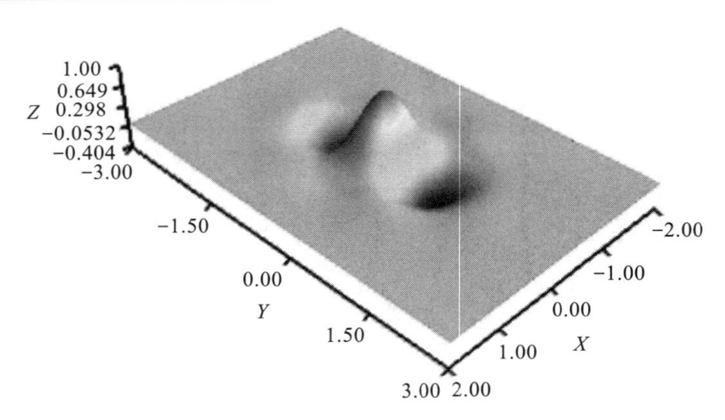

图6-4　使用Mayavi的 mlab 模块绘制的一个简单曲面的示例

代码片段中的新特性是第8行，仔细阅读相关的文档字符串帮助信息会大有帮助。特别要注意的是，'surface' 是缺省值，可以将其替换为 'wireframe' 以产生另一种表示结果。将 warp_scale 设置为一个浮点值，可以实现在 z 轴方向的放大（或者缩小）。

和曲线一样，曲面的方向和缩放最好用鼠标来控制。与管道元件的交互是控制曲面描绘的最简单的方式。请读者查阅相关文档！

6.9 参数化定义的曲面

现在我们转向 Enneper 曲面的可视化，6.1.1 节中给出了其定义：

$$x=u(1-u^2/3+v^2),\ y=v(1-v^2/3+u^2),\ z=u^2-v^2,\ \text{其中}\ -2\leqslant u,\ v\leqslant 2$$

这里，两种绘图工具之间的差异变得显著，因此必须在精度和速度之间进行权衡。

6.9.1 使用 **mplot3d** 可视化 Enneper 曲面

用于绘制图 6-5 的代码片段如下：

```
 1 import numpy as np
 2 [u,v]=np.mgrid[-2:2:51j, -2:2:61j]
 3 x,y,z=u*(1-u**2/3+v**2),v*(1-v**2/3+u**2),u**2-v**2
 4
 5 import matplotlib.pyplot as plt
 6 from mpl_toolkits.mplot3d import Axes3D
 7
 8 plt.ion()
 9 fig=plt.figure()
10 ax=Axes3D(fig)
11 ax.plot_surface(x.T,y.T,z.T,rstride=2,cstride=2,color='r',
12                 alpha=0.2,linewidth=0.5)
13 ax.elev, ax.azim = 50, -80
14 ax.set_xlabel('x')
15 ax.set_ylabel('y')
16 ax.set_zlabel('z')
17 #ax.set_title('A parametric surface plot',
18 #                weight='bold',size=18)
```

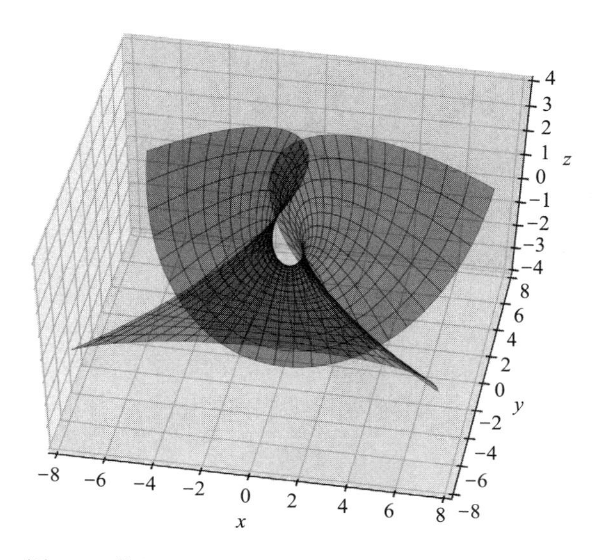

图 6-5 使用 mplot3d 模块可视化的 Enneper 曲面

所有的新特性都体现在第 11 行。首先请注意，底层代码是基于图像处理的约定，因此

Matplotlib 命令要求以图像形式提供二维数组。所以，我们需要提供 x、y 和 z 矩阵的转置。

需要注意的是，这是一个复杂的自相交曲面，它的可视化需要明智地选择不透明度、线宽和步距参数。此外，最佳选择还依赖于观察的视角。

这里包含大量的计算，甚至会给最快的处理器带来负担。特别是，交互式平移和倾斜的速度将显著减慢。

6.9.2　使用 mlab 可视化 Enneper 曲面

mlab 模块也可以用于可视化 Enneper 曲面。使用如下代码片段可以绘制如图 6-6 所示的图形。

```
1 import numpy as np
2 [u,v] = np.mgrid[-2:2:51j, -2:2:61j]
3 x, y, z = u*(1-u**2/3+v**2), v*(1-v**2/3+u**2), u**2-v**2
4
5 from mayavi import mlab
6 fig = mlab.figure()
7 s = mlab.mesh(x, y, z, representation='surface',
8              line_width=0.5, opacity=0.5)
9 ax = mlab.axes(line_width=2, nb_labels=5)
```

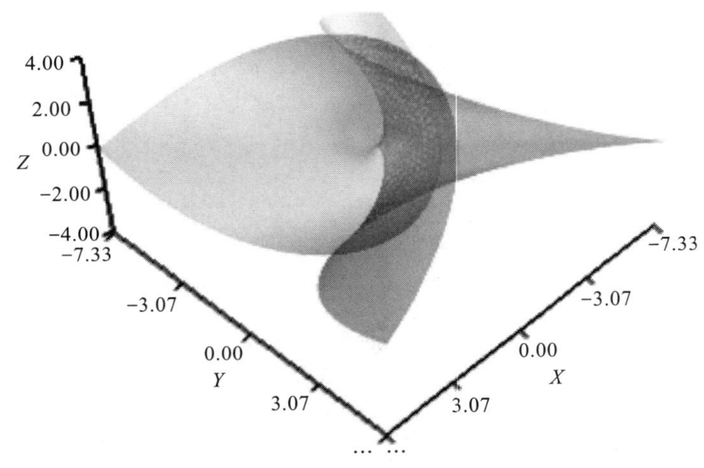

图 6-6　使用 Mayavi 的 mlab 模块可视化的 Enneper 曲面

就像以前一样，我们需要保存这个代码片段，例如保存为 surf4.py，然后从 Mayavi 应用程序中运行它。交互式平移和倾斜操作明显比使用 mplot3d 更快，为什么会这样呢？这是因为 Matplotlib 和 mplot3d 使用“向量图形”处理形状，图形可以自由伸展。而 Mayavi 和 mlab 则使用“位图图形”来创建和存储图片的每个像素，文件很大但也很容易创建，其最大的缺点是在视觉质量没有显著损失的情况下，只允许有限的放大或者缩小。这就是保存该图形只需使用 png 之类的位图格式的原因。

6.10 居里叶集的三维可视化

接下来我们使用 mlab 实现更为复杂的图形的可视化。我们选择的示例仅仅是早期版本的略微变种，但求知欲强烈的读者可以查阅 mlab 文档以探索其他强大的功能。

在 5.11 节，我们简要介绍了分形集，并展示了如何构造映射 $z\to z^2+c$ 的曼德尔布罗特集的经典可视化，通过迭代（5-1）实现。在这里，我们将讨论居里叶集的相同映射。这意味着现在我们保持参数 c 固定，并使迭代 z_n 依赖于初始值 z_0。这样的话，逃逸参数依赖于 z_0 而不是 c，$\varepsilon=\varepsilon(z_0)$。区别于 5.11 节的高分辨率但固定的图像，这里的目标是交互式但低分辨率的图像，即所谓的峡谷视图（canyon view），如下面的代码片段所示（改编自 Mayavi 文档，Ramachandran 和 Variquaux（2009））。代码没有进行速度优化，其目的是提醒读者其他可视化工具的可能性。

```
 1 import numpy as np
 2
 3 # Set up initial grid
 4 x,y=np.ogrid[-1.5:0.5:1000j,-1.0:1.0:1000j]
 5 z=x+1j*y
 6 julia = np.zeros(z.shape)
 7 c=-0.7-0.4j
 8
 9 # Build the Julia set
10 for it in range(1,101):
11     z=z**2+c
12     escape=z*z.conj()>4
13     julia+=(1/float(it))*escape
14
15 from mayavi import mlab
16 mlab.figure(size=(800,600))
17 mlab.surf(julia,colormap='gist_ncar',
18           warp_scale='auto',vmax=1.5)
19 mlab.view(15,30,500,[-0.5,-0.5,2.0])
20 mlab.show()
```

第 1～7 行代码直接明了。首先将数组 julia 初始化为零，并且选择任意一个 c 值。在第 10～13 行中，我们执行 100 个迭代步骤。escape 是一个布尔值数组，如果相应的 $|z_n|\leqslant 2$ 则为 False，否则为 True。对于逃逸点，我们为 julia 增加一个小的值。最后，第 16～19 行绘制图形。第 17～19 行的参数是通过反复试验后选择的结果。这个代码片段的输出如图 6-7 所示。

强烈建议读者运行这个代码片段，然后尝试做出修改。最被动的方法是修改代码，然后重新运行代码。更灵活的方法可以通过使用鼠标来修改图形，以及使用按钮 12 来改变值，鼠标左键单击任何“管道”项将显示所选的选项并提供更改它们的方法。读者可以稍加练习，其实很简单，也很容易适应。

很显然，在介绍性文本中，我们不能对三维图形的所有可能性进行讨论。特别是，我们还没有涉及重要的动画主题。因此，建议读者使用推荐的文档，进一步探索 `mlab` 模块的功能。一旦读者掌握了基础知识，就很容易制作出复杂的图形和电影，而这些在 `mplot3d` 中很难实现。这种通用性的代价是，Mayavi 的 `mlab` 无法比拟 Matplotlib 的 `matplotlib` 所具有的高分辨率。

图 6-7　当 $c=-0.7-0.4i$ 时，映射 $z \to z^2+c$ 的居里叶集。靠近“峡谷”顶部的点对应于早期逃逸到无限远的轨迹，而底部的点则尚未逃逸

SymPy：一个计算机代数系统

7.1 计算机代数系统

计算机代数系统（Computer Algebra System，CAS）是一种计算机程序，它被设计成以符号形式而不是数字形式处理数学表达式，这是理论科学家经常执行的任务。有许多特殊程序，以及一些通用系统，它们适用于各种各样的问题。本章我们将讨论通用系统。令人惊奇的是，起源于20世纪60年代的两个古老的程序：Reduce和Maxima，至今仍然作为开源软件使用。随后出现了各种专有软件包，其中最有名的也许是Maple和Mathematica，它们起源于20世纪80年代。21世纪才出现的两个程序分别是Sage和SymPy，二者都是开源项目。除了符号处理之外，它们都提供了数值处理和创建图形输出的功能。而且和Python一样，它们由相对较小的内核和大量的库组成，这些库可以根据特殊任务的需要添加。那么，这四个开源系统中，应该选择使用哪一个呢？

SymPy最显著的特点是它完全由Python编写，实际上它只是Python的一个附加模块。其规模很小，可以在任何Python系统中工作。它很好地与NumPy接口实现数值处理，与Matplotlib接口实现图形输出。标准终端模式具有简单的输出，但很自然地，它可以在Jupyter笔记本中使用，并且在笔记本中提供了目前最好的复杂符号输出格式。与其他软件包相比，它非常慢，并且许多特性仍处于测试阶段，需要进一步开发。我毫无保留地推荐在下列两种情况下使用它：学习CAS；轻量级任务。

然而，还有哪些开源项目可供选择呢？自2008年以来，Reduce已经成为开源软件[⊖]。虽然用户手册仅有1006页，但其核心语言包含在前184页中。其开发年代还没有什么花哨的输出显示，因此结果以终端模式显示，可以与诸如emacs之类的高级编辑器良好对接。然而，最近的版本提供了一个增强的终端模式，如果安装了LaTeX，则可以提供与竞争对手相同标准水平的美化输出。其强大之处在于其“操作者”结构，它的通用性是竞争对手所无法比拟的。作为一名广义相对论者，我发现Reduce与“excalc”和“cantens”附加模块结合在一起，是任何其他CAS都无法媲美的。它很容易生成TeX、Fortran或者C的输出结果。图形输出是通过Gnuplot来实现的，有些人认为Gnuplot很笨重，但它是完全功能化的，并不比Mathematica图形差。一个无效的批评是Reduce几乎没有积极的维护；这是50年的软件，任何残留的瑕疵（bug）都需要谨慎应对。Reduce的一个很大的缺点是几乎没有最新的第三方文档、教程等。

Maxima也已经成为开源项目。基本控制台版本针对所有主要平台都可以下载[⊜]。然而，

⊖ 官网地址为http://reduce-algebra.sourceforge.net/。

⊜ 软件及其文档下载地址为http://maxima.sourceforge.net/。

大多数用户喜欢使用图形界面版本 wxMaxima [1]。用户手册有1144页，虽然布局良好，但显得有些冗长。在 wxMaxima 接口中，大部分都可以在线获得帮助。许多章节都是最新内容，但有些章节脱节了，并且不大可能很快修正。虽然第三方文档很多，但其内容通常并不是最新的。

第三个开源的 CAS 是 SageMath [2]，这个项目旨在将最好的开源数学软件集成到一个真正庞大的包中。当然，用于连接这些包的“胶水”当然是 Python。其 CAS 部分实际上包括了 SymPy 和 Maxima 两者的最佳特色。SageMath 的“笔记本”模式非常类似于 Jupyter 笔记本，提供了一个绰绰有余的图形用户界面。文档（包括第三方文档）非常良好。相对主义者应该注意到，有一个极好的 SageManifold 扩展[3]非常值得研究。

SageMath 可能是用于正规项目的最佳现代工具，而对于许多用户而言，SymPy 则是其最佳入门途径之一，而且可以为这些用户提供所需的所有相对轻量级的特性需求。在本章的其余部分，我们将介绍 SymPy 的主要特性，并假设 IPython 在笔记本模式下运行。如果读者看到一个看起来有用的函数，那么请查阅其文档字符串帮助信息，这非常简单。

文档中许多示例的第一行代码往往为如下语句：

```
from sympy import *
```

但正如我们在3.4节指出的，这种方法不安全。替代地，我们引入了一个或多或少的任意缩写，并在调用 SymPy 函数时使用它。

```
import sympy as sy
sy.init_printing()
```

函数 `sy.init_printing` 将检查计算机上可用的资源，并尽力实现最佳格式化输出。

7.2　符号和函数

当书写代数式时，经常使用如下格式的表达式：

```
D = (x+y)*exp(x)*cos(y)
```

然而这不能在 SymPy 中正常运行，主要原因在于 SymPy 是一个 Python 库，所以其语法必须符合 Python 的语法格式。上述代码片段运行失败，首先因为没有定义标识符 `x`。我们必须将 `x` 与一个确定的值关联，例如 `x=4`，而这与主旨相违背：我们希望 `x` 和 `y` 可以取未知的任意值。SymPy 的解决方案是定义一个新实体：一个符号（symbol），它实际上是一个 Python 类（参见3.9节）。创建类实例有若干种方法，也许处理上面代码片段的最常用方法是插入如下所示的代码行：`x, y=sy.symbols("x y")`。Python 仍然输出错误，因为

[1] 官网地址为 http://wxmaxima.sourceforge.net/。

[2] SageMath 的官网地址为 http://www.sagemath.org。

[3] 部分内容已经归并到主项目，但一些精彩的笔记本页面保存在网站 http://sagemanifolds.obspm.fr/ 中，当然也可以从资源库 https://github.com/sagemanifolds/SageManifolds 中获取。

exp(x) 没有定义。Python 当然可以识别函数 exp，但没有定义对符号的指数运算。当然，SymPy 包括了这样的定义。请尝试运行下面的代码片段：

```
1 import sympy as sy
2 sy.init_printing()
3 x,y = sy.symbols("x y")
4 D = (x+y)*sy.exp(x)*sy.cos(y)
5 D
```

注意，我们从未声明 D 是一个符号，因为没有必要。根据定义，它继承声明赋值语句右侧的所有属性（参见 3.2 节）。类 Symbol 包含所有标准运算的定义，如加法、乘法、乘幂等，因此 D 声明赋值语句的右侧本身就是一个符号。Python 只需要把标识符 D 与该符号对象关联起来。在创建符号运算符的最简单语法形式中，使用一个或多个逗号或者空格分隔的标识符的字符串作为参数，结果返回对应符号的元组。读者也可以使用赋值语句 b,c, a=sy.symbols("a b c")，但前提是读者要保持头脑清晰。注意，这些标签 / 标识符可以是任意长度，如果它是带有诸如希腊字母等的“标准”符号，那么必须能够在输出上显示。例如，如果我们要声明 theta 是一个符号，那么输出应该像 θ。SymPy 能够识别标准的标签。sy.symbols 的文档字符串帮助信息提供了批量生成符号的若干种方法，因此强烈建议读者仔细研究。尽早认识到“符号必须是不可变的”（参见 3.5.4 节）这一点很重要。还要注意，在开始运行时，上面代码片段的第 5 行可能需要一些时间才能出现结果。这是因为 SymPy 正在建立它的格式化机制。

现在 D 是 x 和 y 的已知函数。我们通常还需要未知函数，例如 $f(x, y)$。未知函数可以通过向 sy.symbols 传递额外的关键字参数来创建。

```
f, g = sy.symbols("f g", cls=sy.Function)
f(x), f(x, y), g(x)
```

注意，SymPy 既不知道也不关心函数参数的数量。检查参数值的一致性是用户的责任。

尤其在考虑化简时，了解某些符号总是包含特殊值是有帮助的。举一个实际的例子，考虑在复变量函数课程中普遍存在的方程，$z=x+iy$。默认情况下，假定 x 和 y 都只取实数值。否则，分拆成实部和虚部就没有意义。在 SymPy 中，假设 i 和 j 取整数值，而 u 和 v 总是实数。采用如下方式：

```
i, j = sy.symbols("i j", integer=True)
u,v = sy.symbols("u v", real=True)
i.is_integer, j*j, (j*j).is_integer, u.is_real
```

最后一行提醒人们，符号实际上是类实例；即它们具有属性（参见 3.9 节）。读者可以使用自省（参见 2.2 节）来研究 u 有哪些可以使用的属性。

从上述代码片段的输出中可以看出，在 SymPy 中，$\sqrt{-1}$ 既不是用 i 也不是用 j 来表示，而是使用 sy.I 来表示。同样，非常有用的 e、π 和 ∞ 则分别使用 sy.E、sy.pi 和 sy.oo 来表示。

如前所述，表达式是不可变的。那么，如何找出用特定值代替 *D* 中的 *x* 和 *y* 的结果呢？SymPy 使用替换操作来实现，替换操作既可以作为函数 sy.subs()，也可以作为类方法使用（这种方法更为普遍）。例如，当 *x*=0 时，求 *D* 的结果：

```
D0 = D.subs(x,0)
D0pi = D0.subs(y, sy.pi)
D0, D0pi, D.subs([(x,0), (y, sy.pi)])
```

其中第三行代码显示如何使用一个 (old, new) 元组列表同时进行多个替换。我们重复一遍：像 D 这样的符号是不可变的，所以第一行代码中的替换操作不会改变 D。

7.3 Python 和 SymPy 之间的转换

假设 x 和 y 是符号，因此 x+1 和 0.5*y 也是符号。整数和浮点数自动扩展转换为符号；分数则需要额外注意。考虑如下代码片段：

```
x + 1/3
```

Python 将“1/3”解析为整数除法并返回 0，这可能不是预期的结果。请检查如下代码片段的输出：

```
x + sy.Rational(1, 3), sy.Rational('0.5')*y
```

这展示了一种应对整数除法的变幻莫测的方法。尽管 SymPy 函数 sy.Rational 非常有用，但还有其他更加用户友好的方法能实现相同的效果。

函数 sy.S 将给定的表达式字符串作为参数，结果转换为等价的 SymPy 表达式。请将上述代码片段与下面的代码片段进行比较：

```
x + sy.S('1/3'), sy.S("1/2")*y
```

类似地，函数 sy.sympify 将给定的任意表达式字符参数转换为其等价的 SymPy 表达式。假设已经声明所有相关符号，则有如下两个示例：

```
D_s = sy.sympify('(x+y)*exp(x)*cos(y)')
cosdiff = sy.sympify("cos(x)*cos(y) + sin(x)*sin(y)")
D_s, cosdiff
```

D_s 的效果等同于前面定义的 D。cosdiff 将在下文使用。py.S 和 simpify 的文档字符串帮助信息非常丰富。

表达式 cosdiff 实际上代表 cos(x-y)。如果我们只需要几个显式值，则上面提到的函数 subs 将提供它们的符号值。我们可以使用函数 sy.evalf 来获得数值，它可以带一个整数参数（作为精度）。sy.N 同样实现了 sy.evalf 的大部分功能，几乎是复制品。考虑下面的例子：

```
cospi4 = cosdiff.subs([(x,sy.pi/2),(y,sy.pi/4)])
cospi4, cospi4.evalf(), cospi4.evalf(6), sy.N(cospi4, 6)
```

所有这些都适用于参数的一些选定值，但如果希望将表达式用作函数，最好是 4.1.4 节的通用函数（ufunc），则应该如何处理呢？SymPy 函数中的 `sy.lambdify` 正好适用于这种情况。其参数是一个元组，包括函数的参数、表达式的名称以及要使用的 Python 库。在实践中，这是非常容易的！像往常一样，仔细阅读文档字符串帮助信息是非常有启发性的。

```
import numpy as np
func = sy.lambdify((x, y), cosdiff, ''numpy'')
xn = np.linspace(0, np.pi,13)
func(xn, 0.0)      # should return np.cos(xn)
```

7.4 矩阵和向量

考虑到完整性，我们在本节简要介绍矩阵和向量。SymPy 使用 `Matrix` 类来实现矩阵，并将 n 个元素的向量作为 $n\times1$ 矩阵。构造函数需要一个有序的行列表，其中每行是元素有序列表。下面给出一个非常简单的例子。这里可以看出，乘法就是矩阵乘法。

```
M = sy.Matrix([[1,x],[y,1]])
V = sy.Matrix([[u],[v]])
M, V, M*V
```

键入 `M.` 然后按下 Tab 键将显示大量可以应用于矩阵的函数 / 方法，如果读者对其中任何一个感兴趣，那么应该研究相应的文档字符串帮助信息。

其中一个有用函数是 `eigenvects`，结果返回一个元组的列表，其中每个元组都包含特征向量的特征值、多重数和基数。

```
M.eigenvects()
```

对于方阵，转置、行列式和逆矩阵很容易通过属性获得。我们将在下文简单讨论最后两个表达式的化简。

```
M.T, M.det(), M.inv(), M*M.inv()
```

上面提及的符号都是不可变的。这个断言需要进一步说明，此时，初学者也许可以回顾列表中的相同问题（请参阅 3.5.4 节）。矩阵 `M` 是不可变的，但它的内容可以自由改变，请参见下面的代码片段：

```
M[0,1]= u
M
```

7.5 一些初等微积分

7.5.1 微分

假设 D 的定义如前文所述。计算一阶导数有如下两种方法。

```
sy.diff(D,x), D.diff(x)
```

第二种方法依赖于 D 是一个符号，即一个类，并且这个类包含导数函数。更高阶的导数计算方法显而易见，例如：

```
D.diff(x,y,y), D.diff(y, 2, x), f(x, y).diff(y, 2, x)
```

有时我们可能不希望显式地计算导数，即所谓的“惰性”微分。这是由 sy.Derivative 导数函数完成的；注意首字母大写。如果随后要进行求值，则通过类方法 doit 可以执行延迟计算。

```
D_xyy = sy.Derivative(D,x,y,2)
D_xyy, D_xyy.doit()
```

7.5.2 积分

不定积分是微分的逆，SymPy 相应地对它进行处理。与所有计算机代数系统一样，“积分常数”从来不会明确地显示出来。下面的代码片段处理了一些简单直观的案例。

```
sy.integrate(D,y), D.integrate(y), D.integrate(x,y)
```

“惰性”积分由 sy.Integral 函数处理。

```
yD = sy.Integral(D,y)
yD, yD.doit()
```

定积分非常相似，只需要简单使用元组（变量、下限、上限）来替换积分参数的变量。例如：

```
sy.integrate(D, (y,0,sy.pi)), D.integrate((y,0,sy.pi))
```

多重定积分的处理方式显而易见。例如：

```
sy.integrate(sy.exp(-x**2-y**2), (x, 0, sy.oo), (y,0,sy.oo))
```

当然也存在一个“惰性”版本：

```
dint = sy.Integral(sy.exp(-x**2-y**2), (x,0,sy.oo), (y,0,sy.oo))
dint, dint.doit()
```

正如每个实践科学家所知，求导是一个相对简单直观的操作。我们只需要了解几个基本函数的导数、“积”规则或者“莱布尼兹”规则以及函数求导规则，那么剩下的便是代数运算，并且很容易实现自动化。

求积分则可能非常困难。当然，人们需要了解许多标准积分，包括许多“特殊函数”的定义。例如，高斯函数 e^{-x^2} 的不定积分不能用初等函数来表示，因此数学家将其定义为误差函数：

$$\operatorname{erf}(z)=\frac{2}{\sqrt{\pi}}\int_0^z e^{-u^2}\mathrm{d}u$$

这些问题都适合于自动化。然而，所有积分器都存在一个致命的弱点：为了将给定的积分简化为标准积分，可能需要对独立变量进行多次变换。这些变换是根据经验总结出来的，因此给计算机科学家带来了麻烦。

因此对于开发人员来说，包括足够的算法以处理棘手的情况是一个持续的挑战。SymPy 可以轻而易举地处理以下两个示例。

```
sy.integrate(sy.sqrt(x+sy.sqrt(x**2+1))/x, x)
```

```
sy.integrate(sy.exp(-x)*sy.sin(x**2)/x, (x, 0, sy.oo))
```

如果 SymPy 无法求解一个表达式的积分，那么在尝试了所有的算法库之后，它最终将返回“惰性”积分形式，这是失败的标记；结果具有欺骗性。如果读者尝试计算：

$$\int\frac{x}{\sin x}\mathrm{d}x$$

则 SymPy 将返回“惰性”形式的结果。而 SageMath 则可以处理该算式。但是，如果读者尝试计算：

$$\int e^{\sin x}\mathrm{d}x$$

那么目前还没有任何 CAS 能够处理它，并且其封闭形式是否成立也值得怀疑。

7.5.3 级数与极限

假设我们真的想知道上一个积分的值，至少对于合适的 x 值。我们首先定义：

```
foo = sy.exp(sy.sin(x))
```

我们可以考虑首先将 foo 展开为 x 的泰勒级数，这应该是一致收敛的，因为是任意 y 的指数级数 e^y。那么逐项积分应该能够给出一个有用的近似。SymPy 允许我们计算诸如泰勒级数展开式的前 10 项：

```
foo_ser = foo.series(x, 0, 10)
foo_ser, foo_ser.integrate(x)
```

如果级数扩展对读者有帮助，则需要查阅它的文档字符串帮助信息，该帮助信息可能会告知读者去查看 sy.Expr.series 函数的文档字符串帮助信息。剩下的术语遵照应用数学家通常使用的“大O”规则。如果读者为此感到困扰，则可以通过类属性删除它，例如：

```
foo_ser.removeO()
```

极限的处理方式十分简单直观。例如：

```
sy.limit((foo-1-x)/x**2, x, 0)
```

在不连续点上，上面或者下面的极限将不同。默认情况下，sy.limit 取上面极限的值，但是两个极限都很容易获得。

```
goo = 1/(x - 1)
goo, sy.limit(goo, x, 1)
```

```
sy.limit(goo, x, 1, dir="-"), sy.limit(goo, x, 1, dir='+')
```

7.6 等式、符号等式和化简

正如我们对 SymPy 功能的简介所示，它可以创建非常复杂的表达式，这对用户来说可能过于复杂且不太实用。我们能化简这些表达式吗？我们如何测试两个长表达式以确定它们是否相同？

我们首先从纯 Python 代码开始。如前所述，“相等”符号（=）与等式无关；它是 Python 的赋值运算符（例如，a=3），SymPy 当然遵循同样的规则。数值等式由双等于号（==）表示，例如：

```
12/3 == 4
```

不幸的是，对于最终用户，SymPy 开发人员已经为“符号相等”保留了双等于号（==），这并非用户想要的。作为一个例子，考虑如下两个表达式：

```
ex1 = (x+y)**2; ex2 = x**2 + 2*x*y + y**2
ex1 == ex2
```

二者并不满足“符号上相等”，因为一个是和的乘积，而另一个是乘积的和。即使它们的差也不是“符号”0：

```
ex1 - ex2, ex1 - ex2 == 0
```

幸运的是，SymPy 可以解决这个僵局。检查如下代码片段：

```
ex1.expand(), ex2.factor()
```

```
ex1.expand() == ex2, ex1 == ex2.factor()
```

函数 sy.expand 和 sy.factor 实现了人们预期的功能，对于其他示例，读者可以查阅文档字符串帮助信息。sy.expand 的文档字符串帮助信息相当复杂，因为这是一个非常通用的函数。特别是，有许多方法可以将其范围扩展到更专门的表达式。例如：

```
sy.expand_trig(sy.sin(x+y)), sy.expand(sy.cos(x-y),trig=True)
```

还存在许多其他版本的用法，请尝试 sy.expand_Tab，以显示其列表。

在处理乘幂的时候必须特别小心，因为许多明显的恒等式并不成立。例如一般来说，$(x^a)^b \equiv x^{ab}$ 并不总是成立。例如，$\sqrt{x^2} \neq x$：只要考虑 $((-1)^2)^{1/2}=1 \neq (-1)^{2\times 1/2}=(-1)^1=-1$。但是，如果 b 是整数，则该恒等式成立。同样，$x^a y^b \equiv (xy)^a$ 也并不总是成立：请尝试 $x=y=-1$，$a=1/2$。如果 x 和 y 都是正实数，且 a 是实数，则该恒等式成立。

SymPy 很清楚这些问题，除非用户在 py.symbols 中为这些符号设置了适当的限制，否则不会使用这些恒等式。

一个非常有用的函数是 sy.cancel，它将接受任何有理表达式作为参数，并试图将其化简为规范形式。作为一个例子，考虑上面定义和修改的矩阵 M：

```
A = M*M.inv(); A
```

并执行下列代码：

```
A[1,0] = A[1,0].cancel(); A[1,1] = A[1,1].cancel(); A
```

要了解为什么 sy.cancel 不是默认选项，请尝试运行如下简单示例！

```
c = (x**256 - 1)/(x-1)
c, c.cancel()
```

7.7　方程求解

阅读完上一节后，读者可能有理由认为似乎没有办法定义一个“方程”，因为 = 和 == 都已被使用了。传统上，方程式具有左侧 lhs 和右侧 rhs；例如，使用上面的定义，可以设置：

```
lhs = D; rhs = cosdiff
```

在 SymPy 中，创建方程有两种方法，这两种方法包含在下面的代码片段中：

```
eqn1 = sy.Eq(lhs, rhs); eqn2 = lhs - rhs
eqn1, eqn2
```

表达式 eqn1 创建传统形式的方程。第二个表达式 eqn2 在所期望的方程的上下文中同样有效。SymPy 隐式地添加缺失的 =0。

从版本 1.0 开始，SymPy 的开发人员正在改变求解器的行为，因此这里我们遵循他们的最新建议。通用的求解函数是 solve，但对于包含一个变量的方程，推荐使用 solvset，而线性方程组则要求使用 linsolve。由于后两个函数名不太可能被重写，因此我们直接导入它们。

```
from sympy.solvers import solveset
from sympy.solvers.solveset import linsolve
```

7.7.1　单变量方程

采用表达式方法可以直接明了地书写简单的单变量方程。例如：

```
solveset(4*x-3, x), solveset(3*x**3-16*x**2+23*x-6, x)
```

顾名思义，solveset 返回一组解，因此忽略了重复解。然而，sy.roots 可以包含重复解。

```
quad = x**2 - 2*x +1
solveset(quad, x), sy.roots(quad)
```

默认情况下，简单的超越方程在复平面上求解。

```
solveset(sy.exp(x)-1, x)
```

如果 solveset 不能求解一个方程，则返回一个数学术语描述（cop-out）。

```
solveset(sy.cos(x) - x, x)
```

输出结果是数学术语描述：“ x is a complex number which is also a member of the set of numbers satisfying $\cos x = x$”（“x 是一个复数，同时它也是满足 $\cos x=x$ 的数值集的成员”）!

7.7.2　具有多个自变量的线性方程组

这不是一个简单明了的话题，并且很难找到一个清晰且简洁的说明方式。在下面的段落中，我们以抽象的方式来讨论 n 个未知数的 n 个线性方程组，然后在本小节的其余部分，我们讨论最简单的情况：n=2。不熟悉下一段内容（包含了一个真实的例子）的读者可以跳过。

假设 $\boldsymbol{A}$ 是一个具有常数分量的 $n\times n$ 矩阵，$\boldsymbol{b}$ 是给定的 n 个元素的向量。我们的目标是求解包括 n 个元素的未知向量 $\boldsymbol{x}$ 的 n 阶线性方程组：

$$\boldsymbol{A}\,\boldsymbol{x} = \boldsymbol{b}$$

一般情况下，求解很容易。当 $\boldsymbol{A}$ 是非奇异的，即 $\det \boldsymbol{A}\neq 0$，则存在 $\boldsymbol{A}$ 的逆 $\boldsymbol{A}^{-1}$，因此存在唯一解：

$$\boldsymbol{x}=\boldsymbol{A}^{-1}\boldsymbol{b}$$

接下来假设 $\boldsymbol{A}$ 是奇异的。首先考虑向量 $\boldsymbol{k}$ 的集合，使得 $\boldsymbol{Ak}$=0。这被称为 $\boldsymbol{A}$ 的核（kernel）。很容易看出，核实际上是一个向量空间。（注意，在前一种情况中，如果 $\boldsymbol{A}$ 是非奇异的，则其核是空集。）还存在一个与 $\boldsymbol{A}$ 相关联的向量空间，即矩阵的值域（range），它是一个向量集合 r，可以找到一个 $\boldsymbol{x}$ 使得 $\boldsymbol{Ax}=r$。此外，还有一个重要的结果，即核的维度与矩阵值域的和是 n。现在我们可以把 $\boldsymbol{A}$ 是奇异的情况分成两个子情况。首先假设给定的向量 $\boldsymbol{b}$ 位于矩阵的值域内。然后根据定义，我们可以找到这样的 $\boldsymbol{x}_0$，满足 $\boldsymbol{Ax}_0=\boldsymbol{b}$。但是考虑 $\boldsymbol{x}=\boldsymbol{x}_0+\boldsymbol{k}$，其中 $\boldsymbol{k}$ 是核中的一个任意向量，那么 $\boldsymbol{Ax}=\boldsymbol{A}(\boldsymbol{x}_0+\boldsymbol{k})=\boldsymbol{Ax}_0+\boldsymbol{Ak}=\boldsymbol{b}+0=\boldsymbol{b}$。因此我们可以求得解，但是有无数个解！然而，如果 $\boldsymbol{b}$ 不在矩阵的值域内，则根本就没有解：方程是不相容方程（矛盾方程）。

让我们考虑二维空间的一些具体例子。假设：

$$\boldsymbol{A}=\begin{bmatrix}1 & 2\\ 3 & 4\end{bmatrix},\quad \boldsymbol{b}=\begin{bmatrix}0\\ 2\end{bmatrix}$$

换而言之，我们讨论的是如下线性方程组：

$$x+2y=0,\quad 3x+4y=2$$

求 $\boldsymbol{A}$ 的逆是方程求解的一种效率很低的方法。基本方法（或者高斯消元法）可以快速得出结果：$x=2$，$y=-1$。接下来我们考虑当 $\boldsymbol{A}$ 是奇异的情况：

$$\boldsymbol{A}=\begin{bmatrix}1 & 2\\ 2 & 4\end{bmatrix},\quad \boldsymbol{A}\begin{bmatrix}x\\ y\end{bmatrix}=\begin{bmatrix}x+2y\\ 2x+4y\end{bmatrix}=\begin{bmatrix}X\\ Y\end{bmatrix}$$

我们发现 $\boldsymbol{A}$ 的值域是向量集 $(X, Y)^{\mathrm{T}}$（即 (X, Y) 的转置），满足 $Y=2X$；而核是向量集 $(x, y)^{\mathrm{T}}$，满足 $x=-2y$。它们都是一维数组。首先假设 $\boldsymbol{b}=(1, 2)^{\mathrm{T}}$，即我们讨论的是线性方程组：

$$x+2y=1,\quad 2x+4y=2$$

然后通过基本求解方法，可以求得结果为：

$$x=1-2\lambda,\quad y=\lambda,\quad \lambda \text{ 是任意值}$$

很显然，λ 来自于核的贡献。最后考虑 $\boldsymbol{b}=(1, 1)^{\mathrm{T}}$ 的情况，它不包含在值域之内。下面的线性方程组无解：

$$x+2y=1,\quad 2x+4y=1$$

现在我们来讨论 SymPy 的 `linsolve` 如何处理这三种情况。显然，对于这种简单的方程组而言，这过于复杂，但示例把十分复杂的问题概括为显而易见的形式。

一种方法是把方程组表示为一个列表中的标量形式。举一个具体的例子，我们考虑非奇异的情况。我们还需要指定一个未知数列表。结果如下：

```
Eqns = [x+2*y, 3*x+4*y-2]
linsolve(Eqns, [x,y])
```

在许多情况下，指定方程组矩阵 `A` 和右侧向量 `b` 会更加方便。我们考虑多值解的情况。

```
A = sy.Matrix([[1,2],[2,4]])
b = sy.Matrix([[1],[2]])
linsolve((A,b),[x,y])
```

结果可以解释为：`y` 可以取任何值，而 `x=1-2y`。

如果方程是某些其他函数的输出，则它们经常以增广矩阵形式提供，即 b 向量附加到 A 矩阵的最后一列。我们用上面讨论的最后示例来说明这种情况。

```
A_b=sy.Matrix([[1,2,1],[2,4,1]])
linsolve(A_b,[x,y])
```

输出结果中的 $\varnothing$ 是数学家表示空集的标准符号，即没有解。

读者可以查阅文档字符串帮助信息（linsolve?）以了解更多的细节。然而，linsolve 的特点是文档不全面并且结果往往不符合预期。假设我们考虑如下的非线性方程组：

$$y^2=(x+1)^2, \quad 3x-y=1$$

通过取第一个方程的平方根（包含符号模糊性），我们有两个线性方程组，其解分别为：$x=1$、$y=2$，以及 $x=0$、$y=1$。但是，如果我们以下面形式把这个方程组提交到 linsolve：

```
neq = [y**2 - x**2 - 2*x -1, 3*x-y-1]
linsolve(neq, [x,y])
```

求得的结果是：x=-1/2、y=-5/2，这显然是错误的。事实上，这是删除了二次项 y^2-x^2 后的给定方程组的解。强烈建议用户检查方程组输出的所谓的解。

7.7.3 更一般的方程组

SymPy 的函数 solve 是求解非线性方程或者非线性方程组的通用工具。作为第一个示例，考虑上面代码片段中的方程组 neq（使用 linsolve 求解失败，给出了错误的结果）。

```
import sympy.solvers as sys
sys.solve(neq, [x, y])
```

结果正确无误。接下来考虑一些包含平方根的方程组：

```
sys.solve([sy.sqrt(x) - sy.sqrt(y) -1, sy.sqrt(x+y) - 2], [x ,y])
```

结果同样正确无误。

然而，当我们考虑 n 次方根时（其中 n 是奇数，如 3，5，…），会出现问题。举一个具体实例，考虑如下两个方程：

$$\sqrt[3]{3x+1}=x+1, \quad \sqrt[3]{3x-1}=x-1$$

每个方程都开立方后，结果很明显，其解分别为：

$$x=-3, 0, 0, \quad x=0, 0, 3$$

然而，solve 仅返回部分解：

```
eq1 = sy.root(3*x+1, 3)-x-1;eq2= sy.root(3*x-1, 3)-x+1
sys.solve(eq1, x), sys.solve(eq2, x)
```

究竟是哪里出错了呢？在第一种情况下，丢失了根 $x=-3$，此时 $\sqrt[3]{3x+1}=\sqrt[3]{-8}=-2$。在第二种情况下，丢失了根 $x=0$，此时 $\sqrt[3]{3x-1}=\sqrt[3]{-1}=-1$。默认的 solve 版本忽略了负数的立方根！然而，这种情况是可以补救的。一种没有帮助文档的功能是把 check 标志设置为 False，从而修正该错误行为。

```
sys.solve(eq1, x, check=False), sys.solve(eq2, x, check=False)
```

许多方程没有已知的解析解。如果数值解可以接受，那么 SymPy 提供一个变体 nsolve 来求解数值解。然而，作者建议不要使用它。数值求解是数值分析中的一个棘手问题。如果想了解数值求解的可行性概述，请参阅 Press 等（2007）的第 9 章，其中推荐的所有算法都已在 SciPy 的 optimize 模块中实现，本书 4.9.1 节也给出了一个简单的工作示例。

7.8 常微分方程的求解

令人惊讶的是，大量的理论科学都由常微分方程所支配，不幸的是，只有少数常微分方程可以用解析方法求解，这是本章的主题。绝大多数需要数值处理方法求解，这一难题将在下一章讨论。

接下来讨论解析法求解，我们首先指出，新手不应该期待奇迹。注意，求解不定积分 $y=\int f(x)\mathrm{d}(x)$ 等价于求解微分方程 $\mathrm{d}y/\mathrm{d}x=f(x)$，因此第一个问题转换为第二个问题。SymPy 将只能求解有限范围的常微分方程。

主要的工具是 dsolve，但其帮助文档不适用于初学者。

```
from sympy.solvers import dsolve
dsolve?
```

现在我们举几个例子，说明 dsolve 可以求解哪些方程，不能求解哪些方程。让我们从一个具有常数系数的线性方程开始。

```
ode1 = f(x).diff(x, 2) + 4*f(x)
sol1 = dsolve(ode1, f(x))
ode1, sol1
```

默认情况下，常微分方程中缺少“=0”。输出结果给出了正确的一般解，包括两个积分常数 C1、C2，表示为 C_1、C_2。假设我们要附加初始条件，例如 $f(0)=2$、$f'(0)=0$。虽然文档字符串帮助信息表明可以使用一个关键字参数 'ics' 来实现，但结果表明目前它不能正常工作。相反，我们采取如下方法：首先，我们需要确保 C1、C2 被声明为符号；然后进行相关的替换。

```
C1, C2 = sy.symbols("C1, C2")
fun = sol1.rhs
fund = fun.diff(x)
fun.subs(x,0), fund.subs(x,0)
```

因此我们看到 $C_1=0$，$C_2=2$。因此，具体的解如下所示：

```
psol = sol1.subs([(C2, 2), (C1, 0)])
psol
```

可以快速求解一阶非线性方程。

```
ode2 = sy.sin(f(x)) + (x*sy.cos(f(x)) + f(x))*f(x).diff(x)
ode2, dsolve(ode2, f(x))
```

具有二次项的一阶方程常常是伯努利（Bernoulli）型方程，并且通常可以得到精确解。

```
ode3 = x*f(x).diff(x) + f(x) - sy.log(x)*f(x)**2
ode3, dsolve(ode3)
```

注意，如果只有一个因变量（如代码片段所示），则没有必要将其指定为 dsolve 的参数。

某些具有可变系数的线性方程也易于求解，例如，非齐次欧拉（Euler）方程。

```
ode4 = f(x).diff(x, 2)*x**2 - 4*f(x).diff(x)*x + 6*f(x) - x**3
ode4, dsolve(ode4)
```

一些非线性方程很容易求解，例如刘维尔（Liouville）方程。

```
ode5 = f(x).diff(x, 2) + (f(x).diff(x))**2/f(x) + f(x).diff(x)/x
ode5, dsolve(ode5)
```

一些方程只能通过“级数”技术得到解。

```
ode6 = x*(f(x).diff(x, 2)) + 2*(f(x).diff(x)) + x*f(x)
ode6, dsolve(ode6)
```

寻找简单的三阶和更高阶的可求解方程并不困难。

除了单变量方程，我们还可以求解两个或者多个变量的方程。目前，根据文档字符串帮助信息，dsolve 接受两个参数：一个方程的列表和一个未知数的列表。然而，给出一个未知的列表会产生一个错误，但省略时结果符合预期！下面是一个简单的常系数的例子。

```
ode7 = [f(x).diff(x) - 2*f(x) - g(x), g(x).diff(x) -f(x) - 2*g(x)]
ode7, dsolve(ode7)
```

除了上面指出的不合理性之外，对于像 dsolve 这样的初等求解器，还存在一个严重的局限性。在许多实际例子中，给定的方程并不是标准形式，而是通过一个简单的变换，可以与一个标准形式的方程相关。但是，dsolve 无法处理这种情况。一个简单的足以说明问题的例子是 $f'(x)=(x+f)^2$。

```
ode8 = f(x).diff(x) - (x + f(x))**2
ode8, dsolve(ode8)
```

dsolve 默认返回结果是关于 $x=0$ 的幂级数展开式。然而，考虑简单变换 $g(x)=x+f(x)$，即可把微分方程转化为一个没有自变量的微分方程 $g'(x)=1+g^2$。

```
ode9 = g(x).diff(x) -1 - (g(x))**2
dsolve(ode9)
```

因此，ode8 的解是 $f(x)=\tan(x-C_1)-x$，这是上面 dsolve 无法求解的结果。

幸运的是，存在大量的常微分方程及其解的集合[⊖]。根据本书作者的经验，如果读者仔细阅读该文献以及其引述的专著，那么可以收益颇丰。

7.9 在 SymPy 中绘图

在第 5 章和第 6 章中，我们介绍了 Matplotlib。Matplotlib 作为能够生成高质量图的图形工具，大多数科学家用户需要熟练掌握。其输入是 NumPy 格式的数据。而 SymPy 则处理表达式，两者截然不同。然而，我们在 7.3 节中看到，lambdify 函数可以用于将表达式转换为 NumPy 函数，这正是所需要的。

尽管如此，SymPy 经常被用作一个探索工具——如果能提供内置的图形功能，则非常有帮助，即使并不具备完整 Matplotlib 的所有美化特征。SymPy 为此提供了一个 plotting 绘图模块，当然是基于 Matplotlib 的。plotting 绘图模块可以用于输出二维以及三维的全功能图形，包括 Matplotlib 中没有的一些特性。按照惯例，对特定函数感兴趣的读者请阅读相关的文档字符串帮助信息！(使用 IPython 或者 Jupyter 笔记本，输入命令“function_identifier?”即可以获取帮助信息。)

当然需要我们启用 Matplotlib（参见第 5 章），并导入 plotting 绘图模块。假设使用 Jupyter 笔记本，则下面的代码片段可以完成上述任务。

```
%matplotlib notebook
import sympy.plotting as syp
```

Matplotlib 的 plt.plot 函数所对应的 SymPy 版本被称为 syp.plot，但其语法格式截然不同，读者应该阅读其文档字符串帮助信息以获得关于绘图修饰的各种方法。

```
syp.plot(sy.sin(x), x, x-x**3/6, x-x**3/6 + x**5/120, (x, -4, 4),
     title='sin(x) and its first three Taylor approximants')
```

输出结果如图 7-1 所示。虽然不理想，但非常有用。

接下来我们讨论隐式定义的二维曲线。Matplotlib 的 plt.plot 绘图函数不需要做任何修改就可以处理这些情况。然而，SymPy 则会使用一个特殊函数 syp.plot_parametric 来处理。我们用一个简单的例子来说明这一点：

$$(x, y)=\left(\cos\theta+\frac{1}{2}\cos(7\theta)+\frac{1}{3}\cos(17\theta), \sin\theta+\frac{1}{2}\sin(7\theta)+\frac{1}{3}\sin(17\theta)\right)$$

⊖ 目前的网址为 http://eqworld.ipmnet.ru。

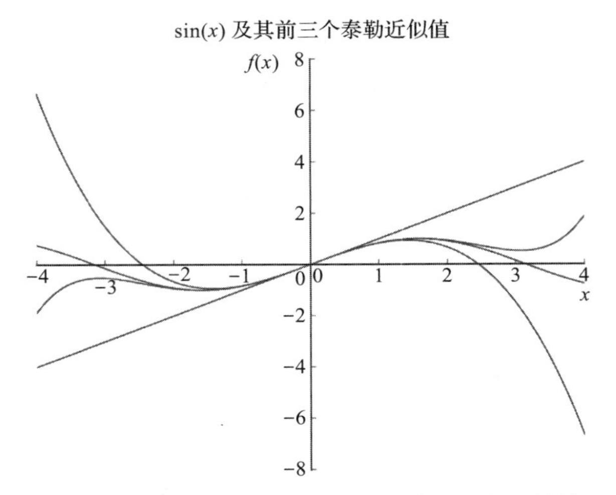

图 7-1　使用 SymPy 的 `plotting` 绘图模块绘制的简单图形

注意，在下面的代码片段中，我们不必指定评估点的数量。SymPy 的函数可以按需确定。当然，如果自动判断出错，则仍然可以通过手工方式重新设置。

```
xc = sy.cos(u) + sy.cos(7*u)/2 + sy.sin(17*u)/3
yc = sy.sin(u) + sy.sin(7*u)/2 + sy.cos(17*u)/3
fig2 = syp.plot_parametric(xc, yc, (u, 0, 2*sy.pi))
```

输出结果如图 7-2 所示。因为 Matplotlib 是可控的，所以通过给绘制对象一个名称（这里是 `fig2`），我们可以使用类属性，通过一行额外的代码将它保存到一个文件，比如 `foo.pdf`。

```
fig2.save('foo.pdf')
```

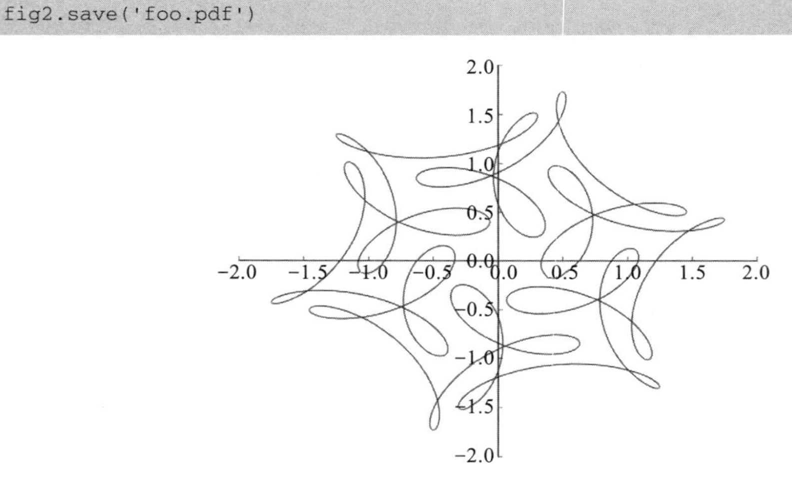

图 7-2　使用 SymPy 的 `plotting` 绘图模块绘制的参数曲线

SymPy 绘图包含了一个 Matplotlib 中没有的功能，即绘制平面中隐式定义的一条或者多条曲线的能力。因为 `syp.plot_implicit` 是一个新的概念，所以我们举几个例子来说明它的用法。由 $x^2+xy+y^2=1$ 描述的曲线是一个椭圆，但很难用显式或者参数的形式定义。`syp.`

plot_implicit 的输入参数是一个方程，以及自变量的值域。可以添加各种用户图形装饰的关键字参数，如图 7-3 所示。

```
syp.plot_implicit(x**2+x*y+y**2 - 1, (x,-1.5,1.5), (y,-1.5,1.5))
```

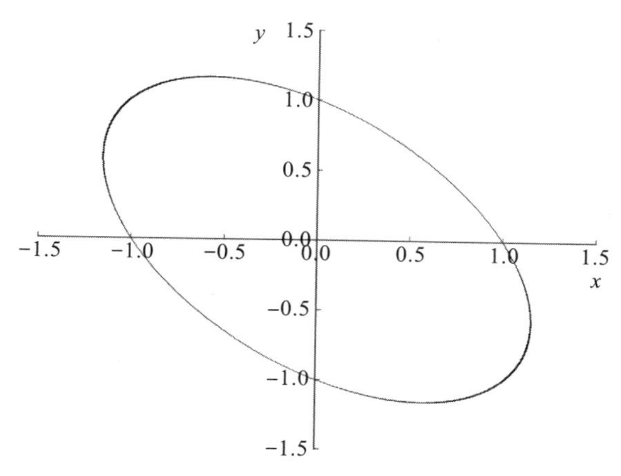

图 7-3　使用 SymPy 的 plotting 绘图模块绘制的隐式定义曲线

现在我们举一个更复杂数据的例子。我们的目标是确定 $|\cos(z^2)|=1$ 在复平面中的曲线，其中 $z=x+\mathrm{i}y$，x 和 y 是实数。我们首先在 SymPy 中重新定义 x 和 y，确保它们只取实数值。然后定义 $z=x+\mathrm{i}y$ 和 $w=\cos(z^2)$。对于合适的 X 和 Y，我们需要以 $w=X+\mathrm{i}Y$ 的形式进行展开，这是下一行代码的操作。其次，我们用相同的扩展规则来构造 $wa=|w|$。（此时读者可能希望查阅相关的文档字符串帮助信息。）最后绘制工作就简单明了了。

```
x, y = sy.symbols("x y", real=True)
z = x + sy.I*y
w = sy.cos(z**2).expand(complex=True)
wa = sy.Abs(w).expand(complex=True)
syp.plot_implicit(wa**2- 1)
```

输出结果如图 7-4 所示。

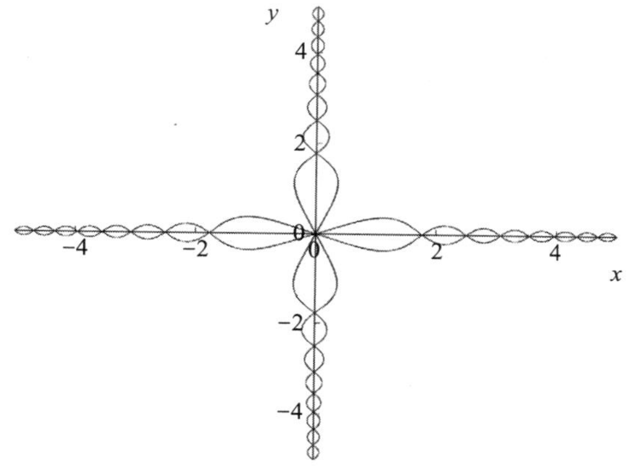

图 7-4　使用 SymPy 的 plotting 绘图模块绘制的隐式定义曲线 $|\cos((x+\mathrm{i}y)^2)|=1$

我们的最后一个例子是用图形化的方法来描述分别由 $x^2+y^2<4$ 和 $xy>1$ 定义的两个区域在正象限中的交点，也就是位于双曲线分支上方的圆内的区域。我们需要使用函数 sy.And 以依次考虑两个不等式。结果如图 7-5 所示。

```
syp.plot_implicit(sy.And(x**2 + y**2 < 4, x*y > 1), (x,0,2),
                  (y, 0, 2), line_color='black')
```

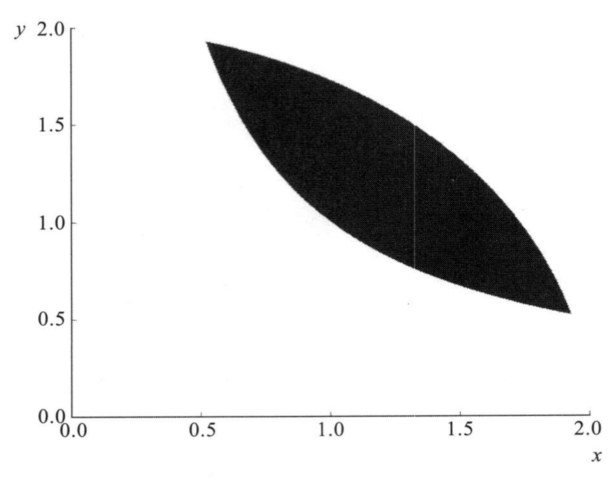

图 7-5 使用 SymPy 的 plotting 绘图模块绘制的由 $x^2+y^2<4$ 和 $xy>1$ 在第一象限定义的区域

SymPy 绘图函数非常了解三维曲线和三维曲面。我们从参数化定义的曲线开始，使用单条曲线（圆锥形螺旋线）来说明函数。按照惯例，读者应该查阅文档字符串帮助信息以获得更多的使用方法。

```
syp.plot3d_parametric_line(u*sy.cos(4*u), u*sy.sin(4*u),
                u, (u, 0, 10))
```

输出结果如图 7-6 所示。

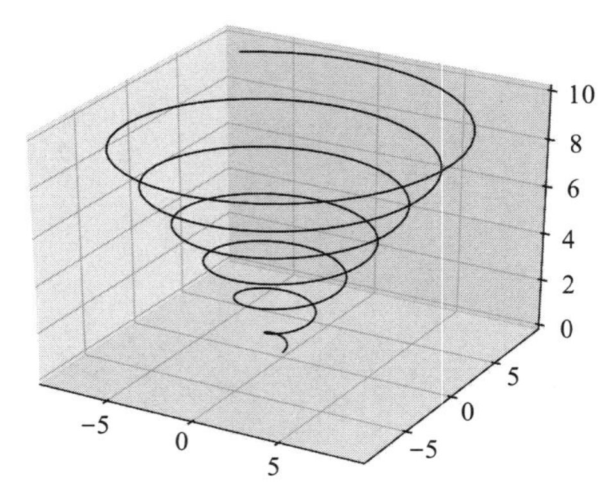

图 7-6 圆锥形螺旋线 $(x, y, z)=(u\cos(4u), u\sin(4u), u)$

基于笛卡儿坐标绘制曲面的方法简单明了。这里我们展示如何在不同矩形网格上绘制叠加图 $z=x^2+y^2$ 和 $z=xy$。

```
syp.plot3d((x**2 + y**2, (x, -3, 3), (y, -3, 3)),
           (x*y, (x, -5, 5), (y, -5, 5)))
```

结果如图 7-7 所示。

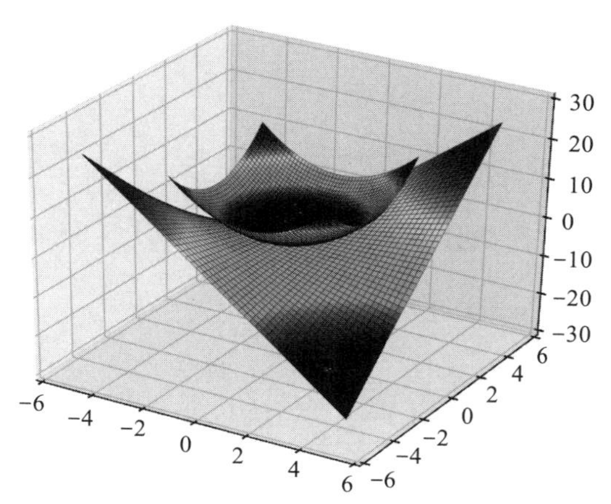

图 7-7　区间 $-3 \leqslant x, y \leqslant 3$ 的曲面 $z=x^2+y^2$ 以及区间 $-5 \leqslant x, y \leqslant 5$ 的曲面 $z=xy$

绘制参数化曲面也十分简单。这里有一个简单的例子，一个扭曲的环面，其定义如下：

$$x=(3+\sin u+\cos v)\cos(2u),\ y=(3+\sin u+\cos v)\sin(2u),\ z=2\cos u+\sin v$$

其中 $0 \leqslant u$，$v \leqslant 2\pi$。曲面如图 7-8 所示。

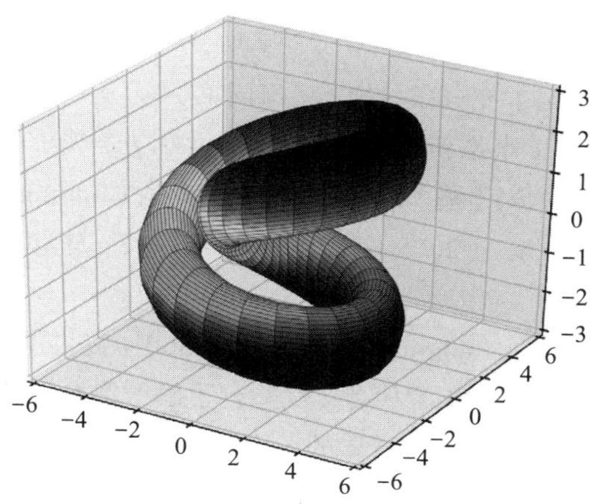

图 7-8　使用 SymPy 的 `plotting` 绘图模块绘制的扭曲环面

常微分方程

8.1 初值问题

首先考虑一个单变量的二阶微分方程，例如范德波尔方程（van der Pol equation）：

$$\ddot{y} - \mu(1-y^2)\dot{y} + y = 0, \quad t \geqslant t_0 \tag{8-1}$$

对于一个函数 $y(t)$，其初值为：

$$y(t_0) = y_0, \quad \dot{y}(t_0) = v_0 \tag{8-2}$$

这里，μ、t_0、y_0 和 v_0 是常数，$\dot{y} = \mathrm{d}y/\mathrm{d}t$，$\ddot{y} = \mathrm{d}^2y/\mathrm{d}t^2$。我们可以将其重写为如下标准的一阶形式。假设：

$$\boldsymbol{y} = \begin{bmatrix} y \\ \dot{y} \end{bmatrix}, \quad \boldsymbol{y}_0 = \begin{bmatrix} y_0 \\ v_0 \end{bmatrix}, \quad \boldsymbol{f}(\boldsymbol{y}) = \begin{bmatrix} \boldsymbol{y}[1] \\ \mu(1-\boldsymbol{y}[0]^2)\boldsymbol{y}[1] - \boldsymbol{y}[0] \end{bmatrix} \tag{8-3}$$

则式（8-1）和式（8-2）可以合并成标准形式：

$$\dot{\boldsymbol{y}}(t) = \boldsymbol{f}(\boldsymbol{y}(t), t), \quad t \geqslant t_0, \quad \boldsymbol{y}(t_0) = \boldsymbol{y}_0 \tag{8-4}$$

因为我们在初始时间 $t=t_0$ 指定了充分条件以求得确定的解，所以这被称为*初值问题*。大量的问题可以使用标准形式（8-4）来重新表示，其中 $\boldsymbol{y}$、$\boldsymbol{y}_0$ 和 $\boldsymbol{f}$ 是关于一些有限 s 的 s 向量。

有大量的研究致力于初值问题（8-4）。经典文献是 Coddington 和 Levinson（1955）。文献 Ascher 等（1998）、Butcher（2008）和 Lambert（1992）中包含了有用的评论，并且强调求解数值方法。

在上述研究工作的基础上，Python 通过附加模块 SciPy 提供了用于解决初值问题（8-4）的“黑盒”软件包。“黑盒”软件包既方便又危险。了解“黑盒”软件包如何工作，从而了解其局限性以及如何影响其行为是至关重要的。因此，下一节将简要介绍初值问题数值积分的基本思想。

8.2 基本思想

这里为了简单起见，我们将考虑函数 $y(t)$ 的单个一阶方程：

$$\dot{y} = \lambda(y - \mathrm{e}^{-t}) - \mathrm{e}^{-t}, \quad t \geqslant 0, \quad y(0) = y_0 \tag{8-5}$$

其中参数 λ 是常数。其精确解为：

$$y(t) = (y_0 - 1)\mathrm{e}^{\lambda t} + \mathrm{e}^{-t} \tag{8-6}$$

我们将聚焦于初始条件 $y_0=0$，并考虑 λ 的非正值。如果 $\lambda=0$，则精确解为 $y(t)=-1+e^{-t}$，对于 $\lambda=1$，解为 $y(t)=0$。图 8-1 显示了对于 λ 取若干负值时的解。当 $t=O(|\lambda|^{-1})$ 时，随着 $|\lambda|$ 的增大，解会迅速从 $t=0$ 时的 0 上升到 $O(1)$，然后以 e^{-t} 方式衰减。

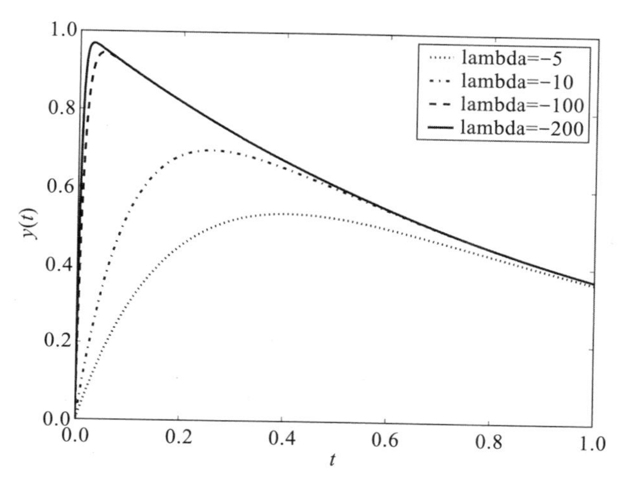

图 8-1 模型问题（8-5）的精确解，其中 $y_0=0$，对应于参数 λ 的不同负数值

为了用数值方法针对 $0\leqslant t\leqslant 1$ 求解这个方程，我们引入了一个离散网格。选择一些大整数 N，并设置 $h=1/N$。定义如下：

$$t_n = n/N, \quad n = 0, 1, 2, \cdots, N$$

考虑到简便性。我们选择了等距网格，但实际上这并不是必需的。设 $y_n=y(t_n)$，因此，$y(t)$ 在这个网格上表示为序列 $\{y_0, y_1, y_2, \cdots, y_n\}$。设相应的数值近似表示为 $\{Y_0, Y_1, Y_2, \cdots, Y_N\}$。

也许最简单的近似方案是前向欧拉方程：

$$Y_0 = y_0, \quad Y_{n+1} = Y_n + h(\lambda Y_n - (\lambda+1)e^{-t_n}), \quad n = 0, 1, 2, \cdots, N-1 \tag{8-7}$$

这对应于只保留泰勒级数中的前两项。实际上，*单步误差*（single-step error）或者*局部截断误差*（local truncation error）是：

$$\tau_n = \frac{y_{n+1} - y_n}{h} - (\lambda y_n - (\lambda+1)e^{-t_n}) = \frac{1}{2}h\ddot{y}(t_n) + O(h^2) \tag{8-8}$$

通过选择足够小的 h（N 则足够大），我们可以使单步误差尽可能小。然而，我们真正感兴趣的是*实际误差*（actual error）：$E_n=Y_n-y_n$。使用式（8-7）和式（8-8）分别消除 Y_{n+1} 和 y_{n+1}，容易求得：

$$E_{n+1} = (1+h\lambda)E_n - h\tau_n \tag{8-9}$$

这是一个递推关系，当 $n>0$ 时，

$$E_n = (1+h\lambda)^n E_0 - h\sum_{m=1}^{n}(1+h\lambda)^{n-m}\tau_{m-1} \tag{8-10}$$

通过递推方法很容易证明方程式（8-10）。

当 n 递增时，仅当 $|1+h\lambda|\leqslant 1$ 时 $|E_n|$ 有界，否则按指数增长。因此存在稳定性准则[⊖]：

$$|1+h\lambda|\leqslant 1 \tag{8-11}$$

如果前向欧拉方程的数值求解结果可接受，则必须满足该条件。如果 λ 接近于 -1，则任何合理的 h 值都会产生可接受的结果。但是考虑到 $\lambda=-10^6$ 的情况，稳定性要求 $h<2\times 10^{-6}$。这在计算快速初始变化时是可以理解的，但在其他值域内求解类似 e^{-t} 缓慢衰减（参见图 8-1）的方程时，需要设置非常小的步长，所以数值演化进行得非常缓慢。这种现象被称为问题（8-5）中的刚性（stiffness）。显然，前向欧拉方程在刚性问题上是不令人满意的。

事实上，前向欧拉方程有许多其他缺陷。例如，考虑简谐运动 $\ddot{y}(t)+\omega^2 y(t)=0$，其中 ω 是实数。把它简化为方程（8-4）的标准形式：

$$\dot{\boldsymbol{y}}(t)=\boldsymbol{A}\boldsymbol{y}(t),\quad 其中\boldsymbol{y}=\begin{bmatrix} y \\ \dot{y} \end{bmatrix},\quad \boldsymbol{A}=\begin{bmatrix} 0 & 1 \\ -\omega^2 & 0 \end{bmatrix} \tag{8-12}$$

稳定性准则（8-11）必须应用于矩阵 $\boldsymbol{A}$ 的每个特征值 λ，这里 $\lambda=\pm \mathrm{i}\omega$，所以前向欧拉方程在这类问题上总是不稳定的。

前向欧拉方程具有显式的性质，即 Y_{n+1} 是根据已知数据显式给出的。数值分析家已经建立了显式数值求解方法的广泛理论，它产生较小的单步误差，并且具有不太严格的稳定性准则。特别是，通过同时使用多个方法（每个方法具有不同的精度），可以估计*局部截断误差*，并且如果在解决方案中指定了需要的精度（参见后文），那么我们可以局部地改变步长 h 以使其尽可能大（为了提高效率），同时保持精度和稳定性。这被称为*自适应时间步长*（adaptive time-stepping）。然而，这些显式方法在刚性问题上都是无效的。

为了解决刚性问题，我们简单概述*后向欧拉方程*：

$$Y_{n+1}=Y_n+h[\lambda Y_{n+1}-(\lambda+1)\mathrm{e}^{-t_n}],\quad n=0,1,2,\cdots,N-1$$

或者

$$Y_{n+1}=(1-h\lambda)^{-1}[Y_n-h(\lambda+1)\mathrm{e}^{-t_n}],\quad n=0,1,2,\cdots,N-1 \tag{8-13}$$

可以重复前面的分析过程，结果表明只需要明显修改方程（8-8）中的 τ_n，以及单步误差 $\tau_n=O(h)$，并且实际误差满足：

$$E_{n+1}=(1-h\lambda)^{-1}(E_n-h\tau_n)$$

其解为：

$$E_n=(1-h\lambda)^{-n}E_0-h\sum_{m=0}^{n-1}(1-h\lambda)^{m-n}\tau_m$$

则稳定性准则为：

$$|1-h\lambda|>1$$

很明显这满足我们讨论的对于所有正值 h 都具有大负 λ 值的刚性问题。

⊖ 在文献中有许多不同的稳定性准则。此处对应于 0- 稳定性。

对于诸如式（8-12）这样的线性方程组，我们需要用 $\boldsymbol{I}-h\boldsymbol{A}$ 来代替式（8-13）中的因子 $1-h\lambda$，需要求一个 $s\times s$ 矩阵的逆（至少需要近似地求逆）。考虑到这个原因，后向欧拉方程被称为隐式方案。同样，数值分析专家建立了隐式方案的广泛理论，这些隐式方案主要用于处理刚性问题。

在上述简短的介绍中，我们只涉及最简单的线性情况。通常，问题（8-4）的函数 $\boldsymbol{f}(\boldsymbol{y}, t)$ 是非线性的，它的雅可比矩阵（Jacobian，关于 $\boldsymbol{y}$ 的偏导数矩阵）代替了矩阵 $\boldsymbol{A}$。更复杂的是，刚性（如果出现）可能取决于所寻求的实际解决方案。这给"黑盒"求解器提出了重大的挑战。

8.3 odeint 函数

对于初值问题，编写一个有效的"黑盒"求解器是十分困难的，但文献中已经存在一些经过良好验证且可信的例子。其中最著名的是 Fortran 代码 lsoda，它是作为 odepack 包的一部分，在劳伦斯利弗莫尔国家实验室（Lawrence Livermore National Laboratory，LLNL）开发的积分器（integrator）。它根据解决方案的特性，自动在刚性和非刚性集成例程之间切换，并且进行自适应时间步长调整，以实现期望的解决方案精度水平。scipy.integrate 模块中的 odeint 函数是 lsoda 的 Fortran 代码的 Python 封装。在讨论如何使用它之前，我们需要了解一些实现细节。

8.3.1 理论背景

假设我们试图对标准问题（8-4）进行数值求解。我们当然需要一个 Python 函数 f(y, t)，它返回右侧结果为一个数组，其形状与 y 相同。类似地，我们需要一个包含初始值的数组 y0。最后，我们需要提供 tvals，一个独立变量 t 值数组，希望返回相应的 y 值。注意，数组 tvals 的第一个元素 tvals[0] 应该是式（8-4）中的 t_0。下面的代码将返回 y 的近似解：

```
y=odeint(f,y0,tvals)
```

然而，这里大量重要细节却被掩盖了。

也许第一个问题是应该使用什么步长（或者多个步长）h，以及这与 tvals 有什么关系？在每个点选择的步长 h 受到保持精度需求的约束，这导致如何确定精度的问题。函数 odeint 尝试估计局部误差 E_n。也许最简单的标准是选择绝对误差 ε_{abs} 的最小值，并要求：

$$|E_n|<\varepsilon_{\text{abs}}$$

并相应地调整步长 h。然而，如果 Y_n 变得非常大，则该准则可能导致非常小的 h 值，因此变得非常低效。第二种可能性是定义相对误差 ε_{rel}，并要求：

$$|E_n|<|Y_n|\varepsilon_{\text{rel}}$$

但是，如果 $|Y_n|$ 变小，例如，如果 Y_n 改变符号，那么这个选择就会遇到问题。因此，通常

的准则是要求：

$$|E_n| < |Y_n|\varepsilon_{\text{rel}} + \varepsilon_{\text{abs}} \tag{8-14}$$

这里我们假设 Y_n 是一个标量。如果 Y_n 是一个数组，并且它的所有元素都具有可比值，则只需要稍作改变。如果情况不是这样，那么我们需要 ε_{abs} 和 ε_{rel} 是数组。在 `odeint` 函数中，它们分别对应名为 `atol` 和 `rtol` 的关键字参数，并且可以是标量或者数组（具有与 `y` 相同的形状）。两者的默认值是标量，约为 1.5×10^{-8}。因此，软件包尝试使用内部选择的步骤从 `tvals[0]` 积分到不少于 `tvals[-1]` 的最终值，在每个步骤中尝试满足这些标准中的至少一个。然后通过内插在 `tvals` 中指定的 `t` 值处构造 `y` 值并返回它们。

我们应该认识到，`atol` 和 `rtol` 指的是局部单步误差，而全局误差可能更大。考虑到这个原因，选择太大的参数以至于问题的细节很难被近似是不明智的。如果它们的值被选择得太小以至于 `odeint` 不能满足这两个标准，那么将报告“运行时错误”。

如上所述，`odeint` 可以自动处理刚性的方程或者方程组。如果这是可能的，那么强烈建议将 $\boldsymbol{f}(\boldsymbol{y}, t)$ 的雅可比矩阵作为函数提供，比如 `jac(y, t)`，并将其与关键字参数 `Dfun=jac`[⊖] 一起包含在内。如果没有提供，那么 `odeint` 将尝试通过数值微分来构造一个，这在关键情况下可能是危险的。

对于关键字参数的完整列表，读者应该查阅 `odeint` 的文档字符串帮助信息。然而，还有两个常用的参数。假设函数 `f` 依赖于参数，例如 `f(y, t, alpha, beta)`，`jac` 也同样依赖于参数，那么需要传递这些信息给函数 `odeint`，作为指定元组（例如 `args=(alpha, beta)`）的关键字参数。最后，在使用新软件包进行开发的过程中，如果能够了解软件包的内在机制则将非常有帮助。如下命令将生成字典 `info`，包含大量的输出信息。

```
y,info=odeint(f,y0,tvals,full_output=True)
```

有关详细内容，请参阅文档字符串帮助信息。

8.3.2　谐波振荡器

要了解 `odeint` 的易用性，首先考虑一个非常简单的问题。

$$\dot{y}(t) = y(t), \quad y(0) = 1$$

假设我们希望在 t=1 处求解。为了生成这一点，我们使用如下代码：

```
import numpy as np
from scipy.integrate import odeint
odeint(lambda y,t:y,1,[0,1])
```

输出结果为 `[[1.], [2.71828193]]`，符合预期。这里我们使用了一个匿名函数（参见 3.8.8 节）来生成 $f(y, t)=y$，作为第一个参数。第二个参数是初始 y 值。第三个参数（也是最后一个）是由（强制的）初始 t 值和最终 t 值组成的列表，该列表被隐式转换为浮点数的

⊖ `jac` 要求一个 $s\times s$ 矩阵，它可能是大而稀疏的。在 4.9.1 节，我们指出了一个模块，它包含用于指定此类对象的节省空间的方法。`odeint` 函数可以使用这种方法。有关详细信息请参阅文档字符串帮助信息。

NumPy 数组。输出由 t 数组和 y 数组组成，其中省略了初始值。

下面是一个简单方程组的例子。这是简谐运动问题：

$$\ddot{y}(t)+\omega^2 y(t)=0, \quad y(0)=1, \quad \dot{y}(0)=0$$

针对 $\omega=2$ 和 $0\leqslant t\leqslant 2\pi$ 进行求解和绘图。我们首先把方程重写为一个方程组：

$$\boldsymbol{y}=(y,\dot{y})^{\mathrm{T}}, \quad \dot{\boldsymbol{y}}(t)=(\dot{y},-\omega^2 y)^{\mathrm{T}}$$

下面的完整代码片段将在笔记本中输出部分修饰的解的图形。(在实际问题中，我们可能希望按照第 5 章的方法更详细地装饰图形。)

```
 1 import numpy as np
 2 import matplotlib.pyplot as plt
 3 from scipy.integrate import odeint
 4 %matplotlib notebook
 5
 6 def rhs(Y, t, omega):
 7     y,ydot=Y
 8     return ydot, -omega**2*y
 9
10 t_arr=np.linspace(0, 2*np.pi, 101)
11 y_init=[1, 0]
12 omega=2.0
13 y_arr=odeint(rhs, y_init, t_arr, args=(omega,))
14 y, ydot=y_arr[:, 0], y_arr[:, 1]
15
16 fig=plt.figure()
17 ax1=fig.add_subplot(121)
18 ax1.plot(t_arr, y, t_arr, ydot)
19 ax1.set_xlabel('t')
20 ax1.set_ylabel('y and ydot')
21 ax2=fig.add_subplot(122)
22 ax2.plot(y, ydot)
23 ax2.set_xlabel('y')
24 ax2.set_ylabel('ydot')
25 plt.suptitle("Solution curve when omega = %5g" % omega)
26 fig.tight_layout()
27 fig.subplots_adjust(top=0.90)
```

这里应该注意四点内容。首先，在第 7 行中，在函数 `rhs` 内，为了返回值的清晰性，我们“展开”了向量参数。其次，在第 8 行中，我们返回了一个元组，它将被悄悄地转换成数组。第三，请参见第 13 行，在 `odeint` 中，参数 `args` 必须是元组，即使只有一个值。这一点在 3.5.5 节曾经阐明过原因。最后，输出被打包成一个二维数组，第 14 行解包结果数组。

如上所示，当运动是自主的，即没有显式的 t 依赖时，输出一个相平面图（phase plane portrait）通常是有启发性的，绘制 `ydot` 相对于 `y` 的图形，并暂时忽略 t 依赖关系。我们可以使用 5.10.2 节的方法，在第 21～24 行中实现这一点。第 25～26 行将在 5.10.2 节阐述。读者可以仔细阅读与第 27 行相关的文档字符串帮助信息。

然而，稍微增加一些代码，我们可以实现更多功能。首先，我们可以在相空间中创建网格并绘制方向场，即网格的每个点的向量 $\dot{y}(t)$ 。其次，我们可以从图形的任意点（即任意初始条件）开始绘制解曲线。

这两个步骤都由下面的代码片段实现。请注意，该代码片段必须作为一个文件（例如 traj.py）从终端模式运行。此外，根据所配置的后端，读者可能需要几次鼠标点击才能开始。

```
 1 import numpy as np
 2 import matplotlib.pyplot as plt
 3 from scipy.integrate import odeint
 4 
 5 def rhs(Y, t, omega):
 6     y,ydot=Y
 7     return ydot, -omega**2*y
 8 
 9 t_arr=np.linspace(0, 2*np.pi, 101)
10 y_init=[1, 0]
11 omega=2.0
12 
13 fig=plt.figure()
14 y,ydot=np.mgrid[-3:3:21j, -6:6:21j]
15 u,v=rhs(np.array([y, ydot]), 0.0, omega)
16 mag=np.hypot(u, v)
17 mag[mag==0]=1.0
18 fig.quiver(y, ydot, u/mag, v/mag, color='red')
19 
20 # Enable drawing of arbitrary number of trajectories
21 print "\n\n\nUse mouse to select each starting point"
22 print "Timeout after 30 seconds"
23 choice=[(0,0)]
24 while len(choice) > 0:
25     y01 = np.array([choice[0][0], choice[0][1]])
26     y = odeint(rhs, y01, t_arr, args=(omega,))
27     plt.plot(y[:, 0], y[:, 1], lw=2)
28     choice = plt.ginput()
29 print "Timed out!"
```

在第 14 行中，我们选择（y， ydot）坐标来覆盖相空间中相对粗糙的网格。(注意，在原始代码片段的第 13 行中创建的 y 数组和 ydot 现在丢失了。）在第 15 行中，我们计算这个网格中每个点切线向量场的分量（u， v）。然后类似于 plt.quiver(y,ydot,u,v) 的线条将这些值绘制为小箭头，其箭头的大小和方向是向量场的，其基点是网格点。然而，在平衡点（$u=v=0$）附近，箭头最终成为无信息点。为了改善这种情况，第 16 行计算每个向量的大小 $\sqrt{u^2+v^2}$ ，第 18 行绘制归一化单位向量场。第 17 行确保不发生“除零错误”。plt.quiver 的文档字符串包含许多进一步装饰的帮助信息。

代码片段的第二部分是在这个相平面上绘制具有任意初始条件的轨迹。第 23 行显示了一个非常通用的函数的简单用法。ginput 函数等待 n 次鼠标点击，这里默认 $n=1$，并返回数组 choice 中每个点的坐标值。然后我们在第 24 行中输入 while 循环，并将 y01 设置为对应于第 25 行中单击点的初始数据。接着第 26 行求解，第 27 行绘制结果。然后程序在第 28 行等待进一步的鼠标输入。因此，读者需要指定两个起点来绘制第一条轨迹。ginput 的默认“超时”是 30 秒，因此，如果没有提供输入，那么最终将到达第 29 行。只有到达此处，最后的轨迹才会显示。

8.3.3 范德波尔振荡器

作为非线性问题的第一个例子，我们讨论范德波尔方程（8-1）和（8-2）的一阶形式（8-4）和（8-3）。这在文献中经常被用作数值软件测试的一部分。我们遵循惯例，通过 $\boldsymbol{y}_0=(2, 0)^{\mathrm{T}}$ 设置初始条件，并考虑参数 μ 的各种值。注意，如果 $\mu=0$，那么我们有前面的周期 $\tau=2\pi$ 的简谐运动的例子。如果 $\mu>0$，那么对于任何初始条件，解轨迹都迅速趋向于极限环，并且周期解析估计的结果如下：

$$\tau=\begin{cases}2\pi(1+O(\mu^2)) & \text{当}\mu\to 0\text{时}\\ \mu(3-2\log 2)+O(\mu^{-1/3}) & \text{当}\mu\to\infty\text{时}\end{cases} \tag{8-15}$$

周期轨道的快速弛豫表明这个例子很可能变得刚性。请回顾式（8-3）中右侧的向量，我们计算雅可比矩阵。

$$\boldsymbol{J}(\boldsymbol{y})=\begin{bmatrix}0 & 1\\ -2\mu\boldsymbol{y}[0]\boldsymbol{y}[1]-1 & \mu(1-\boldsymbol{y}[0]^2)\end{bmatrix} \tag{8-16}$$

接下来，我们设置了一个 Python 脚本来对这个方程求积分，它扩展了前面用于对简单谐波运动方程求积分的方法。

```
 1 import numpy as np
 2 from scipy.integrate import odeint
 3
 4 def rhs(y,t,mu):
 5     return [ y[1], mu*(1-y[0]**2)*y[1] - y[0]]
 6
 7 def jac(y, t, mu):
 8     return [ [0, 1], [-2*mu*y[0]*y[1]-1, mu*(1-y[0]**2)] ]
 9
10 mu=1.0
11 t_final = 15.0 if mu<10 else 4.0*mu
12 n_points = 1001 if mu < 10 else 1001*mu
13 t=np.linspace(0,t_final,n_points)
14 y0=np.array([2.0,0.0])
15 y,info=odeint(rhs,y0,t,args=(mu,),Dfun=jac,full_output=True)
16
17 print " mu = %g, number of Jacobian calls is %d" % \
18         (mu, info['nje'][-1])
```

```
19
20 import matplotlib.pyplot as plt
21 %matplotlib notebook
22 plt.plot(y[:,0],y[:,1])
```

第 11～12 行的语法在 3.6 节末尾介绍。如前所述，这些代码行表示周期取决于参数 μ。注意，第 15 行中对 odeint 的调用需要其他两个命名参数。第一个参数是 Dfun，告诉积分器在哪里找到雅可比函数。第二个参数是 full_output，当积分器运行时，它收集各种统计数据，这些统计数据可以帮助理解积分器究竟正在做什么。如果 full_output 被设置为 True（默认值是 False），那么这些数据可以通过第 15 行左侧的第二个标识符作为字典访问。对于可用数据的完整列表，读者应该查阅函数 odeint 的文档字符串帮助信息。在这里，我们选择显示“雅可比评估数”，可以通过 info['nje'] 来访问。鼓励读者尝试使用这个代码片段，并逐步增加第 10 行中的参数 mu 的值。针对从小到中等值的参数 μ（以及误差容限的默认值），积分器不需要使用隐式算法，但是当 $\mu>15$ 时则需要。

当然，前面介绍的可视化脚本可以在此上下文中使用。鼓励读者在这里进行实验，以便熟悉范德波尔方程或 odeint 的功能，或者两者均进行测试。注意，增加参数 μ 意味着增加周期，请参见方程（8-15），因此增加最终时间和要绘制的点的数量。

8.3.4 洛伦兹方程

作为说明 odeint 函数的能力的最后一个示例，我们讨论洛伦兹方程。这种非线性方程组最初是作为地球天气的模型出现的，它表现出混沌行为，并在各种背景下得到了广泛的研究。有很多流行的文章，在稍微高级一点的层次上，Sparrow（1982）给出了一个全面的概述。

未知数为 $x(t)$、$y(t)$ 和 $z(t)$，方程为：

$$\dot{x}=\sigma(y-x),\quad \dot{y}=\rho x-y-xz,\quad \dot{z}=xy-\beta z \tag{8-17}$$

其中 β、ρ 和 σ 是常数，我们指定初始条件，例如 $t=0$。洛伦兹最初研究了 $\sigma=10$ 和 $\beta=8/3$ 的情况，这个实践被广泛采用，只允许 ρ 变化。对于较小的 ρ 值，解的行为是可预测的，但是一旦 $\rho>\rho_H\approx 24.7$，解就变成非周期性的了。此外，它们表现得对初始条件非常敏感。与稍微不同的初始数据对应的两个解轨迹很快看起来非常不同。下面的自包含代码片段可以用于研究非周期性。

```
1 import numpy as np
2 from scipy.integrate import odeint
3
4 def rhs(u,t,beta,rho,sigma):
5     x,y,z = u
6     return [sigma*(y-x), rho*x-y-x*z, x*y-beta*z]
7
8 sigma=10.0
9 beta=8.0/3.0
10 rho1=29.0
```

```
11 rho2=28.8
12
13 u01=[1.0,1.0,1.0]
14 u02=[1.0,1.0,1.0]
15
16 t=np.linspace(0.0,50.0,10001)
17 u1=odeint(rhs,u01,t,args=(beta,rho1,sigma))
18 u2=odeint(rhs,u02,t,args=(beta,rho2,sigma))
19
20 x1,y1,z1=u1[:, 0],u1[:, 1],u1[:, 2]
21 x2,y2,z2=u2[:, 0],u2[:, 1],u2[:, 2]
22
23 import matplotlib.pyplot as plt
24 from mpl_toolkits.mplot3d import Axes3D
25 %matplotlib notebook
26
27 plt.ion()
28 fig=plt.figure()
29 ax=Axes3D(fig)
30 ax.plot(x1,y1,z1,'b-')
31 ax.plot(x2,y2,z2,'r:')
32 ax.set_xlabel('x')
33 ax.set_ylabel('y')
34 ax.set_zlabel('z')
35 ax.set_title('Lorenz equations with rho = %g, %g' % (rho1,rho2))
```

这里，x、y 和 z 被打包为包含 3 个元素的向量 $\boldsymbol{u}$。然而，为了更清楚，它们在第 5 行、第 20 行和第 21 行中被局部解包。在图 8-2 中，ρ 参数变化很小的两个解轨迹被绘制成实线和虚线。

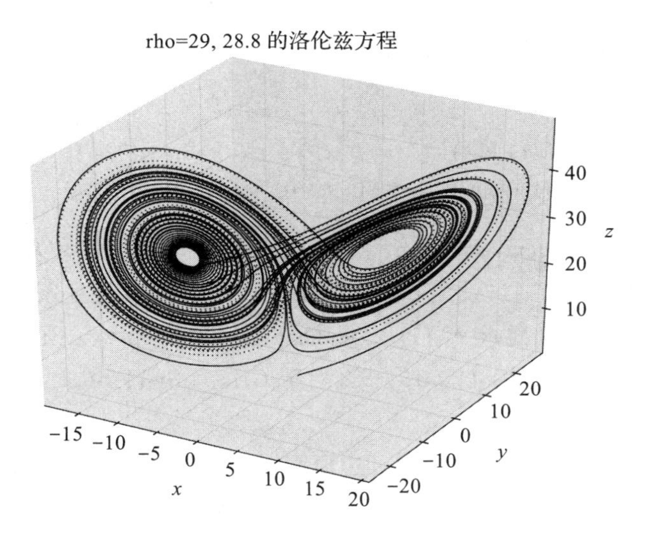

图 8-2　洛伦兹方程的两条解曲线，其 ρ 参数相差很小。实线和虚线区域显示了解在点方向明显不同的地方。然而，"蝴蝶结构"看上去似乎是稳定的

注意，如果 $\rho>1$，则在下列位置存在平衡点（零速度）：

$$(0,0,0),\quad (\pm\sqrt{\beta(\rho-1)},\quad \pm\sqrt{\beta(\rho-1)},\rho-1)$$

如果 $0<\rho<1$，则唯一的平衡点是原点。虽然解没有特别接近任何平衡点，但它似乎围绕着两个非平凡平衡点绕行。从其中一个平衡点附近，解开始慢慢地螺旋辐射。当半径变得太大时，解跳到另一个平衡点附近，在那里解开始进行另一个螺旋辐射，并且过程不断重复。结果图片看起来有点像蝴蝶的翅膀。请再次参见图 8-2。

请注意，这里有仅实线或者仅虚线的显著区域。这两个解曲线虽然最初很接近，但随着时间的增加而呈点状发散。这在彩色图中更容易看到。然而，“蝴蝶结构”仍然完好无损。我们对洛伦兹及其相关方程组的许多知识是基于数值实验的。详细的讨论请参阅文献 Sparrow（1982）。

8.4　两点边值问题

8.4.1　概述

下面是两点边值问题的一个非常简单的模型：

$$y''(x)=f(x,y,y'),\ a<x<b,\quad 其中 y(a)=A,\ y(b)=B \tag{8-18}$$

（我们将自变量从 t 改为 x，以符合历史惯例。）正如我们看到的，这是一个全局问题，因此比 8.1 节的初值问题更难（初值问题是局部的）。存在定理更难制定，更不用说证明，数值处理也不像前面的例子那样简单明了。

考虑如下简单的线性例子：

$$y''(x)+h(x)y(x)=0,\ 0<x<1,\quad 其中 y(0)=A,\ y(1)=B \tag{8-19}$$

由于线性，我们可能会选择使用“打靶法”（shooting approach）。首先解决两个初值问题（请参见 8.1 节）。

$$y_1''(x)+h(x)y_1(x)=0,\ x>0,\ y_1(0)=1,\ y_1'(0)=0$$
$$y_2''(x)+h(x)y_2(x)=0,\ x>0,\ y_2(0)=1,\ y_2'(0)=1$$

线性意味着通解（general solution，也称为一般解、全部解）为 $y(x)=C_1y_1(x)+C_2y_2(x)$，其中 C_1 和 C_2 是常数。我们通过设定 $C_1=A$，可以在 $x=0$ 处满足边界条件。

现在 $x=1$ 处的边界条件要求 $Ay_1(1)+C_2y_2(1)=B$。如果 $y_2(1)\neq0$，则 C_2 有唯一的解，并且问题有唯一的解。然而，如果 $y_2(1)=0$，那么对于 C_2，当 $Ay_1(1)=B$ 时存在无穷多个解；否则无解。

我们应当注意到，与初值问题相比，边值问题解的存在性和唯一性远远没有那么清晰，并且内在地取决于解在整个积分区间内的行为。我们需要一种新的方法。Ascher 等（1995）教科书提出了一种方法，在理论和应用之间达到了平衡。建议读者进一步研究本课题的背景知识。文献 Ascher 等（1998）中，在更基本的层次上阐述了相关资料。

8.4.2 边值问题的公式化

现在我们为维度为 d 的因变量数组建立了一个方程：

$$\boldsymbol{Y}(x)=(y_0(x),y_1(x),\cdots,y_{d-1}(x))$$

我们不要求微分方程写成一阶方程组。相反，我们假设方程组可以书写为如下形式：

$$y_i^{(m_i)}(x)=f_i,\quad a<x<b,\quad 0\leqslant i<d$$

其中必须确定右侧的值。换而言之，$y_i(x)$ 是由其 m_i 阶导数的方程确定的。为了更精确，我们引入了一个由因变量和所有低阶导数组成的维度为 $N=\sum_{i=0}^{d-1}m_i$ 的增广矩阵：

$$\boldsymbol{Z}(x)=\boldsymbol{Z}(\boldsymbol{Y}(x))=(y_0,y_0',\cdots,y_0^{(m_0-1)},y_1,y_1',\cdots,y_{d-1},y_{d-1}',\cdots,y_{d-1}^{(m_d-1)})$$

那么我们的微分方程组具有如下形式：

$$y_i^{(m_i)}(x)=f_i(x,\boldsymbol{Z}(\boldsymbol{Y}(x))),\quad a<x<b,\quad 0\leqslant i<d \tag{8-20}$$

如果我们把式（8-20）写成一阶系统，那么它将具有维度 N。

接下来需要建立 N 个边界条件。我们将这些边界条件设置在点 $\{z_j\}$ 上，$j=0, 1, \cdots, N-1$，其中 $a\leqslant z_0\leqslant z_1\leqslant\cdots\leqslant z_{N-1}\leqslant b$。$N$ 个边界条件中的每一个均具有如下形式：

$$g_j(z_j,\boldsymbol{Z}(\boldsymbol{Y}(z_j)))=0,\quad j=0,1,\cdots,N-1 \tag{8-21}$$

这里存在一个限制：边界条件是分离的，即条件 g_j 仅取决于 z_j 处的值。不难看出，许多更一般的边界条件可以写成这种形式。作为一个简单的例子，考虑如下问题：

$$u''(x)=f(x,u(x),u'(x)),\quad 0<x<1,\quad \text{其中}\,u(0)+u(1)=0,\quad u'(0)=1$$

其中包括非分离边界条件。为了处理这个问题，我们将添加一个平凡微分方程到方程组：$v'(x)=0$，其中 $v(0)=u(0)$。方程组现在有两个未知数 $\boldsymbol{Y}=(u, v)$，并且是 3 阶的。对于 $z_0=0$、$z_1=0$ 和 $z_2=1$，$\boldsymbol{Z}=(u, u', v)$ 的三个分离边界条件分别为 $u'(0)=0$、$u(0)-v(0)=0$ 和 $u(1)+v(1)=0$。

这个技巧可以用于处理未知参数和归一化条件。再次考虑一个简单的特征值示例：

$$u''(x)+\lambda u(x)=0,\quad u(0)=u(1)=0,\quad \text{其中}\int_0^1 u^2(s)\mathrm{d}s=1 \tag{8-22}$$

我们引入了两个辅助变量 $v(x)=\lambda$ 和 $w(x)=\int_0^x u^2(s)\mathrm{d}s$。因此，我们的未知数是 $\boldsymbol{Y}=(u, v, w)$，并且 $\boldsymbol{Z}=(u, u', v, w)$。有三个阶数分别为 2、1 和 1 的微分方程，即：

$$u''(x)=-u(x)v(x),\quad v'(x)=0,\quad w'(x)=u^2(x) \tag{8-23}$$

以及四个分离边界条件：

$$u(0)=0,\quad w(0)=0,\quad u(1)=0,\quad w(1)=1 \tag{8-24}$$

因此，一大类边值问题可以被强制转换到我们的标准形式（8-20）和（8-21）。

上面的例子说明了边值问题的另一个方面。很容易看出，问题（8-22）有一组可数无穷解集 $u_n(x)=\sqrt{2}\sin(n\pi x)$，其中当 $n=1, 2, \cdots$时，$\lambda=\lambda_n=(n\pi)^2$。尽管 u 方程在 u 中是线性的，但

在 Y 中是非线性的，并且特征值是非线性方程的解，这里 $\sin(\sqrt{\lambda})=0$。还要注意，非线性方程封闭形式一般是不可解的，并且可以具有许多解。在这种情况下，解技巧通常涉及迭代方法，并且我们需要能够指定自己感兴趣的解决方案。例如，我们可能会提供关于未知解行为的或多或少知情的猜测。

打靶法可以为初值问题“猜测”初值。然而，特别是对于非线性问题，错误的猜测常常会产生试探解，在到达遥远边界之前就会失败。因此，我们还需要考虑用于数值求解边值问题的不同技术。我们考虑区间 $a\leqslant x\leqslant b$，所以我们使用 $a\leqslant x_0\leqslant x_1\leqslant\cdots\leqslant x_{M-1}\leqslant b$ 表示它。这个网格可能包括上面介绍的边界点 $\{z_j\}$。接下来，我们会面临两个相关的问题：如何表示网格上的未知函数；如何近似网格上的微分方程和边界条件？

显然，针对一个特定问题做出的选择对于另一个问题来说可能不是最佳的。考虑到所涉及的问题的多样性，许多人可能选择适合于他们自己问题的方法。这假设他们知道最佳选择，或者可以得到最佳建议。对于其他人来说，“黑盒”解决方案虽然很少提供最优解决方案，但是可以快速生成可靠的答案，这就是我们将采用的方法。在文献中描述了许多“黑盒”软件包，通常采用 Fortran 或者 C++ 包来提供。其中一个受到广泛尊重的软件包是 COLNEW，请参见 Bader 和 Ascher（1987），它在文献 Ascher 等（1995）的附录 B 中有广泛的描述。Fortran 代码的 Python 包装器已经包括在 Scikit 包 `scikits.bvp1lg` 中。（Scikit 包在 4.9.2 节进行了讨论。）其安装（需要可访问的 Fortran 编译器）将在 A.5 节进行描述。

8.4.3 简单示例

我们举一个两点边值问题的简单例子：

$$u''(x)+u(x)=0,\quad u(0)=0,\quad u'(\pi)=1,\quad 0\leqslant x\leqslant\pi \tag{8-25}$$

其精确解是 $u(x)=-\sin x$。下面的代码片段可以用于获得和绘制数值解。注意，为了简明和清晰，我们将绘图指令保持在最小限度。

```
 1 import numpy as np
 2 import scikits.bvp1lg.colnew as colnew
 3
 4 degrees=[2]
 5 boundary_points=np.array([0,np.pi])
 6 tol=1.0e-8*np.ones_like(boundary_points)
 7
 8 def fsub(x,Z):
 9     """The equations"""
10     u,du=Z
11     return np.array([-u])
12
13 def gsub(Z):
14     """The boundary conditions"""
15     u,du=Z
16     return np.array([u[0],du[1]-1.0])
17
```

```
18 solution=colnew.solve(boundary_points,degrees,fsub,gsub,
19                       is_linear=True,tolerances=tol,
20                       vectorized=True,maximum_mesh_size=300)
21
22 x=solution.mesh
23 u_exact=-np.sin(x)
24
25 import matplotlib.pyplot as plt
26 %matplotlib notebook
27 plt.ion()
28 fig = plt.figure()
29 ax = fig.add_subplot(111)
30 ax.plot(x,solution(x)[:,0],'b.')
31 ax.plot(x,u_exact,'g-')
```

此处，第 2 行代码导入边界值问题求解器包 colnew。这里恰好存在一个二阶微分方程，这由第 4 行的 Python 列表指定。这里有两个边界点，这些边界点在第 5 行中给出，作为一个列表，强制转换到数组。我们需要为每个边界点指定一个允许的误差容限数组，并且在第 6 行中对此做出任意选择。

我们将单个方程写成 $u''(x)=-u(x)$，并在函数 fsub 的右侧指定。它的参数是 x 以及因变量的扩展向量 $\boldsymbol{Z}=\{u, u'\}$，为了方便，我们在第 10 行中对其解包。注意，我们必须将单个值 $-u$ 作为数组返回，这首先涉及将其打包到列表（第 11 行）中，以确保当 colnew 以数组作为参数调用 fsub 时，输出是具有适当大小的数组。类似的考虑也适用于边界条件，我们首先重写为 $u(0)=0$ 和 $u'(\pi)-1=0$。在第 16 行中，函数 gsub 返回从列表转换的数组。注意，数组下标对应于 boundary_points 中所指定的点。因此 u[0] 指向 $u(0)$，而 du[1] 指向 $u'(\pi)$。正确理解这些函数的语法很重要，否则错误消息就会模糊不清。

在完成这些初始工作之后，我们在第 18 行中调用 colnew.solve 函数。前 4 个参数是必需的。剩下的是关键字参数，这里我们所使用的参数应该足以解决简单的问题。对于可选参数的完整列表，按照惯例我们应该查阅函数的文档字符串帮助信息。剩下的代码行显示了如何使用函数 colnew.solve 的输出来给标识符 solution 赋值。解所确定的 x 值数组被存储为 solution.mesh，我们在第 22 行中将其赋值给标识符 x。现在增广解向量 $\boldsymbol{Z}=\{u, u'\}$ 可以通过二维数组 solution(x)[,] 获得。第二个参数指定 Z 组件（u 或者 du），而第一个参数标记计算它的点。因此，第 30 行中 plt.plot 的第二个参数返回一个 u 值向量。

对于这样一个简单的问题，这显然是大量的工作。幸运的是，随着难度的增加，工作负载几乎没有变化，这意味着，正如下面两个示例所示，大部分代码片段可以相互重用。

8.4.4 线性特征值问题

接下来我们详细地讨论形式为式（8-23）和式（8-24）的特征值问题（8-22）。众所周知，对于诸如式（8-22）之类的问题，存在可数无穷解，因此作为示例，我们要求第三特征值。因为这是一个 Sturm-Liouville 问题，所以我们知道相应的特征函数在区间内有两个根，在端点也有两个根。因此，我们建议一个合适的四次多项式作为初始猜测，因为我们想近似求第三个特征函数。如下代码片段解决了这个问题。为了简明起见，我们同样没有装饰图形，虽然这并不可取。

```
 1 import numpy as np
 2 import scikits.bvp1lg.colnew as colnew
 3 
 4 degrees=[2,1,1]
 5 boundary_points=np.array([0.0, 0.0, 1.0, 1.0])
 6 tol=1.0e-5*np.ones_like(boundary_points)
 7 
 8 def fsub(x,Z):
 9     """The equations"""
10     u,du,v,w=Z
11     ddu=-u*v
12     dv=np.zeros_like(x)
13     dw=u*u
14     return np.array([ddu,dv,dw])
15 
16 def gsub(Z):
17     """The boundary conditions"""
18     u,du,v,w=Z
19     return np.array([u[0],w[1],u[2],w[3]-1.0])
20 
21 
22 guess_lambda=100.0
23 def guess(x):
24     u=x*(1.0/3.0-x)*(2.0/3.0-x)*(1.0-x)
25     du=2.0*(1.0-2.0*x)*(1.0-9.0*x+9.0*x*x)/9.0
26     v=guess_lambda*np.ones_like(x)
27     w=u*u
28     Z_guess=np.array([u,du,v,w])
29     f_guess=fsub(x,Z_guess)
30     return Z_guess,f_guess
31 
32 
33 solution=colnew.solve(boundary_points,degrees,fsub,gsub,
34                       is_linear=False,initial_guess=guess,
35                       tolerances=tol,vectorized=True,
36                       maximum_mesh_size=300)
37 
38 # plot solution
39 
40 import matplotlib.pyplot as plt
41 %matplotlib notebook
42 
43 plt.ion()
44 x=solution.mesh
45 u_exact=np.sqrt(2)*np.sin(3.0*np.pi*x)
46 plt.plot(x,solution(x)[:,0],'b.',x,u_exact,'g-')
47 print "Third eigenvalue is %16.10e ." % solution(x)[0,2]
```

这里的新特点是第 22～30 行的初始猜测。函数 guess(x) 需要返回放大后的解向量 $\boldsymbol{Z}$ 和相应右侧的初始猜测。第 24 行指定 u 为合适的四次多项式，第 25 行指定 u 的导数。剩下的代码应该是不言而喻。第三个特征值求得的结果是 88.826 439 647，它与精确值 $9\pi^2$ 相差 $1+4\times10^{-10}$。

8.4.5 非线性边值问题

作为本节的最后一个例子，我们考虑布拉图问题（Bratu problem）。

$$u''(x)+\lambda e^{u(x)}=0,\quad 0<x<1,\quad \lambda>0,\quad u(0)=u(1)=0 \tag{8-26}$$

它出现在若干科学应用中，包括燃烧理论。

如上所述，这是一个谜。对于参数 λ 的所有值是否存在解，或者仅对于其某个集合存在解，在这种情况下，λ 是特征值吗？如果是后者，那么该集合是离散的（如 8.4.4 节所述），还是连续的？如果 λ 是特征值，那么特征函数是唯一的吗？和大多数现实生活中的问题一样，我们从一个完全未知的位置开始。

由于这个问题有物理根源，因此我们直观上感觉存在一些解。让我们选择一个 λ 的任意值，比如说 $\lambda=1$，然后看看是否可以解决这个问题。因为它是非线性的，所以我们需要对解进行初始值猜测，并且 $u(x)=\mu x(1-x)$ 满足任意参数 μ 的所有选择的边界条件。作为第一次尝试，我们尝试一个直接数值处理方法。

```
 1 import numpy as np
 2 import scikits.bvp1lg.colnew as colnew
 3 
 4 degrees=[2]
 5 boundary_points=np.array([0.0, 1.0])
 6 tol=1.0e-8*np.ones_like(boundary_points)
 7 
 8 def fsub(x, Z):
 9     """The equations"""
10     u,du=Z
11     ddu=-lamda*np.exp(u)
12     return np.array([ddu])
13 
14 
15 def gsub(Z):
16     """The boundary conditions"""
17     u,du=Z
18     return np.array([u[0],u[1]])
19 
20 def initial_guess(x):
21     """Initial guess depends on parameter mu"""
22     u=mu*x*(1.0-x)
23     du=mu*(1.0-2.0*x)
24     Z_guess=np.array([u, du])
25     f_guess=fsub(x,Z_guess)
26     return Z_guess,f_guess
```

```
27
28 lamda=1.0
29 mu=0.2
30 solution=initial_guess
31
32 solution=colnew.solve(boundary_points,degrees,fsub,gsub,
33                       is_linear=False,initial_guess=solution,
34                       tolerances=tol,vectorized=True,
35                       maximum_mesh_size=300)
36
37 # plot solution
38
39 import matplotlib.pyplot as plt
40 %matplotlib notebook
41
42 plt.ion()
43 x=solution.mesh
44 plt.plot(x,solution(x)[:,0],'b.')
45 plt.show(block=False)
```

上述代码与 8.4.4 节的代码片段非常相似，但是进行了两处更改。正如 3.8.8 节所述，`lambda` 是保留关键字，它不能用作标识符，因此我们在第 11 行中使用 `lamda` 作为方程（8-26）中的参数。下一个注意事项是，我们在第 20～26 行给出了一个解的猜测。如果在第 28、29 行使用参数值 $\lambda=1$ 和 $\mu=0.2$ 来运行这个代码片段，那么我们将得到一个平滑的解。然而，如果我们保持 $\lambda=1$ 不变，而设置 $\mu=20$，则会得到不同的平滑解。（检查两个解的最大值！）如果我们改变 λ，比如说 $\lambda=5$，那么就不会产生任何解！结果表明，λ 并不是一个能够区分解的好参数。

经验（包括上面的解释）表明描述解的更好参数可能是解的范数。因此，我们考虑一个具有额外因变量的泛化问题，

$$v(x)=\lambda,\quad w(x)=\int_0^x u^2(s)\mathrm{d}s$$

于是，方程组变为：

$$u''(x)=-v(x)\mathrm{e}^{u(x)},\quad v'(x)=0,\quad w'(x)=u^2(x)$$

其边界条件为：

$$u(0)=0,\quad w(0)=0,\quad u(1)=0,\quad w(1)=\gamma$$

注意新的参数 γ，用于计算解的范数的平方。这就提出了一种新的策略：我们是否能够构造一个由 γ 参数化的单参数解族 $u=u(\gamma;x)$，$\lambda=\lambda(\gamma)$？我们建议使用连续数值参数来研究这种策略。我们从非常小的 γ 值开始，对于它我们期望唯一的小 μ 解，所以我们应该得到一个数值解。接下来，我们为 γ 增加一个小的值，并使用先前计算的解作为初始猜测值，重新求解问题。通过重复这一“连续过程”，我们可以得到以 γ 为参数的一组解。图 8-3 显示了 γ 作为 γ 的函数的变化规律。下面的代码片段执行任务并绘制图 8-3。

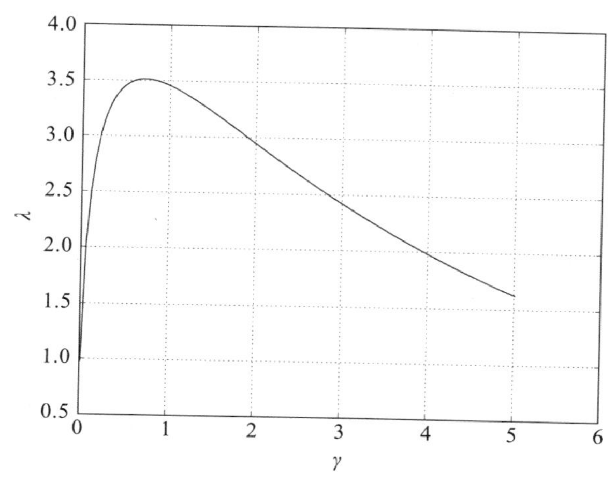

图 8-3　布拉图问题的特征值 λ 作为解的范数 γ 的函数

```
 1 import numpy as np
 2 import scikits.bvp1lg.colnew as colnew
 3 
 4 degrees=[2,1,1]
 5 boundary_points=np.array([0.0,0.0,1.0,1.0])
 6 tol=1.0e-8*np.ones_like(boundary_points)
 7 
 8 def fsub(x,Z):
 9     """The equations"""
10     u,du,v,w=Z
11     ddu=-v*np.exp(u)
12     dv=np.zeros_like(x)
13     dw=u*u
14     return np.array([ddu,dv,dw])
15 
16 
17 def gsub(Z):
18     """The boundary conditions"""
19     u,du,v,w=Z
20     return np.array([u[0],w[1],u[2],w[3]-gamma])
21 
22 def guess(x):
23     u=0.5*x*(1.0-x)
24     du=0.5*(1.0-2.0*x)
25     v=np.zeros_like(x)
26     w=u*u
27     Z_guess=np.array([u,du,v,w])
28     f_guess=fsub(x,Z_guess)
29     return Z_guess,f_guess
30 
31 solution=guess
32 gaml=[]
33 laml=[]
34 
```

```
35 for gamma in np.linspace(0.01,5.01,1001):
36     solution = colnew.solve(boundary_points,degrees,fsub,gsub,
37                             is_linear=False,initial_guess=solution,
38                             tolerances=tol,vectorized=True,
39                             maximum_mesh_size=300)
40     x=solution.mesh
41     lam=solution(x)[:,2]
42     gaml.append(gamma)
43     laml.append(np.max(lam))
44
45 # plot solution
46 import matplotlib.pyplot as plt
47 %matplotlib notebook
48
49 plt.ion()
50 fig = plt.figure()
51 ax = fig.add_subplot(111)
52 ax.plot(gaml, laml)
53 ax.set_xlabel(r'$\gamma$', size=20)
54 ax.set_ylabel(r'$\lambda$', size=20)
55 ax.grid(b=True)
```

从图 8-3 可以看出，λ 是 γ 的平滑函数，最大值位于 $\gamma\approx0.7$。如果针对 $\gamma\in[0.65, 0.75]$ 重新运行代码片段（通过修改第 35 行），那么我们就开始回到 $\gamma=\gamma_c$ 的最大值上。我们可以通过 `np.max(laml)` 获得 λ 的最大值，并且代码估计值 λ_c=3.513 830 717 996。对于 $\lambda<\lambda_c$，存在两个不同 γ 值的解，但如果 $\lambda>\lambda_c$，则根本不存在解。这证实并细化了我们第一次调查的结果。

事实上，我们可以研究式（8-26）的解析解。如果我们设置 $v(x)=u'(x)$，那么 $u=\log(-v'/\lambda)$，并且我们发现 $v''=vv'=\frac{1}{2}(v^2)'$，所以 $v'-\frac{1}{2}v^2=k$，一个常数。首先，我们假定 $k<0$，设 $k=-8v^2$。(对于 $k>0$ 的分析是相似的，但结果是负特征值 λ，并且 $k=0$ 的情况将导致 $u(x)$ 的奇异解。）因此我们需要求解方程：

$$v'(x)-\frac{1}{2}v^2(x)=-8v^2$$

其一般解为：

$$v(x)=-4v\tanh(2v(x-x_0))$$

其中 x_0 是任意常数。这意味着：

$$u(x)=-2\log[\cosh(2v(x-x_0))]+\text{const}$$

我们使用常数来拟合边界条件 $u(0)=u(1)=0$，解得：

$$u(x)=-2\log\left[\frac{\cosh\left(2v\left(x-\frac{1}{2}\right)\right)}{\cosh v}\right]$$

接下来，我们确定 $\lambda=-u''/\exp(u)$ 为：

$$\lambda = \lambda(v) = 8\left(\frac{v}{\cosh v}\right)^2$$

显然，对于 $v>0$，有 $\lambda(v)>0$，并且唯一最大值位于 $v=v_c$，其中 v_c 是 $\coth v=v$ 的单个正根。在 4.9.1 节，我们发现 $v_c \approx 1.199\ 678\ 640\ 26$，以及 $0<\lambda<\lambda_c$，其中 $\lambda_c=\lambda(v_c)\approx 3.513\ 830\ 719\ 13$。以上的数值估计差异为 10^9，这证实了它的精确性。

这是对 Python 如何处理边值问题的非常简单的概述。许多重要问题（例如无穷域或者半无限域上的方程）都没有涉及。然而，这些内容都包含在文献 Ascher 等（1995）中，建议感兴趣的读者去阅读。

8.5 延迟微分方程

延迟微分方程出现在许多科学学科中，特别是在控制理论和数学生物学中，本书的例子选自于这两个领域。对于最近的研究（例如参见 Erneux（2009）)，由于它们可能不是所有用户都熟悉的，因此我们首先要详细考虑一个非常简单的情况。读者可以在教科书（例如 Driver（1997））中找到一种系统的处理方法。

8.5.1 模型方程

考虑一个自变量 t 和一个满足延迟微分方程的单因变量 $x(t)$：

$$\frac{dx}{dt}(t) = x(t-\tau), \quad t>0 \tag{8-27}$$

其中 $\tau\geqslant 0$ 是常数。对于 $\tau=0$，我们有一个常微分方程，并且一旦指定了“初始数据” $x(0)=x_0$，就确定了解。我们说这个问题恰好是“一个自由度”（x_0）。但是，如果 $\tau>0$，那么对于某些函数 $x_0(t)$，我们可以看到适当的初始值为如下形式的值：

$$x(t) = x_0(t), \quad t\in[-\tau, 0] \tag{8-28}$$

“自由度”的数目是无穷的。在对一阶常微分方程初值问题的研究中，诸如极限环、霍普夫分岔（Hopf bifurcation）和混沌等奇异现象需要两个或者多个自由度，即方程组。但是，正如我们将看到的，所有这些现象都存在于标量一阶延迟微分方程中。

接下来，我们需要注意延迟微分方程解的一个特征性质。对式（8-27）求导，结果为：

$$\frac{d^2x}{dt^2}(x) = x(t-2\tau)$$

更一般地

$$\frac{d^nx}{dt^n}(t) = x(t-n\tau), \quad n=1,2,3,\cdots \tag{8-29}$$

现在考虑当 t 同时从上面和下面趋近于 0 时 dx/dt 的值。数学家把这些极限分别表示为 0+ 和 0−。从式（8-27）可以看出，在 t=0+ 时，我们有 $dx/dt=x_0(-\tau)$，而在 t=0− 时的方程（8-28），

则意味着 $dx/dt=dx_0/dt$ 在 $t=0-$ 的求值。对于一般数据 $x_0(t)$，这些极限值是不一样的，所以我们应该注意在 $t=0$ 处，dx/dt 会出现跳跃不连续性。因此，方程（8-29）意味着 d^2x/dt^2 在 $t=\tau$ 处出现跳跃不连续性，d^nx/dt^n 在 $t=(n-1)\tau$ 处出现跳跃不连续性，等等。因为我们的模型方程很简单，我们可以清楚地看到这些结论。假设，例如我们选择 $x_0(t)\equiv 1$，我们可以解析地求解方程（8-27），对于 $t\in[-1, 1]$，结果为：

$$x(t)=\begin{cases}1 & 若 t\leqslant 0\\ 1+t & 若 0<t\leqslant 1\end{cases}$$

结果表明，dx/dt 在 $t=0$ 处有一个跳跃 1。重复该过程，则有：

$$x(t)=\frac{3}{2}+\frac{1}{2}t^2 \quad 1<t\leqslant 2$$

d^2x/dt^2 在 $t=1$ 处有一个跳跃 1。这就是所谓的“分步法”，但只适合于教学练习。

8.5.2 更一般的方程及其数值解

显然，我们可以将式（8-27）推广到一个方程组，可以包括许多不同的延迟 τ_1，τ_2，…，甚至可以允许延迟依赖于时间和状态，其中 $\tau=\tau(t, x)$。正如我们所建议的，延迟微分方程具有非常丰富的结构，并不是 8.1 节中讨论的常微分方程初值问题的简单推广，并且考虑到这个原因，用于构造初值问题的数值解的软件不再适用。有关延迟微分方程数值解的实用介绍，请参见 Bellen 和 Zennaro（2003）。

构造一个健壮“黑盒”积分器（类似于 8.1 节的 `odeint` 函数，可以处理各种各样的延迟微分方程）是非常困难的。幸运的是，数学生物学中遇到的大多数情况都具有一个或者多个恒定的延迟，并且没有状态依赖的延迟。在这个简单的情况中，存在许多健壮的算法，参见 Bellen 和 Zennaro（2003）中的讨论。一个通用的积分器，其通用名称为 `dde23`，归功于 Bogacki 和 Shampine（1989）(它是由二阶和三阶的 Runge-Kutta 积分器，以及三次插值器组成的。) 由于其复杂性，它通常以“封装”形式使用，例如在 Matlab 中。在 Python 中，可以通过 `pydelay` 包进行访问，该包可以从其网站下载[⊖]。安装此类包的说明请参见 A.5 节。

`pydelay` 包包含全面的文档和一些精心选择的示例代码，包括数学生物学中的麦克－格拉斯（Mackey-Glass）方程等。在这里，我们将首先考虑一个表面上很简单的例子，然而它表现出令人惊讶的行为。但首先我们要谈谈包装是如何运作的。Python 最终是基于 C 语言的。在第 4 章中，我们看到 NumPy 如何将 Python 列表操作“即时”地转换为 C 数组操作，从而极大地提高了 Python 的速度。SciPy 中包含一个 `swig` 工具，允许用户通过字符串传递给解释器有效的 C 代码（对于大的代码块，通常采用文档字符串格式），该字符串将被“即时”编译并执行。对于初学者来说，直接使用 `swig` 并不容易，并且大多数对使用编译代码感兴趣的科学用户通过研究 9.7 节讨论的 `f2py` 工具将获得更多的实用性工具。`pydelay` 的开发人员在 `swig` 和临时用户之间提供了一个聪明的接口。用户只需要将方程（包括各种参数）作为字符串输入，以使包能够编写有效的 C 程序，然后将 C 程序编译并隐

⊖ 官网地址为 http://pydelay.sourceforge.net。

藏在临时文件中。接下来，必须提供执行 `dde23` 程序所需的数据。最后，在执行之后，我们需要将输出恢复为 Numy 数组。在 Python 中，这些输入 / 输出操作由对象的字典无缝地处理。回顾 3.5.7 节，字典成员是由键值对组成的。第一个键必须是一个不可变的对象，通常是一个字符串，用于标识成员。第二个值是内容，可以是任何有效类型。这一背景知识对于理解本节其余部分的代码片段至关重要。

8.5.3 逻辑斯谛方程

前文提到的*无量纲逻辑斯谛方程*（dimensionless logistic equation）（1-3）作为种群动力学的一个简单例子。现在考虑它的延迟微分方程对应项：

$$\frac{\mathrm{d}x}{\mathrm{d}t}(t)=x(t)(1-x(t-\tau)) \tag{8-30}$$

其中常数 τ 是非负值。对于提出这个等式的生物学背景，可以参见诸如 Murray（2002）的文献。对于 $\tau=0$，我们恢复了常微分方程，其解具有非常简单的性质。存在两个固定解 $x(t)=0$ 和 $x(t)=1$，其中第一个是排斥子，第二个是吸引子。对于任意的初始数据 $x(0)=x_0>0$，解单调趋向于 $t\to\infty$ 的吸引子。

对于 τ 的小正值，我们可以合理地预期这种行为会持续下去。假设我们考虑初始数据：

$$x(t)=x_0 \quad 其中 -\tau\leqslant t\leqslant 0 \tag{8-31}$$

然后线性化分析表明，对于 $0<\tau<\mathrm{e}^{-1}$，情况确实如此，参见图 8-4 中的第一行。然而，对于 $\mathrm{e}^{-1}<\tau<\frac{1}{2}\pi$，到吸引子 $y=1$ 的收敛变得振荡，如图 8-4 中的第二行所示。在 $\tau=\frac{1}{2}\pi$ 处，出现霍普夫分岔，即吸引子成为排斥子，解趋向于*极限环*。这在图 8-4 的第三行中很明显。

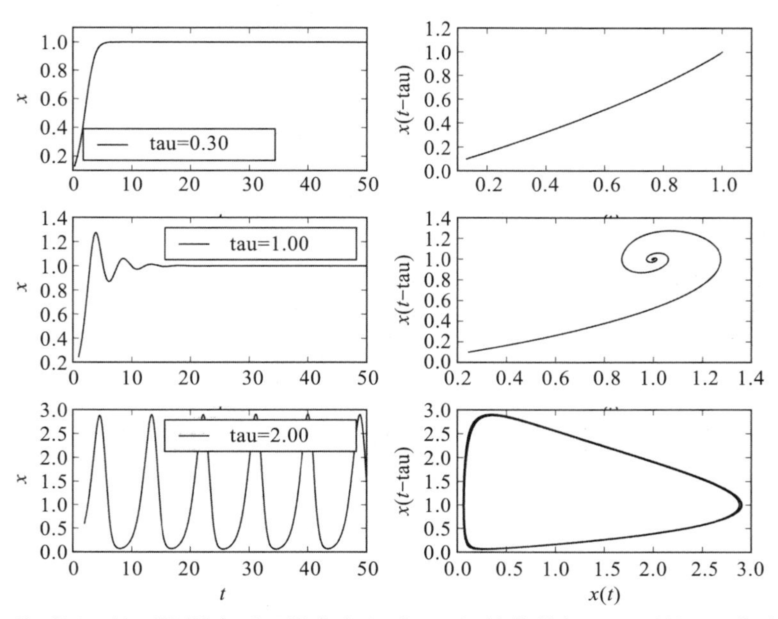

图 8-4　三种延迟 τ 的逻辑斯谛延迟微分方程（8-30）的数值解。左图是 $x(t)$ 作为时间 t 的函数，右图是准相位平面图，$x(t-\tau)$ 对 $x(t)$

超临界情形 $\tau>\frac{1}{2}\pi$ 是非常令人惊讶的：这样一个简单的模型居然可以接受周期性行为。此外，如果选择较大的 τ，那么 $x(t)$ 的最小值可能非常小。在种群动力学中，我们可以把这种现象解释为灭绝，表明种群在一两个周期后就灭绝了。关于对这些解的解释的进一步讨论，请参见 Erneux（2009）和 Murray（2002）等文献。

图 8-4 中的每一行都是借助下面的代码生成的：

```
 1 import numpy as np
 2 import matplotlib.pyplot as plt
 3 %matplotlib notebook
 4 from pydelay import dde23
 5
 6 t_final=50
 7 delay=2.0
 8 x_initial=0.1
 9
10 equations={'x' : 'x*(1.0-x(t-tau))'}
11 parameters={'tau' : delay}
12 dde=dde23(eqns=equations,params=parameters)
13 dde.set_sim_params(tfinal=t_final,dtmax=1.0,
14                    AbsTol=1.0e-6,RelTol=1.0e-3)
15 histfunc={'x': lambda t: x_initial}
16 dde.hist_from_funcs(histfunc,101)
17 dde.run()
18
19 t_vis=0.1*t_final
20 sol=dde.sample(tstart=t_vis+delay,tfinal=t_final,dt=0.1)
21 t=sol['t']
22 x=sol['x']
23 sold=dde.sample(tstart=t_vis,tfinal=t_final-delay,dt=0.1)
24 xd=sold['x']
25
26 plt.ion()
27 fig = plt.figure()
28 ax1=fig.add_subplot(121)
29 ax1.plot(t, x)
30 ax1.set_xlabel('t')
31 ax1.set_ylabel('x(t)')
32
33 ax2=fig.add_subplot(122)
34 ax2.plot(x, xd)
35 ax2.set_xlabel('tx')
36 ax2.set_ylabel('x(t-tau)')
```

第 1～3 行是例行程序。第 4 行导入 dde23 以及 SciPy 和各种其他模块。第 6～8 行声明进化的长度、延迟参数 τ 和初始值 x_0，这些都无须解释。

第 10～17 行包含了新的内容。我们必须告诉 dde23 要求解的方程，提供有效的 C 代码。幸运的是，核心 Python 中的大多数算术表达式都是可以接受的。这里正好有一个方程，我们仅用一个成员来构造一个字典 equations。方程是针对 dx/dt 的，因此成员键是 'x'，值是包含 dx/dt 的公式的 Python 字符串（第 9 行）。方程包含一个参数 tau，因此我们需要提供第二个字典 parameters。该字典包含每个成员的元素，其键是表示参数的字符串，其值是参数的数值（第 11 行）。接下来第 12 行代码编写 C 函数来模拟这个问题。最后，我们必须为它提供输入参数。常用的数值参数在第 13～14 行代码中给出。这里，对应于 x 的"初始值"由式（8-31）给出，我们用一个成员构造第三个字典，在第 15 行中，使用 3.8.8 节的匿名函数语法，并将它们提供给第 16 行的 C 代码。最后，第 17 行运行后台 C 代码。

接下来，我们必须提取解。通常，我们不知道准确的初始值，因此选择显示在初始瞬态行为消失之后的稳态（我们所希望的状态）。t_vis 的目的是为图形选择一个起始时间。由 C 程序生成的解是可用的，但在 dde23 选择的 t 值处，这些值通常不是均匀间隔的。第 20 行中 sample 函数的目的是执行三次插值，并将参数中指定参数在 t 内均匀间隔的数据返回给函数。在图 8-4 的右侧列中，我们显示了 $x(t-\tau)$ 与 $x(t)$ 的准相位平面图。因此在第 20 行，我们选择 $[t_{\text{vis}}+\tau, t_{\text{final}}]$ 范围中的 t，但在第 23 行，我们使用在 $[t_{\text{vis}}, t_{\text{final}}-\tau]$ 范围中的 t，两者具有相同的间距。函数 sample 返回一个字典。然后，第 21 行代码提取具有键 't' 的成员，结果为均匀间隔的 t 值的 NumPy 数组。第 22 行和第 24 行将 $x(t)$ 和 $x(t-\tau)$ 值作为数组返回。更多的参数可以提供给 dde 函数。有关详细信息，请参阅非常翔实的文档字符串帮助信息。

最后，在第 26～36 行，我们在不同图形中绘制出作为 t 的函数 $x(t)$，绘制出 $x(t-\tau)$ 与 $x(t)$ 之间的"伪相平面图"。此代码片段的输出对应于图 8-4 中的最后一行。整个复合图是使用 5.10 节的技术构建的，留给读者作为练习。

8.5.4 麦克 - 格拉斯方程

麦克 - 格拉斯（Mackey-Glass）方程最初是作为生理控制系统的模型出现的（Mackey 和 Glass（1977）），并且可以在许多数学生物学教科书中找到，例如 Murray（2002）。麦克 - 格拉斯方程也非常适用于动力系统理论，因为它是一个简单的一维系统（尽管具有无限个自由度），而且具有极限环、倍周期和混沌特性。其无量纲形式如下：

$$\frac{\mathrm{d}x}{\mathrm{d}t}(t)=a\frac{x(t-\tau)}{1+(x(t-\tau))^m}-bx(t) \tag{8-32}$$

其中常数 a、b、m 和 τ 是非负值。对于 $-\tau\leqslant t\leqslant 0$，我们将像以前那样选择初始值 $x(t)=x_0$。

由于它的重要性，用于解决它的示例代码包含在 pydelay 包中。但是，如果读者已经在前面的小节中试验了逻辑斯谛延迟微分方程的代码片段，那么最简单的方法就是复制并修改它的副本，我们将展示如下。

显然，我们需要改变常量，所以前面代码片段的第 6～8 行应该被替换为任意值：

```
t_final=500
a=2.0
```

```
b=1.0
m=7.0
delay=2.0
x_initial=0.5
```

接下来我们需要改变方程和参数。现在，dde23 知道了 C 的 math.h 库，所以 cos u 将被编码为 cos(u) 等。首先考虑方程（8-32）中的指数。在 Python（和 Fortran）中，我们将用 u**v 表示 u^v。然而在 C 中，我们必须使用 pow(u, v)。为了对方程和参数进行编码，我们需要将前面代码片段的第 10 行和第 11 行替换为：

```
equations={ 'x' : 'a*x(t-tau)/(1.0+pow(x(t-tau), m))-b*x' }
parameters = { 'a' : a,'b' : b,'m' : m,'tau': delay }
```

接下来，我们选择检查轨迹的晚期阶段，因此将第 19 行代码修改为：

```
t_vis = 0.95*t_final
```

修改后的代码片段用于生成图 8-5 的两个组件，这两个组件在质量上与图 8-4 的最后一行类似，显示了极限环行为。

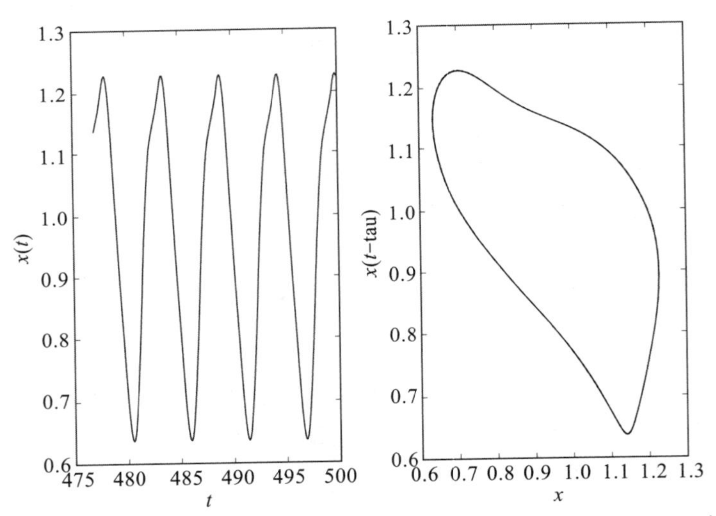

图 8-5　对于 a=2、b=1、m=7、τ=2 和初始值 $x_0(t)$=0.5 的麦克 – 格拉斯方程的数值解。左图是 $x(t)$ 作为时间 t 的函数，右图是准相位平面图，$x(t-\tau)$ 对 $x(t)$

因为麦克 – 格拉斯方程包含四个可调参数，所以对其性质的完整探索是一项艰巨的工作。这里，我们将按照最初作者的方法，在保持其他参数固定的同时，尝试改变 m。我们在图 8-6 中显示了准相位平面图（在演化运行了比上述代码片段更长的时间之后）。详细信息在图表标题中说明，但是我们看到极限环行为显示出倍周期和混沌。生物学家可能倾向于检查相应的波形，这将需要调整 t_vis 参数以限制显示的周期数。

可以提供更复杂的示例，例如包含在 pydelay 包中的那些示例，但是感兴趣的读者应该能够在这里所展示的两个示例的基础上进行代码构建。

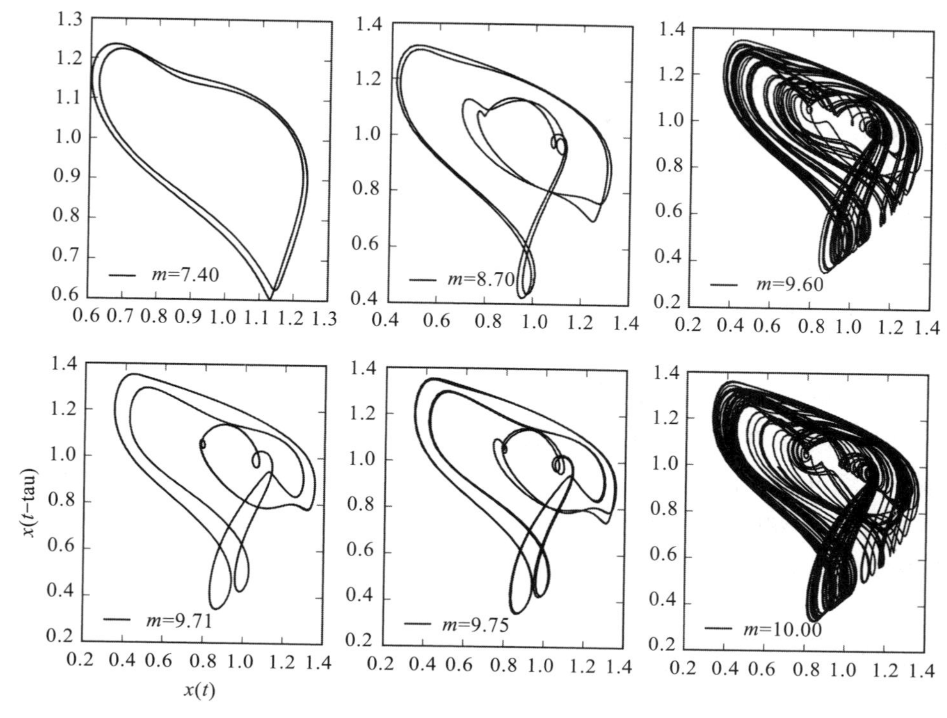

图 8-6　麦克－格拉斯方程的准相位平面图。使用的参数是图 8-5 中指定的参数，仅 m=7 被更改为所示的值。在 m=7 时，该解具有周期 1。在 m=7.4 时，周期翻了一倍，而在 m=8.7 时，这个周期增加了四倍。进一步增加 m 则导致混沌，如 m=9.6 所示。然而，较大的 m 值再次导致规则运动。在 m=9.71 时，解具有周期 3，但如果 m=9.75，则该周期加倍，在 m=10 时再次出现混沌。较大的 m 值再次导致规则运动。注意，不同行为之间的实际转换发生在 m 介于所示值的中间

8.6　随机微分方程

前面三节讨论了一些科学问题，其中所涉及的模型可以被相当精确地描述，并且重点放在具有高精度的方法上。存在许多科学研究领域，例如数学生物学和数学金融领域，在这些领域根本无法获得这种精度。通常，存在太多无法枚举的影响因素，我们需要考虑随机进化。要获得启发式但范围广泛的可能性调查，请参见 Gardiner（2009）等。我们将在这里专门研究自主随机微分方程。对这一理论的仔细研究可以在文献 Øksendal（2003）中找到，对于数值处理的基础理论，标准参考文献是 Kloeden 和 Platen（1992）。然而，作者发现 Higham（2001）提供的数值处理方法特别具有启发性，他的一些想法反映在下面的阐述中。当然，Higham 省略了许多数学细节。强烈推荐读者从 Evans（2013）那些激动人心的演讲中获取这些数学细节。在这个理论的概要中，我们同样将采取非常有启发性的方法，依靠引用的参考资料来提供理论证明。

8.6.1　维纳过程

最常用的随机行为建模机制是维纳过程（Wiener process）或者布朗运动（Brownian motion）。在 $[0, T]$ 上的标准标量过程或者运动是连续依赖于 t 的随机变量 $W(t)$，并且满足以下准则：

- $W(0)=0$ 的概率为是 1；
- 如果 $0 \leqslant s < t \leqslant T$，则增量 $W(t)-W(s)$ 是正态分布的随机变量，其平均值为 0，方差为 $t-s$（或者标准差为 $\sqrt{t-s}$）；
- 如果 $0 \leqslant s < t < u < v \leqslant T$，则增量 $W(t)-W(s)$ 和 $W(v)-W(u)$ 是独立变量。

这些都是爱因斯坦解释布朗运动时使用的基本“公理”。

用 Python 可以非常容易地构造一个数值近似。模块 NumPy 包含一个名为 `random` 的子模块，该子模块包含一个函数 `normal`，用于生成正态分布的伪随机变量的实例。有关详细信息，请参阅文档字符串帮助信息。在下面的代码片段中，我们用 500 个步骤来生成和绘制 $0 \leqslant t \leqslant T$ 的布朗运动。

```
 1 import numpy as np
 2 import numpy.random as npr
 3
 4 T=1
 5 N=500
 6 t,dt=np.linspace(0,T,N+1,retstep=True)
 7 dW=npr.normal(0.0,np.sqrt(dt),N+1)
 8 dW[0]=0.0
 9 W=np.cumsum(dW)
10
11 import matplotlib.pyplot as plt
12 %matplotlib notebook
13 plt.ion()
14
15 plt.plot(t,W)
16 plt.xlabel('t')
17 plt.ylabel('W(t)')
18 #plt.title('Sample Wiener Process',weight='bold',size=16)
```

随机变量在第 7 行生成。传递给 `normal` 函数的参数的最简单形式包括平均值、标准差和所需输出数组的形状。这里，我们精确地生成了比所需数目恰好多一个的随机数，以便可以在第 8 行中将第一个值更改为零，从而确保 $W(0)=0$。最后，我们在第 9 行生成 $W(t)$，作为增量的累积和。（函数 `cumsum` 在 4.6.2 节阐述过。）代码片段的其余部分是例程，我们在图 8-7 中显示了一个实际输出。“几乎可以肯定”，每个读者的尝试都将是不一样的。请分析原因。

8.6.2　Itô 微积分

我们需要进一步研究维纳过程。为了解释正在发生的事情，我们对符号设置做了小小的改变：

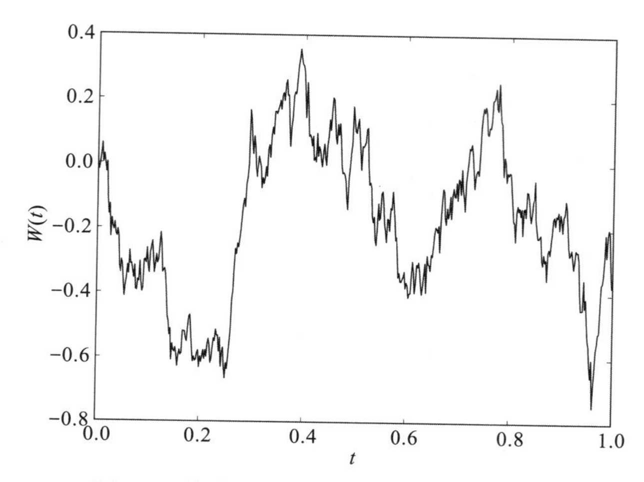

图 8-7　维纳过程或者离散布朗运动的示例

$$\mathrm{d}W(t) = W(t+\Delta t) - W(t)$$

我们知道 dW 的期望值是 $<\mathrm{d}W>=0$，它的方差是 $<(\mathrm{d}W^2)>=\Delta t$。这表明维纳过程 $W(t)$ 虽然是连续的，但不可求导，因为当 $\Delta t\to 0$ 时，$\mathrm{d}W/\Delta t$ 将发散。（事实上，可以“几乎肯定”百分百概率，$W(t)$ 确实是不可求导的。）因此，我们可以讨论微分 $\mathrm{d}W(t)$，但无法求解 $\mathrm{d}W(t)/\mathrm{d}t$。

接下来讨论自主确定性初值问题：

$$\dot{x}(t) = a(x(t)) \quad 其中 x(0) = x_0 \tag{8-33}$$

我们选择把它书写为如下等效的形式：

$$\mathrm{d}x(t) = a(x(t))\mathrm{d}t \quad 其中 x(0) = x_0 \tag{8-34}$$

这可以被认为是如下形式的简写：

$$x(t) = x_0 + \int_0^t a(x(s))\mathrm{d}s \tag{8-35}$$

现在，我们在方程（8-34）的右侧引入“噪声”项，并将确定项 $x(t)$ 替换为由 t 参数化的随机变量 $X(t)$，将我们的*随机微分方程*（Stochastic Differential Equation，SDE）写成：

$$\mathrm{d}X(t) = a(X(t))\mathrm{d}t + b(X(t))\mathrm{d}W(t) \quad 其中 X(0) = X_0 \tag{8-36}$$

其是如下形式的简写：

$$X(t) = X_0 + \int_0^t a(X(s))\mathrm{d}s + \int_0^t b(X(s))\mathrm{d}W(s) \tag{8-37}$$

其中，右边的第二个积分将在下面定义。假设已经完成定义，则由方程（8-37）给出的 $X(t)$ 被称为随机微分方程（8-36）的一个解。

在进一步研究这个问题之前，我们需要指出一个容易忽略的陷阱。假设 $X(t)$ 满足（8-36），并假设对于某些平滑函数 f，$Y(t)=f(X(t))$。也许我们天真地认为：

$$dY = f'(X)\mathrm{d}X = bf'(X)\mathrm{d}W + af'(X)\mathrm{d}t \tag{8-38}$$

但是，一般而言这是不正确的！为了证明这一点，假设我们使用泰勒级数构造前两个项：

$$\begin{aligned} dY &= f'(X)dX + \frac{1}{2}f''(X)dX^2 + \cdots \\ &= f'[a\,dt + b\,dW] + \frac{1}{2}f''[a^2dt^2 + 2ab\,dt\,dW + b^2\,dW^2] + \cdots \\ &= bf'\,dW + af'\,dt + \frac{1}{2}b^2f''\,dW^2 + abf''\,dW\,dt + \frac{1}{2}a^2\,dt^2 + \cdots \end{aligned}$$

我们将这些项目按从大到小递减的顺序分组，因为我们知道 $dW=O(dt^{1/2})$。现在 Itô 建议我们进行如下替换：

$$dW^2 \to dt \quad dW\,dt \to 0$$

在上述公式中，忽略二次项和高阶项，从而得到：

$$dY = bf'\,dW + \left(af' + \frac{1}{2}b^2f''\right)dt \tag{8-39}$$

这被称为 Itô 公式，它可以用来代替（8-38）。让我们看看其在一个简单例子中的作用。假设我们设置：

$$dX = dW \quad 其中 X(0) = 0$$

即 X 是维纳过程 $W(t)$，并且 $a=0$、$b=1$。

假如选择 $f(x)=e^{-x/2}$，则 Itô 公式预测：

$$dY = -\frac{1}{2}Y\,dW + \frac{1}{8}Y\,dt \quad 其中 Y(0) = 1$$

我们不知道如何求解这个问题，但我们可以获得其期望值：

$$d<Y>=\frac{1}{8}<Y>dt$$

同样 $<Y>(0)=1$，因此 $<Y>(t)=e^{t/8}$。然而，存在一种朴素的方法，即忽略 Itô 校正，从而有 $<X(t)>=<W(t)>=0$，因此 $<Y(t)>=1$。

下面的 Python 代码片段可以用来测试替代方案。

```
 1 import numpy as np
 2 import numpy.random as npr
 3
 4 T=1
 5 N=1000
 6 M=5000
 7 t,dt=np.linspace(0,T,N+1,retstep=True)
 8 dW=npr.normal(0.0,np.sqrt(dt),(M,N+1))
 9 dW[ : ,0]=0.0
10 W=np.cumsum(dW,axis=1)
11 U=np.exp(- 0.5*W)
12 Umean=np.mean(U,axis=0)
13 Uexact=np.exp(t/8)
14
15 import matplotlib.pyplot as plt
16 %matplotlib notebook
17 plt.ion()
```

```
18
19 fig=plt.figure()
20 ax=fig.add_subplot(111)
21
22 ax.plot(t,Umean,'b-',label="mean of %d paths" % M)
23 ax.plot(t,Uexact,'r-', label="exact " + r'$\langle U\rangle$')
24 for i in range(5):
25     ax.plot(t,U[i, : ],'--')
26
27 ax.set_xlabel('t')
28 ax.set_ylabel('U')
29 ax.legend(loc='best')
30
31 maxerr=np.max(np.abs(Umean-Uexact))
32 print "With %d paths and %d intervals the max error is %g" % \
33         (M,N,maxerr)
```

大多数代码都是熟悉的。第一处新知识点位于第 8 行，其中我们生成了布朗运动的 M 个实例，每个实例具有 N+1 个步骤。dW 是一个二维数组，其中第一个索引引用样本数，第二个索引引用时间。第 9 行将每个样本的初始增量设置为 0，然后第 10 行通过对第二个索引求和，生成 M 个布朗运动样本。U 当然具有与 W 和 dW 相同的形状。第 11 行生成函数值，第 12 行计算它们在 M 个样本上的平均值。(初学者可能需要查阅 cumsum 和 mean 的文档字符串帮助信息。) 请注意，完全没有显式循环，因此会产生令人厌烦且容易出错的簿记细节。在图 8-8 中，我们绘制了前五个样本路径，M 个样本的平均值和 Itô 建议 $<U(t)>=e^{t/8}$，并且我们还计算和打印了误差的无穷范数。一如既往，这些代码片段不是固定不变的，而是作为数值实验基础的建议。尝试修改这些代码是获得经验的最佳途径！

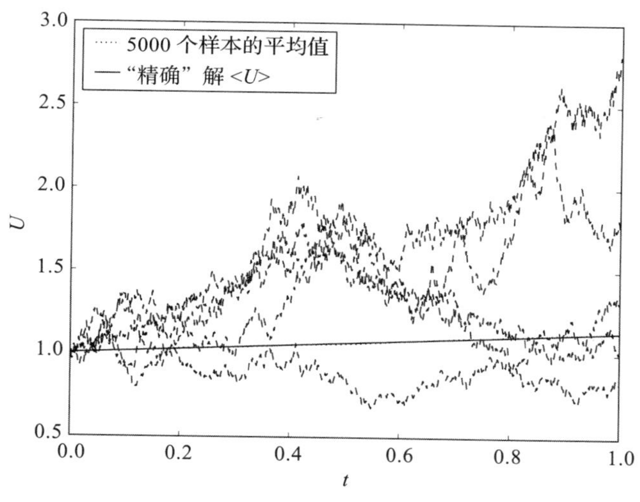

图 8-8　一个离散的布朗运动 $W(t)$ 的函数 $U(t)=\exp\left(-\frac{1}{2}W(t)\right)$。虚线是五个样本路径。实线给出了由 Itô 公式预测的"精确"解 $<U>(t)=\exp\left(\frac{1}{8}t\right)$。几乎隐藏在它下面的是虚线，它映射了所有 5000 个样本的平均值，对于这些布朗运动样本，两者之间的最大差约为 1×10^{-2}

8.6.3 Itô 与斯特拉托诺维奇随机积分

在本小节中，我们尝试理解曾在式（8-37）中出现的概念：

$$\int_{T_1}^{T_2} f(t)\mathrm{d}W(t)$$

我们采用标准的黎曼－斯蒂尔杰斯（Riemann-Stieltjes）积分方法，并选择如下区间的一些划分：

$$T_1 = t_0 < t_1 < \cdots < t_N = T_2$$

并设 $\Delta t_k = t_{k+1} - t_k$、$W_k = W(t_k)$ 以及 $\Delta W_k = W_{k+1} - W_k$。我们也在每个子区间中选择任意点 $\tau_k \in [t_{k-1}, t_k]$，简单起见，我们均匀地选择点。

$$\tau_k = (1-\lambda)t_k + \lambda t_{k+1}$$

其中，$\lambda \in [0, 1]$ 是一个固定参数。我们将考虑无限细化，$\max_k \Delta t_k \to 0$，通过 $N \to \infty$ 非正规表示。因此，从双方期望值相同的角度看，我们的定义可以表示为：

$$\int_{T_1}^{T_2} f(t)\mathrm{d}W(t) = \lim_{N\to\infty} \sum_{k=0}^{N-1} f(\tau_k)\Delta W_k$$

结果定义规范，但不幸的是，与确定性的情况不同，它严格地依赖于 τ_k 的选择，或者更准确地说，依赖于 $f(\tau_k)$ 的选择。为了理解这一点，我们考虑一个特定的例子，$f(t)=W(t)$，并用 $\hat{W}_k$ 表示 $W(\tau_k)$。我们从代数恒等式开始：

$$\hat{W}_k \Delta W_k = \frac{1}{2}(W_{k+1}^2 - W_k^2) - \frac{1}{2}\Delta W_k^2 + (\hat{W}_k - W_k)^2 + (W_{k+1} - \hat{W}_k)(\hat{W}_k - W_k)$$

现在我们将这个恒等式从 $k=0$ 到 $k=N-1$ 进行相加，并取期望值。右边第一项的结果为 $\frac{1}{2}\left\langle W_N^2 - W_0^2 \right\rangle = \frac{1}{2}\left\langle (W^2(T_2) - W^2(T_1)) \right\rangle$，第二项的结果为 $-\frac{1}{2}\sum_k \Delta t_k = -\frac{1}{2}(T_2 - T_1)$。类似地，第三项的结果为 $\sum_k (\tau_k - t_k) = \lambda(T_2 - T_1)$。最后一项的期望值是 0，因为两个时间间隔是不相交的，所以不相关。因此从期望值的角度看：

$$\int_{T_1}^{T_2} W(t)\mathrm{d}W(t) = \frac{1}{2}\left\langle W^2(T_2) - W^2(T_1) \right\rangle + \left(\lambda - \frac{1}{2}\right)(T_2 - T_1) \qquad (8\text{-}40)$$

如果我们选择 $\lambda = \frac{1}{2}$，则会有“常识性”结果，通常被称为斯特拉托诺维奇积分（Stratonovich integral）。在许多情况下，选择 τ_k 作为区间的左端点（即 $\lambda=0$）更有意义，这导致 Itô 积分，其应用更广泛。修改最后一个 Python 代码片段以验证式（8-40）非常简单，至少在 Itô 的情况下是这样。

8.6.4 随机微分方程的数值求解

我们回到随机微分方程（8-36）：

$$\mathrm{d}X(t) = a(X(t))\mathrm{d}t + b(X(t))\mathrm{d}W(t) \quad 其中 X(0) = X_0 \qquad (8\text{-}41)$$

为了针对 $t\in[0, T]$ 进行数值求解，我们把 t 区间划分为 N 个长度为 $\Delta t=T/N$ 的子区间，设 $t_k=k\Delta t$，对于 $k=0, 1, \cdots, N$，简写为 $X_k=X(t_k)$。形式上：

$$X_{k+1}=X_k+\int_{t_k}^{t_{k+1}}a(X(s))\mathrm{d}s+\int_{t_k}^{t_{k+1}}b(X(s))\mathrm{d}W(s) \tag{8-42}$$

接下来考虑 $X(s)$ 的平滑函数 $Y=Y(X(s))$。根据 Itô 公式（8-39）：

$$\mathrm{d}Y=\mathcal{L}[Y]\,\mathrm{d}t+\mathcal{M}[Y]\,\mathrm{d}W$$

其中

$$\mathcal{L}[Y]=a(X)\frac{\mathrm{d}Y}{\mathrm{d}X}+\frac{1}{2}b(X)\frac{\mathrm{d}^2Y}{\mathrm{d}X^2},\quad \mathcal{M}[Y]=b(X)\frac{\mathrm{d}Y}{\mathrm{d}X}$$

因此得到

$$Y(X(s))=Y(X_k)+\int_{t_k}^{s}\mathcal{L}[Y(X(\tau))]\,\mathrm{d}\tau+\int_{t_k}^{s}M[Y(X(\tau))]\,\mathrm{d}W(\tau)$$

接下来，将上述方程中的 $Y(X)$ 首先替换为 $a(X)$，然后替换为 $b(X)$，并将结果替换到方程（8-42），可得到：

$$\begin{aligned}X_{k+1}=X_k&+\int_{t_k}^{t_{k+1}}\left\{a(X_k)+\int_{t_k}^{s}\mathcal{L}[a(X(\tau))]\,\mathrm{d}\tau+\int_{t_k}^{s}\mathcal{M}[a(X(\tau))]\,\mathrm{d}W(\tau)\right\}\mathrm{d}s\\&+\int_{t_k}^{t_{k+1}}\left\{b(X_k)+\int_{t_k}^{s}\mathcal{L}[b(X(\tau))]\,\mathrm{d}\tau+\int_{t_k}^{s}\mathcal{M}[b(X(\tau))]\,\mathrm{d}W(\tau)\right\}\mathrm{d}W(s)\end{aligned}$$

我们将其重新组织为：

$$\begin{aligned}X_{k+1}=X_k&+a(X_k)\Delta t+b(X_k)\Delta W_k\\&+\int_{t_k}^{t_{k+1}}\mathrm{d}W(s)\int_{t_k}^{s}\mathrm{d}W(\tau)\mathcal{M}[b(X(\tau))]\\&+\mathrm{d}s\,\mathrm{d}\tau\text{、}\mathrm{d}s\,\mathrm{d}W(\tau)\text{和}\mathrm{d}W(s)\,\mathrm{d}\tau\text{上的积分}\end{aligned}$$

欧拉－丸山数值解法（Euler-Maruyama method）只保留上面表达式的第一行：

$$X_{k+1}=X_k+a(X_k)\Delta t+b(X_k)(W_{k+1}-W_k) \tag{8-43}$$

米尔斯坦（Milstein）方法包括第二行的下列近似：

$$\begin{aligned}X_{k+1}=X_k&+a(X_k)\Delta t+b(X_k)(W_{k+1}-W_k)\\&+b(X_k)\frac{\mathrm{d}b}{\mathrm{d}X}(X_k)\int_{t_k}^{t_{k+1}}\mathrm{d}W(s)\int_{t_k}^{s}\mathrm{d}W(\tau)\end{aligned} \tag{8-44}$$

根据前面小节的计算，我们知道如何计算 Itô 形式的二重积分，如下所示：

$$\begin{aligned}\int_{t_k}^{t_{k+1}}\mathrm{d}W(s)\int_{t_k}^{s}\mathrm{d}W(\tau)&=\int_{t_k}^{t_{k+1}}(W(s)-W_k)\mathrm{d}W(s)\\&=\frac{1}{2}(W_{k+1}^2-W_k^2)-\frac{1}{2}\Delta t-W_k(W_{k+1}-W_k)\\&=\frac{1}{2}[(W_{k+1}-W_k)^2-\Delta t]\end{aligned}$$

因此米尔斯坦方法的最终形式为：

$$X_{k+1}=X_k+a(X_k)\Delta t+b(X_k)\Delta W_k+\frac{1}{2}b(X_k)b'(X_k)[(\Delta W_k)^2-\Delta t] \tag{8-45}$$

这里我们只处理了一个单标量方程。将其泛化为SDE系统并不简单，具体请参见引用的参考文献。

一个重要的考虑因素是这些方法的准确性。有两种常用的定义：强收敛和弱收敛。假设我们固定了一些 τ 值，例如 $\tau\in[0, T]$，并且假设 $\tau=n\Delta t$。为了估计这个值 τ 的精确度，我们需要将计算的轨迹 X_n 与一个精确的 $X(\tau)$ 进行比较。但两者都是随机变量，所以存在多种合理的比较方法。如果想要测量轨迹的紧密度，那么我们可以看看差异的期望值。如果满足下列条件，则该方法具有强收敛阶 γ：

$$\langle | X_n - X(\tau) | \rangle = O(\Delta t^{\gamma}) \quad 当\Delta t \to 0 \tag{8-46}$$

然而，对于某些目的，期望值的差异可能更相关。如果满足下列条件，则该方法具有弱收敛阶 γ：

$$\left| \langle X_n \rangle - \langle X(\tau) \rangle \right| = O(\Delta t^{\gamma}) \quad 当\Delta t \to 0 \tag{8-47}$$

欧拉－丸山数值解法和米尔斯坦方法的弱收敛阶都等于1。然而，在研究推导方法时，我们可能会猜测欧拉－丸山数值解法具有强收敛阶 $\gamma=\dfrac{1}{2}$，而米尔斯坦方法具有 $\gamma=1$，结果的确就是如此。理论证明可以在教科书中找到，而经验验证则由本节后面的代码片段提供。

作为一个具体例子，我们考虑方程（8-41），$a(X)=\lambda X$，$b(X)=\mu X$，其中 λ 和 μ 是常数：

$$\mathrm{d}X(t) = \lambda X(t)\mathrm{d}t + \mu X(t)\mathrm{d}W(t) \quad 其中 X(0) = X_0 \tag{8-48}$$

这是金融数学中作为资产价格模型发现的，它是推导布莱克－斯克尔斯（Black-Scholes）偏微分方程的关键因素，具体请参见文献Hull（2009）。其形式化的Itô解为：

$$X(t) = X_0 \exp\left[\left(\lambda - \frac{1}{2}\mu^2\right)t + \mu W(t)\right] \tag{8-49}$$

我们选择任意参数值 $\lambda=2$、$\mu=1$ 和 $X_0=1$。

首先，我们实现了米尔斯坦算法，并将其与解析解（8-49）进行了比较。这可以使用下面的代码片段来实现，代码中没有任何新的Python特性。

```
 1 import numpy as np
 2 import numpy.random as npr
 3
 4 # Set up grid
 5 T=1.0
 6 N=1000
 7 t,dt=np.linspace(0,T,N+1,retstep=True)
 8
 9 # Get Brownian motion
10 dW=npr.normal(0.0, np.sqrt(dt),N+1)
11 dW[0]=0.0
12 W=np.cumsum(dW)
13
14 # Equation parameters and functions
15 lamda=2.0
```

```
16 mu=1.0
17 Xzero=1.0
18 def a(X): return lamda*X
19 def b(X): return mu*X
20 def bd(X): return mu*np.ones_like(X)
21
22 # Analytic solution
23 Xanal=Xzero*np.exp((lamda-0.5*mu*mu)*t+mu*W)
24
25 # Milstein solution
26 Xmil=np.empty_like(t)
27 Xmil[0]=Xzero
28 for n in range(N):
29     Xmil[n+1]=Xmil[n]+dt*a(Xmil[n]) + dW[n+1]*b(Xmil[n]) + 0.5*(
30         b(Xmil[n])*bd(Xmil[n])*(dW[n+1]**2-dt))
31
32 import matplotlib.pyplot as plt
33
34 plt.ion()
35 plt.plot(t,Xanal,'b-',label='analytic')
36 plt.plot(t,Xmil,'g-.',label='Milstein')
37 plt.legend(loc='best')
38 plt.xlabel('t')
39 plt.ylabel('X(t)')
```

如图 8-9 所示，米尔斯坦算法生成了一个看起来非常接近解析解的解决方案。作为练习，我们可能需要修改第 29 行和第 30 行代码，以使用欧拉 - 丸山算法生成等效的图形。必须注意的是，这个图形是依赖于布朗运动的一个实例。重复运行代码片段的结果表明，其表现的收敛可能比示例更好或者更差。

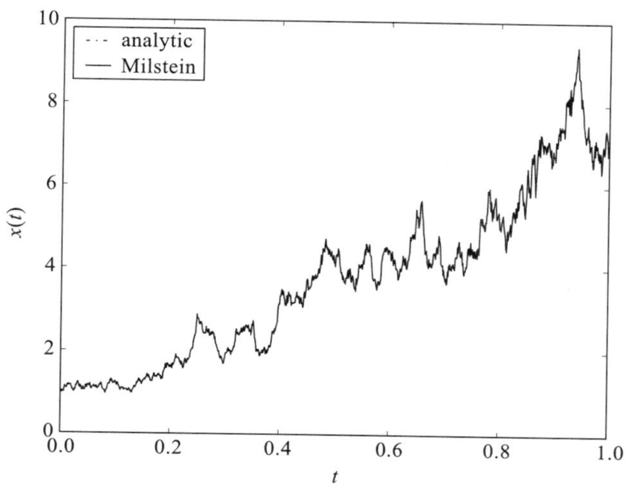

图 8-9　方程（8-48）的解析解（8-49）的一个实例及其在 1000 个区间内使用米尔斯坦算法的解；结果没有明显的区别

因此，我们接下来从数值上考虑这两个数值算法的收敛速度。下面的代码片段根据经验

研究了欧拉 - 丸山和米尔斯坦算法的强收敛性。简明起见，它只包含很少的注释，但是代码片段的后面包含了解释。

```
 1 import numpy as np
 2 import numpy.random as npr
 3
 4 # Problem definition
 5 M=1000             # Number of paths sampled
 6 P=6                  # Number of discretizations
 7 T=1                  # Endpoint of time interval
 8 N=2**12            # Finest grid size
 9 dt=1.0*T/N
10
11 # Problem parameters
12 lamda=2.0
13 mu=1.0
14 Xzero=1.0
15
16 def a(X): return lamda*X
17 def b(X): return mu*X
18 def bd(X): return mu*np.ones_like(X)
19
20 # Build the Brownian paths.
21 dW=npr.normal(0.0,np.sqrt(dt),(M,N+1))
22 dW[ : , 0]=0.0
23 W=np.cumsum(dW,axis=1)
24
25 # Build the exact solutions at the ends of the paths
26 ones=np.ones(M)
27 Xexact=Xzero*np.exp((lamda-0.5*mu*mu)*ones+mu*W[ : , -1])
28 Xemerr=np.empty((M,P))
29 Xmilerr=np.empty((M,P))
30
31 # Loop over refinements
32 for p in range(P):
33     R=2**p
34     L=N/R                   # must be an integer!
35     Dt=R*dt
36     Xem=Xzero*ones
37     Xmil=Xzero*ones
38     Wc=W[ :,::R]
39     for j in range(L):  # integration
40         deltaW=Wc[ : , j+1]-Wc[ : , j]
41         Xem+=Dt*a(Xem)+deltaW*b(Xem)
42         Xmil+=Dt*a(Xmil)+deltaW*b(Xmil)+ \
43               0.5*b(Xmil)*bd(Xmil)*(deltaW**2-Dt)
44     Xemerr[ : ,p]=np.abs(Xem-Xexact)
45     Xmilerr[ : ,p]=np.abs(Xmil-Xexact)
46
47 # Do some plotting
```

```
48 import matplotlib.pyplot as plt
49 %matplotlib notebook
50 plt.ion()
51
52 Dtvals=dt*np.array([2**p for p in range(P)])
53 lDtvals=np.log10(Dtvals)
54 Xemerrmean=np.mean(Xemerr,axis=0)
55 plt.plot(lDtvals,np.log10(Xemerrmean),'bo')
56 plt.plot(lDtvals,np.log10(Xemerrmean),'b:',label='EM actual')
57 plt.plot(lDtvals,0.5*np.log10(Dtvals),'b-.',
58          label='EM theoretical')
59 Xmilerrmean=np.mean(Xmilerr,axis=0)
60 plt.plot(lDtvals,np.log10(Xmilerrmean),'bo')
61 plt.plot(lDtvals,np.log10(Xmilerrmean),'b--',label='Mil actual')
62 plt.plot(lDtvals,np.log10(Dtvals),'b-',label='Mil theoretical')
63 plt.legend(loc='best')
64 plt.xlabel(r'$\log_{10}\Delta t$',size=16)
65 plt.ylabel(r'$\log_{10}\left(\langle|X_n-X(\tau)|\rangle\right)$',
66          size=16)
67
68 emslope=((np.log10(Xemerrmean[-1])-np.log10(Xemerrmean[0])) /
69          (lDtvals[-1]-lDtvals[0]))
70 print 'Empirical EM slope is %g' % emslope
71 milslope=((np.log10(Xmilerrmean[-1])-
72          np.log10(Xmilerrmean[0])) / (lDtvals[-1]-lDtvals[0]))
73 print 'Empirical MIL slope is %g' % milslope
```

这里的思想是针对 p=0, 1, 2, 3, 4, 5 的 $N/2^p$ 大小的网格同时进行积分，对于每个 p，我们将在 M 个积分路径上进行采样。在代码的第 5～10 行以及第 12～14 行中设置各种参数，在第 16～18 行中设置函数 $a(X)$、$b(X)$ 和 $b'(X)$。第 21～23 行代码为最佳离散化构造 M 条布朗路径。到目前为止代码应该是熟悉的。第 26 行和第 27 行代码为每个样本路径建立精确解。我们将为每个采样路径和每个离散化计算欧拉 - 丸山误差和米尔斯坦误差，第 28 行和第 29 行为它们保留空间。实际的计算是在第 32～45 行中完成的，在这里我们循环遍历 p。因此，我们考虑具有间距 `Dt` 且大小为 `L` 的网格。第 36 行和第 37 行代码为每个方法和样本设置起始值，第 38 行代码为适当的间隔设置布朗路径样本。第 39～43 行中的循环对每个样本路径执行两次积分。我们分别在第 44 行和第 45 行中为每种方法计算 $\tau=T$ 的强收敛方程（8-46）的误差。其余代码大部分是常规的。在第 54 行，我们计算 M 个样本上的欧拉 - 丸山误差的平均值，然后将其作为离散时间 Δt 的函数绘制在对数 - 对数曲线上。为了便于参考，我们在同一坐标轴上绘制 $\sqrt{\Delta t}$，以给出 $\gamma\approx\frac{1}{2}$ 的视觉指示。然后我们对米尔斯坦误差做同样的处理。

第 64～66 行代码为坐标轴创建 TeX 格式的标签。纯粹主义者会抱怨在这种情况下使用的字体不协调。这是因为我们遵循了在 5.8.1 节概述的非 LaTeX 用户的方法。该方法可以合理地假设围绕图形的文本被设置为默认的 TeX 字体“Computer Modern Roman”，并且如果是这种情况，那么坐标轴标签将是无可指责的。虽然本书（英文原版）是使用 LaTeX 制作的，但使用的字体都属于“Times”系列，所以原始的 TeX 选择是和谐的。补救措施在 5.8.2 节进行了说明，它的调用留给感兴趣的读者作为练习。最后，在第 68～73 行，我们估计了 γ 的经验值，发现这两种方法的值分别接近于 1/2 和 1；如图 8-10 所示。这个代码片段可以大大缩短，但是我们选择保留这种形式，以便读者可以修改代码、计算和显示不同的信息，并处理更复杂的方程。强烈鼓励读者把它作为进一步实验的起点。

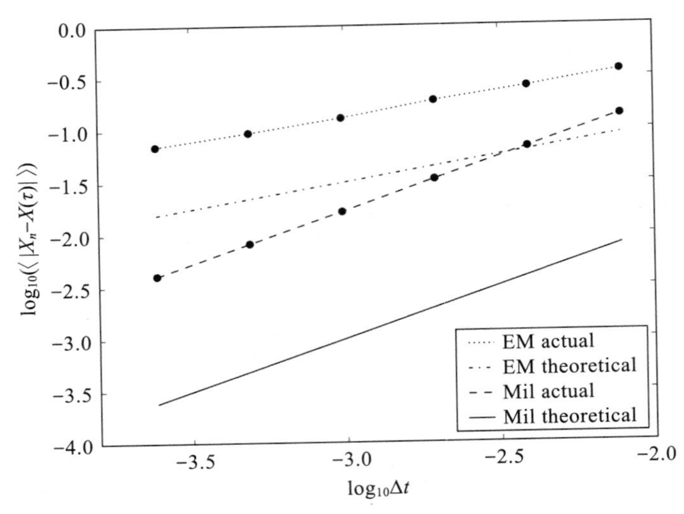

图 8-10　方程（8-48）数值解中最终误差的期望值，作为 Δt 的函数。请读者特别注意这些“线”的斜率。米尔斯坦方法收敛于 ΔT，而欧拉 - 丸山方法收敛于 $(\Delta T)^{1/2}$

在处理传统的初值和边值问题时，我们非常重视高阶、高精度的算法。这是合理的，因为有一个基本的假设，即我们既熟悉方程，又精确了解初始或者边界数据。这些假设对于随机方程来说很少被证明合理，所以高阶方法并不常见。

偏微分方程：伪谱方法

本章将讨论两个截然不同但彼此联系的话题。首先，我们将研究一些初值问题和初边值问题，其中正向时间积分是由“直线法”（method of lines）来处理的。我们可以用下列两种方法之一来处理空间导数：

- **有限差分法**：这是所有教科书中讨论的标准方法，我们将在下一章讨论该方法某些方面的内容；
- **谱方法**：对于平滑解，其结果具有接近指数精度。

简单起见，我们将只研究一维空间中的标量偏微分方程，但所有研究成果都可以推广到二维或者更多维方程组。我们首先讨论能够处理周期性空间依赖问题的傅里叶方法。然后，在9.6节中，我们建议使用切比雪夫变换来处理更一般的空间依赖关系。不幸的是，没有现存的Python“黑盒”软件包来实现该功能，但是存在遗留的Fortran77代码，我们在附录B中列出了这些代码。

本章的第二个主题是9.7节介绍的NumPy `f2py` 工具，以便我们可以重用附录B的遗留代码以构造Python函数，从而实现9.6节中的思想。如果读者对重用遗留代码感兴趣，那么应该研究9.7节中提出的思想，以了解如何重用遗留代码，即使读者对切比雪夫转换不感兴趣。

9.1 初边值问题

基本上，我们打算在这里描述的所有特征都可以在一个例子中找到，即伯格斯方程（Burgers' equation）。假设函数 $u(t, x)$ 定义在 $0 \leqslant t \leqslant T$ 和 $a \leqslant x \leqslant b$，并满足：

$$u_t = -u\, u_x + \mu\, u_{xx} \tag{9-1}$$

其中 $\mu > 0$ 是常数参数。这里，我们使用偏导数的常用符号，即 $u_x = \partial u / \partial x$ 、 $u_{xx} = \partial^2 u / \partial x^2$ 等。式（9-1）右侧的第一项表示自对流，而第二项表示扩散。在许多物理过程中，这两种效应占主导地位，它们将由伯格斯方程的一些变体控制。为了固定一个特定的解，我们需要施加一个初始条件：

$$u(0, x) = f(x), \quad a \leqslant x \leqslant b \tag{9-2}$$

以及一个或者多个边界条件，例如：

$$u(t, a) = g_1(t), \quad u(t, b) = g_2(t), \quad 0 \leqslant t \leqslant T \tag{9-3}$$

问题（9-1）～（9-3）被称为*初边值问题*（IBVP）。如果同时设置 $a=-\infty$ 和 $b=\infty$，即没有空间边界，那么我们会得到一个*初值问题*（IVP）。

9.2 直线法

我们可以重构一个演化方程（如式（9-1））如下：

$$u_t(t,x)=\mathcal{S}[u] \tag{9-4}$$

其中 $\mathcal{S}[u]$ 是 $u(t,x)$ 的泛函，不包括 u 的 t 导数。在这里，我们可以明确地把它写成：

$$\mathcal{S}[u]=F(u(t,x),u_x(t,x),u_{xx}(t,x))=-u\,u_x+\mu\,u_{xx} \tag{9-5}$$

要点是，对于任何给定的 t，如果知道相同 t 和所有 x 的 $u(t,x)$ 的值，那么我们可以计算式（9-4）的右侧值。

我们选择式（9-4）作为常微分方程的无限集合，每个 x 值对应一个常微分方程，其中 t 作为自变量，初始数据由式（9-2）提供。进一步地，我们用一个有代表性的有限集来代替 x 的无穷集合（$a\leqslant x\leqslant b$)，并且用一些离散近似来代替空间导数。这就是所谓的直线法（Method of Line，MoL）。这意味着我们可以利用在研究常微分方程的初值问题时已经获得的经验和技术。

9.3 有限差分空间导数

假设我们选择用有限组等距值 $a=x_0<x_1<\cdots<x_N=b$ 来表示区间 $a\leqslant x\leqslant b$，其中间隔 $\mathrm{d}x=(b-a)/N$。

假设 $u(t,x)$ 是 x 的四倍可微，则有：

$$u_x(t,x_n)=\frac{u(t,x_{n+1})-u(t,x_{n-1})}{2\mathrm{d}x}+O(\mathrm{d}x^2) \tag{9-6}$$

以及：

$$u_{xx}(t,x_n)=\frac{u(t,x_{n+1})-2u(t,x_n)+u(t,x_{n-1})}{\mathrm{d}x^2}+O(\mathrm{d}x^2) \tag{9-7}$$

这给出了计算公式（9-4）中的 $\mathcal{S}[u]$ 的最简单方法，例如伯格斯方程。注意，这仅对位于 $1\leqslant n\leqslant N-1$ 的 x_n 计算 $\mathcal{S}[u]$，即不包括端点 x_0 和 x_N。

现在，假设我们尝试通过使用诸如具有时间步长 $\mathrm{d}t$ 的欧拉方法来演化 $u(t,x)$。我们可以计算内部点的 $u(t+\mathrm{d}t,x_n)$，但不能计算 $u(t+\mathrm{d}t,a)(n=0)$ 或者 $u(t+\mathrm{d}t,b)(n=N)$。这正是边界条件（9-3）的作用，以提供缺失值。

当然，$\mathrm{d}t$ 不能任意选择。如果我们构造了式（9-1）的线性化版本，那么稳定性分析（例如，参见 8.2 节）表明为了确保显式时间步进是稳定的，我们需要：

$$\mathrm{d}t<C\mathrm{d}x^2=O(N^{-2}) \tag{9-8}$$

其中 C 是一个同阶常数。由于 $\mathrm{d}x$ 将选择得足够小以满足精度要求，因此式（9-8）在 $\mathrm{d}t$ 上的限制使得显式时间步进在这种情况下缺少吸引力。需要考虑隐式时间步进，但如果存在显著的非线性，则也不具有吸引力，因为我们必须求解一系列非线性方程。

9.4 周期问题的谱技术空间导数方法

谱方法为有限差分法提供了一个有用的替代方法。为了说明这些思想，我们首先考虑空间域 $[a, b]$ 被映射到 $[0, 2\pi]$ 的一个特殊情况，我们假设 $u(t, x)$ 在 x 中具有 2π 周期。如果我们用 $\tilde{u}(t, k)$ 表示 $u(t, x)$ 相对于 x 的傅里叶变换，那么众所周知，$\mathrm{d}^n u/\mathrm{d}x^n$ 的傅里叶变换是 $(ik)^n\tilde{u}(t, k)$，因此通过傅里叶逆变换，我们可以恢复 $u(t, x)$ 的空间导数。因此，对于伯格斯方程（9-1），我们需要一个傅里叶变换和两个傅里叶逆变换来恢复右侧的两个导数。我们需要把它变成一个光谱算法。

假设我们在区间 $[0, 2\pi)$ 的 n 个等距点上用函数值表示每个 t 的 $u(t, x)$。我们可以构造离散傅里叶变换（Discrete Fourier Transform，DFT），其广义上是 $u(t, x)$ 的傅里叶级数展开的前 N 项。我们为每个项乘以适当的乘数，然后计算逆 DFT。精确的细节可以参考文献，例如 Boyd（2001）、Fornberg（1995）、Hesthaven 等（2007）、Press 等（2007）或者 Trefethen（2000）。不幸的是，不同的作者采用不同的约定，并且在它们之间进行翻译非常复杂且容易出错。乍一看，这种方法似乎只具有学术意义。因为每个 DFT 都是线性运算，所以它可以被实现为需要 $O(N^2)$ 次运算的矩阵乘法，故而对式（9-1）右边的求值需要 $O(N^2)$ 次运算，而有限差分法只需要 $O(N)$ 次运算。

如果我们知道或者猜测 $u(t, x)$ 是平滑的，即存在任意多个 x 导数并且有界，那么对于任意大的 k，DFT 中的截断误差是 $o(N^{-k})$。实际上，对于 $N\approx 20$，我们的算法可能返回 $O(10^{-12})$ 阶的误差。用有限差分方法，我们需要 $N\sim 10^6$ 来达到同样的精度。如果 N 只有小的素数因子，例如 $N=2^M$，那么 DFT 及其逆可以采用快速傅里叶变换（Fast Fourier Transform，FFT）技术来计算，这需要 $O(N\log N)$ 而不是 $O(N^2)$ 次的运算。当然，这里关键是要求 $u(t, x)$ 既是周期性的也是平滑的。如果 $u(t, 0)\neq u(t, 2\pi)$，则周期延拓将是不连续的，并且吉布斯现象将破坏所有这些估计的精确性。

现在的问题是使用矩阵乘法还是 FFT 方法来实现 DFT。如果 $N\leqslant 30$，则矩阵乘法通常更快。构造 NumPy 实现所需的所有技术都已经概述过了，请感兴趣的读者自己构造一个⊖。对于较大的 N 值，有效的实现则需要采用 FFT 方法，并且由于这涉及重要的新思想，因此本章后面的大部分内容都用于阐述它。用于 DFT 操作的大多数标准 FFT 例程可以在 `scipy.fftpack` 模块中获得，特别是，存在一个非常有用的函数 `diff(u, order=1, period=2*pi)`。如果 `u` 是一个 NumPy 数组，表示在 $[0, 2\pi)$ 上均匀间隔的 $u(x)$ 值，则函数返回一个与 `u` 形状相同的数组，该数组包含相同 x 值的一阶导数的值。高阶导数和其他周期性由所示的参数来处理。

我们考虑一个具体的例子。设 $f(x)=\exp(\sin x)$，$x\in[0, 2\pi)$，计算 $[0, 2\pi)$ 上的 $\mathrm{d}f/\mathrm{d}x$。下面的代码片段实现了有限差分和谱方法的比较。

```
1 import numpy as np
2 from scipy.fftpack import diff
```

⊖ Boyd（2001）是众多参考文献之一，包含具体算法。

```
3
4 def fd(u):
5     """ Return 2*dx* finite-difference x-derivative of u. """
6     ud=np.empty_like(u)
7     ud[1:-1]=u[2: ]-u[ :-2]
8     ud[0]=u[1]-u[-1]
9     ud[-1]=u[0]-u[-2]
10    return ud
11
12 for N in [4,8,16,32,64,128,256]:
13    dx=2.0*np.pi/N
14    x=np.linspace(0,2.0*np.pi,N,endpoint=False)
15    u=np.exp(np.sin(x))
16    du_ex=np.cos(x)*u
17    du_sp=diff(u)
18    du_fd=fd(u)/(2.0*dx)
19    err_sp=np.max(np.abs(du_sp-du_ex))
20    err_fd=np.max(np.abs(du_fd-du_ex))
21    print "N=%d, err_sp=%.4e err_fd=%.4e" % (N,err_sp,err_fd)
```

表 9-1 显示了代码片段的输出结果。点数每增加一倍（即 error=$O(N^{-2})$），有限差分误差的无限范数（即最大绝对值）便减少大约 4 倍，这与式（9-6）中的误差估计一致。光谱误差随每个加倍而呈平方地增大，直到 N 非常“大”，即 $N\gtrsim30$。这种快速的误差减小通常被称为指数收敛。然后，两个效果降低精度。针对产生任意精度的软件，对于 N=64，我们可能期望误差为 $O(10^{-30})$。但在正常使用中，大多数程序设计语言处理浮点数的精度大约是 10^{16}，所以我们不能希望看到微小的误差。此外，等效“微分矩阵”的特征值变大，通常对于 p 阶微分来说其为 $O(N^{2p})$，这放大了舍入误差的影响，正如这里对于 $N\gtrsim60$ 的结果所示。

表 9-1　在 [0, 2π) 上估计 exp(sin x) 的空间导数作为 N 的函数的最大误差，使用的函数值的数目。点的数目加倍将使光谱误差大致变化为平方，但使有限差分（FD）误差仅减少 4 倍。对于非常小的光谱误差（即非常大的 N），考虑到文本中解释的人为原因，这个规则会失败

N	光谱误差	有限差分误差	N	光谱误差	有限差分误差
4	1.8×10^{-1}	2.5×10^{-1}	64	9.9×10^{-15}	6.5×10^{-3}
8	4.3×10^{-3}	3.4×10^{-1}	128	2.2×10^{-14}	1.6×10^{-3}
16	1.8×10^{-7}	9.4×10^{-2}	256	5.8×10^{-14}	4.1×10^{-4}
32	4.0×10^{-15}	2.6×10^{-2}			

9.5　空间周期问题的 IVP

应当注意的是，对于空间周期问题，如果 $u(t, x)$ 是针对固定 t 和 $x\in[0, 2\pi]$ 指定的，那么使用前面部分的技术，我们可以在相同的区间上计算 u 的 x 导数，而不需要诸如式（9-3）的边界条件，因为 $u(t, 2\pi)=u(t, 0)$。这在上述代码片段的第 8 行和第 9 行中使用。因此，在考虑空间周期性问题时，仅初值问题是相关的。

当使用显式方案的直线法时，我们需要仔细考虑选择将要使用的时间间隔 dt。简单起见，假设我们正在考虑一个线性问题，则式（9-5）中的 $\mathcal{S}[u]$ 将是一个线性泛函，我们可以用 $N\times N$ 的矩阵 $\boldsymbol{A}$ 来表示。我们可以按其绝对值的大小来排序（具有一般复杂度的）特征值，令 Λ 为最大幅度。根据 8.2 节的讨论我们知道，时间积分显式方案的稳定性要求 $\Lambda \mathrm{d}t \lessapprox O(1)$。现在，如果 $\mathcal{S}[u]$ 中出现的空间导数的最高阶是 p，那么对于有限差分，计算结果表明 $\Lambda=O(N^p)$。一个常见的情况是热传导的抛物线方程，其中 $p=2$。由于 $N\gg 1$ 保证了空间精度，因此稳定性要求为 d$t=O(N^{-2})$。这可能太小以至于无法接受，因此经常使用隐式时间积分方案。如果使用谱方法计算空间周期导数，则会得到类似的稳定性估计。（当在本章后面考虑非周期问题时，我们可以证明 $\Lambda=O(N^{2p})$，导致 d$t=O(N^{-2p})$，乍一看，这可能排除显式的时间积分方案。）然而，我们在前一节中看到，给定空间精度所需的 N 值比有限差分所需的要小得多。此外，由于使用更小的 N 值也可以实现惊人的准确性，因此无论如何都需要小 dt 值以实现可以比较的时间精度。

一旦我们确定了 dt 的适当大小，我们就需要为时间积分过程选择一种（最好是显式的）方案。上文引用的文献中有很多建议，但考虑到多种原因，Python 用户不需要做出选择，而是可以依赖 8.3 节的 `odeint` 函数，正如我们通过一个非常简单的示例所展示的。由于很难构造一个在空间上具有周期性的非线性初值问题，因此我们考虑线性对流：

$$u_t = -2\pi u_x, \quad u(0,x) = \exp(\sin x) \tag{9-9}$$

其精确解是 $u(t, x)=\exp(\sin(x-2\pi t))$。下面的代码片段执行时间积分，并执行两个常见任务：显示解和计算最终误差。简洁起见，省略了大多数的修饰内容、注释内容等。

```
 1 import numpy as np
 2 from scipy.fftpack import diff
 3 from scipy.integrate import odeint
 4 import matplotlib.pyplot as plt
 5 from mpl_toolkits.mplot3d import Axes3D
 6 %matplotlib notebook
 7
 8 def u_exact(t,x):
 9     """ Exact solution. """
10     return np.exp(np.sin(x-2*np.pi*t))
11
12
13 def rhs(u, t):
14     """ Return rhs. """
15     return -2.0*np.pi*diff(u)
16
17 N=32
18 x=np.linspace(0,2*np.pi,N,endpoint=False)
19 u0=u_exact(0,x)
20 t_initial=0.0
21 t_final=64*np.pi
22 t=np.linspace(t_initial,t_final,101)
```

```
23 sol=odeint(rhs,u0,t,mxstep=5000)
24
25 plt.ion()
26 fig=plt.figure()
27 ax=Axes3D(fig)
28 t_gr,x_gr=np.meshgrid(x,t)
29 ax.plot_surface(t_gr,x_gr,sol,alpha=0.5)
30 ax.elev,ax.azim=47,-137
31 ax.set_xlabel('x')
32 ax.set_ylabel('t')
33 ax.set_zlabel('u')
34
35 u_ex=u_exact(t[-1],x)
36 err=np.abs(np.max(sol[-1,: ]-u_ex))
37 print "With %d Fourier nodes the final error = %g" % (N, err)
```

第 8～23 行代码建立问题，第 23 行代码用于求解。第 25～33 行代码处理可视化。（注意第 28 行中的转置参数，参见 4.2.2 节。）第 35～37 行构造了一个最小误差校验。这个代码片段的图形输出如图 9-1 所示。结果图形说明了伪谱方法的优点：即使较粗糙的网格间距也能够产生平滑的结果，这里的最终误差约为 10^{-4}。使用纯有限差分技术产生相同的结果，则需要更精细的网格以及更多的相关开销。

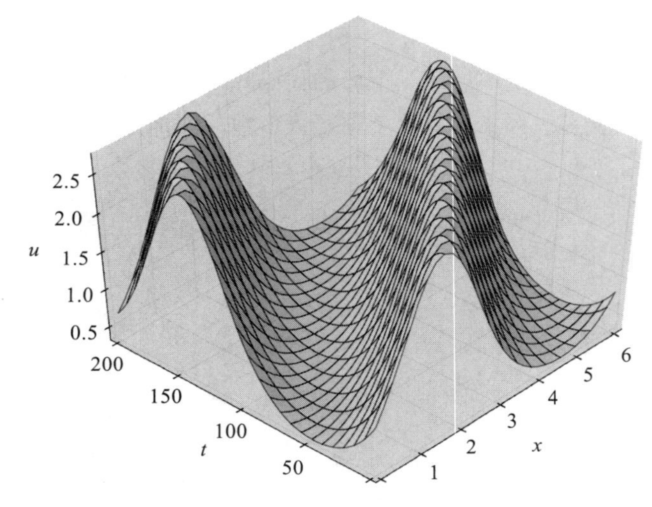

图 9-1 $x\in[0, 2\pi]$ 和 $t\in[0, 64\pi]$ 的周期线性对流问题（9-9）的数值解 $u(t, x)$

9.6 非周期问题的谱技术

大多数有趣的初边值问题都不具备空间周期性，因此不能应用上述傅里叶级数相关的谱技术。另一种方法是使用多项式逼近函数。

简单起见，让我们把区间 $a\leqslant x\leqslant b$ 映射到 $-1\leqslant x\leqslant 1$，例如通过线性变换。接下来我们选择一组 $N+1$ 个离散点，即 $-1=x_0<x_1<\cdots<x_N=1$。现在我们尝试求得函数 $u(x)$ 的一个有用

的多项式近似。很容易看出，存在一个唯一的 N 阶多项式 $p_N(x)$，它插值 u，即对于 $[0, N]$ 中的所有 n，$p_N(x_n)=u(x_n)$。实际上，存在一对 NumPy 函数 `polyfit` 和 `poly1d`（参见 4.7 节）来执行这些计算。假设一致收敛，那么我们可以对插值多项式进行微分，以便在网格点处给出 $u'(x)$ 的估计。

令人惊讶的是，对于均匀间隔的网格点，假定的收敛不会发生。这被称为 Runge 效应，由下面的代码片段举例说明，它检查 $x\in[0, 1]$ 的完美光滑函数 $u(x)=1/(1+25x^2)$，其值域在 1/26 和 1 之间。

```
1 import numpy as np
2
3 def u(x): return 1.0/(1.0+25.0*x**2)
4
5 N=20
6 x_grid=np.linspace(-1.0,1.0,N+1)
7 u_grid=u(x_grid)
8 z=np.polyfit(x_grid,u_grid,N)
9 p=np.poly1d(z)
10 x_fine=np.linspace(-1.0, 1.0, 5*N+1)
11 u_fine=p(x_fine)
12 u_fine
```

在第 8 行，数组 `z` 被插值多项式的系数填充，而在第 9 行创建的 `p` 则是返回插值多项式本身的函数。`p(x)` 在网格点与 `u(x)` 一致。然而，如果我们在第 10 行创建更精细的网格并在其上计算 `p(x)`，那么求得的值在 −58 和 +4 之间。这个多项式对于函数的近似来说是无用的！增加 N 的值没有帮助⊖。

幸运的是，如果我们把注意力转向某些间距不均匀的网格，那么情况就会明显改善。假设我们首先在 $[0, \pi]$ 上构造一个均匀的 θ 网格，并使用变换 $x=-\cos\theta$ 在 $[-1, 1]$ 上构造非均匀切比雪夫网格节点（Chebyshev grid node）。

$$\theta_k=\frac{k\pi}{N},\quad x_k=-\cos\theta_k,\quad k\in[0, N] \tag{9-10}$$

设 $Q_k(x)$ 是 x 的 N 阶多项式，定义为：

$$Q_k(x)=\frac{(-1)^k}{Nc_k}\frac{\sin\theta\sin(N\theta)}{(\cos\theta_k-\cos\theta)} \tag{9-11}$$

其中，对于 $j=1, 2, \cdots, N-1$，有 $c_k=1$，而 $c_0=c_N=2$。则当 $0\leqslant j$，$k\leqslant N$，很容易证明：

$$Q_k(x_j)=\delta_{jk} \tag{9-12}$$

设 $f(x)$ 为 $[-1, 1]$ 上的绝对连续函数，并设 $f_n=f(x_n)$。因此，在切比雪夫节点上插值 $f(x)$ 的 N 阶多项式是：

$$f_N(x)=\sum_{k=0}^{N}f_kQ_k(x),\quad 其中 f_k=f(x_k) \tag{9-13}$$

⊖ 对于连续但不可微的函数，情况更糟，例如，如果 $u(x)=|x|$，那么结果在 $x=0$、±1 处收敛，而在其他点都不收敛！

然后可以证明，对于 $[-1, 1]$ 上的每个绝对连续函数 $f(x)$，插值多项式序列 $f_N(x)$ 随着 N 的增加一致收敛到 $f(x)$。(注意，我们并不要求 $f(-1)=f(1)$)，这些正是我们要使用的。

接下来，我们需要考虑如何在 $f(x)$ 与 $\{f_k\}$ 集合之间转换。最有效的方法是使用特定正交多项式的选择。这个选择取决于所选择的范数，但如果我们使用最大 (C^∞) 范数，那么最佳选择是切比雪夫多项式 $\{T_n(x)\}$ 的集合：

$$T_n(x) = \cos(n\theta) = \cos(n \arccos(-x)) \tag{9-14}$$

请参见公式（9-10）(具体参见文献 Boyd（2001）和 Fornberg（1995）)。之所以做出这种选择还有另一个令人信服的理由。一般来说，求导数所需的运算次数将是 $O(N^2)$。然而，很容易看出 $T_m(x_n)=\cos(mn\pi/N)$。因此，如果使用在切比雪夫节点上求得的切比雪夫多项式，则从物理空间到切比雪夫空间的变换、从切比雪夫空间到物理空间的变换，以及切比雪夫空间中的微分过程都可以用离散快速傅里叶余弦变换来处理，其运算次数为 $O(N\log N)$。同样重要的是，我们可以期望平滑函数的指数收敛性。

除了对我们在本节中使用的理论思想非常有用的参考之外，文献 Fornberg（1995）在其附录 A 中包含了 Fortran77 中用来实际实现这些思想的详细代码。本书的原则是尽量避免用编译语言编程。那么我们该如何着手呢？可以采用的两种策略是：

- 我们可以尝试弄清楚这些 Fortran 子例程和函数的原理，然后尝试在 Python 中实现它们。不幸的是，SciPy 只提供了基本的 FFT 函数，并且使用了不同的约定；
- 我们可以尝试使用原始的 Fortran77 代码来实现它们，但是使用封装器封装这些函数，使它们看起来以及表现得都像 Python 函数。

这里我们将采用第二种方法。除了解决当前的问题，我们还将讨论一般情况下如何重用遗留的 Fortran 代码。(此过程已经用于生成许多 SciPy 函数。) 接下来的两个小节将讨论如何包装已经存在的 Fortran 代码，后文也会继续讨论谱方法。

9.7　`f2py` 概述

`f2py` 工具最初起源于 SciPy，但随着它的成熟，它被应用于 NumPy。读者可以通过输入命令行 `f2py --verbose` 来检查它是否已安装，并获得其选项的摘要信息。`f2py` 是做什么的？最初，它被设计用于编译 Fortran77 子例程，并将结果置于一个封装器，以便它可以作为一个 Python 函数来调用。后来扩展到 C 函数，并且最近又扩展到 Fortran90 ⊖中可使用 Fortran77 编码的部分。本书的原则是尽可能地使用 Python，那么为什么要关注 `f2py` 呢？有两个主要的应用程序可能对预期的读者（我猜想，他们并不知晓 Fortran）有用。

- 就像本节讨论的那样，可能我们希望重用存在的遗留代码（通常以 Fortran77 子例程的形式存在），即使我们对 Fortran 的知识并不是太熟悉；
- 在开发一个大型项目时，建议将耗时的数值处理操作转移到简单的 Python 函数中。第 10 章给出了如何组织 Python 项目以促进这种方法的一个例子。如果 Python 性能

⊖　提及 Fortran90，我们也隐式地包括了 Fortran95 的许多元素。

分析器显示这些函数太慢，那么我们可以将操作重新编码为简单的 Fortran 子例程，使用 f2py 编译和封装它们，然后用超高速的封装函数替换慢的 Python 函数。

遗憾的是，面向初学者的 f2py 文档是零散的。官方文档[⊖]也有些过时。互联网上有各种各样的第三方文档，但没有一个是完全令人满意的。然而，对于大多数科学家来说，上面列举的任务可以使用少量的概念来完成，这些概念将通过下面的示例加以说明。

9.7.1 使用标量参数的简单示例

我们从一个非常简单的任务（Python 函数已经存在）开始解释 f2py 过程。给定向量的三个分量 u、v 和 w，计算欧几里得范数 $s=\sqrt{u^2+v^2+w^2}$。我们从 Fortran90 代码列表开始。

```
1 ! File: norm3.f90 A simple subroutine in f90
2
3 subroutine norm(u,v,w,s)
4 real(8), intent(in) :: u,v,w
5 real(8), intent(out)::s
6 s=sqrt(u*u+v*v+w*w)
7 end subroutine norm
```

Fortran90 中的注释使用感叹号（！）。我们需要了解的是，所有的输入参数和输出标识符都必须作为输入参数提供给子例程（subroutine），即代码片段的第 3～7 行。第 4 行声明三个参数，其类型是 real(8)（大致相当于 Python 的浮点数），并将其作为输入变量。第 5 行声明 s 为一个 real，但更重要的是它传递了一个可以从调用程序访问的结果。

将语法正确的 Fortran 程序传递给 f2py 十分重要。我们可以通过尝试使用如下的命令行来编译代码，以检查语法的正确性。

```
gfortran norm3.f90
```

如果读者安装的编译器与我的编译器不同，则应该使用读者自己安装的编译器名称。（注意，实际上可以从 IPython 内部运行此命令行和后续命令行：仅需要使用感叹号开始行（！），如 2.4 节所述。）如果存在语法错误，则输出其错误信息，然后编译器将给出未定义的“符号”错误信息。请确保语法错误被消除。然后运行命令：

```
f2py -c --fcompiler=gfortran norm3.f90 --f90flags=-O3 -m normv3
```

或者如果只有一个编译器，则可以使用如下更简单的命令：

```
f2py -c norm3.f90 --f90flags=-O3 -m normv3
```

再或者如果读者并不关心代码的优化，则可以使用如下命令：

```
f2py -c norm3.f90 -m normv3
```

⊖ 参见 http://cens.ioc.ee/projects/f2py2e/。

结果在当前目录中会生成一个名为 normv3.so 的文件[1]。现在启动 IPython 解释器，并键入 import normv3，然后键入 normv3?。读者会发现模块 normv3 包含一个函数 norm，所以请尝试 normv3.norm?，这个函数看起来像一个 Python 函数，它接受三个浮点数并产生一个浮点数结果。请尝试如下代码，例如：

```
normv3.norm(3,4,5)
```

结果输出：7.071 067 811 87，符合预期。

考虑到在 Fortran77 中编码的相同问题是非常有启发性的。在该语言中，注释位于列 1 并以 c 开头；代码主体位于列 7 和列 72 之间。这里是等效代码片段，我们假设源代码保存在文件 norm3.f 中。

```
1 C      FILE NORM3.F A SIMPLE SUBROUTINE IN F77
2
3        SUBROUTINE NORM(U,V,W,S)
4        REAL*8 U,V,W,S
5        S=SQRT(U*U+V*V+W*W)
6        END
```

接下来，删除 normv3.so，并通过下面的命令将该文件传递给 f2py[2]：

```
f2py -c --fcompiler=gfortran norm3.f --f77flags=-O3 -m normv3
```

然后，在 IPython 中导入 normv3，并通过 normv3.norm? 检查新文件。我们遇到了一个问题！函数 normv3.norm 需要 4 个输入参数。稍作思考就能找到问题的根源：在 Fortran77 中没有指定“out”变量的方法。然而，f2py 则给出了解决方案。将以上代码修改为：

```
1 C      FILE NORM3.F A SIMPLE SUBROUTINE IN F77
2
3        SUBROUTINE NORM(U,V,W,S)
4        REAL*8 U,V,W,S
5 Cf2py  intent(in) U,V,W
6 Cf2py  intent(out)S
7        S=SQRT(U*U+V*V+W*W)
8        END
```

可以通过注释语句将类似 Fortran90 的指令插入到 Fortran77 代码中。现在删除旧的 normv3.so 文件并创建一个新文件。得到的 normv3.norm 函数具有预期的形式，并且其行为与前面的 Fortran90 相同。

9.7.2 向量参数

下一个复杂度是当一些参数是向量（即一维数组）时的情况。下一节将讨论标量输入和

[1] 诸如 foo.o 的文件是目标文件，大多数编译器都会生成此类文件。foo.so 是一个共享文件，可以由多种语言共享。

[2] 也可以使用上面给出的简化命令行版本。

向量输出的情况，因此我们在这里考虑向量输入和标量输出。继续我们的范数示例，将其扩展到 N 维向量 U。简明起见，我们在这里只讨论 Fortran77 版本，如下面的代码片段所示。

```
 1 C      FILE NORMN.F EXAMPLE OF N-DIMENSIONAL NORM
 2
 3        SUBROUTINE NORM(U,S,N)
 4        INTEGER N
 5        REAL*8 U(N)
 6        REAL*8 S
 7 Cf2py intent(in)N
 8 Cf2py intent(in)U
 9 Cf2py depend(U) N
10 Cf2py intent(out)S
11        REAL*8 SUM
12        INTEGER I
13        SUM = 0.0D0
14        DO 100 I=1,N
15 100      SUM = SUM + U(I)*U(I)
16        S= SQRT(SUM)
17        END
```

暂时忽略第 7～10 行。与 Python 不同，Fortran 数组并不知道它们的大小，因此必须同时提供 U 和 N 作为参数，当然我们需要 S 作为输出参数。第 11～16 行执行计算任务。第 14 行和第 15 行中的构造是 do 循环，在 Fortan 语言中等价于 for 循环。对于 Python 用户来说，子例程参数看起来很奇怪，但是我们可以补救这个问题。如前所述，第 7 行、第 8 行和第 10 行仅仅声明输入变量和输出变量。第 9 行是一个新知识点，它告诉 f2py，N 和 U 是相关联的，并且 N 的值可以根据 U 的值推断出来。接下来我们创建一个新的模块，例如：

```
f2py -c --fcompiler=gfortran normn.f --f77flags=-O3 -m normn
```

然后，在 IPython 中导入 normn 并检查函数 normn.normn。我们发现它需要 u 作为输入参数，n 是可选的输入参数，而 s 是输出参数。因此：

```
normn.norm([3,4,5,6,7])
```

其结果和 Python 函数一样。建议读者尝试：normn.norm([3,4,5,6,7],3)。建议敢于冒险的读者测试：normn.norm([3,4,5,6,7],6)。

9.7.3 使用多维参数的简单示例

需要指出 Python 和 Fortran 之间的一个重要区别。假设 a 是一个 2×3 的数组。在 Python 中，其元素将以“行顺序”方式线性存储，就像在 C 语言家族中一样：

$$a_{00}, a_{01}, a_{02}, a_{10}, a_{11}, a_{12}$$

而 Fortran 语言家族中，则按“列顺序”方式存储：

$$a_{00}, a_{10}, a_{01}, a_{11}, a_{02}, a_{12}$$

对于向量，即一维数组，二者当然没有区别。然而，在更一般的情况下，可能需要将数组从一种数据格式复制到另一种数据格式。如果数组巨大，则潜在地非常耗时。

通常不需要担心数组在内存中是如何存储的。现代版本的 f2py 实用程序能很好地处理该问题，从而使复制的次数最小化，即使很难避免至少一次复制操作。这里有两种非常简单的复制方法：

- 如果 Fortran 要求一个 real*8 数组，那么请确保 Python 提供一个浮点型 NumPy 数组。(在上面的例子中，我们提供了一个整数列表，这肯定会导致复制操作！）如果读者正在使用 np.array 函数，则请参阅 4.2 节，实际上可以通过指定参数 order='F' 来解决该问题。
- 虽然按 Fortran 惯例，一般在单个子例程中输入、修改和输出相同的大数组，但这常常会导致编程错误，甚至 f2py 中的数组复制操作。推荐一个更为明确的 Python 风格，这将导致一次复制操作。

这两种思想可通过下面的程序片段和 IPython 会话加以说明。

```
 1 C     FILE: MODMAT.F MODIFYING A MULTIDIMENSIONIAL ARRAY
 2
 3       SUBROUTINE MMAT(A,B,C,R,M,N)
 4       INTEGER M,N
 5       REAL*8 A(M,N),B(M),C(N),R(M,N)
 6 Cf2py intent(in) M,N
 7 Cf2py intent(in) A,B,C
 8 Cf2py depend(A) M,N
 9 Cf2py intent(out)R
10       INTEGER I,J
11       DO 10 I=1,M
12         DO 10 J=1,N
13 10        R(I,J)=A(I,J)
14       DO 20 I=1,M
15 20      R(I,1)=R(I,1)+B(I)
16       DO 30 J=1,N
17 30      R(1,J)=R(1,J)+C(J)
18       END
```

换而言之，数组 R 是 A 的副本，其中第一列通过添加 B 而增加，第一行通过添加 C 而增加。假设使用 f2py 将这个程序片段编译成模块 modmat。然后考虑下面的 IPython 会话：

```
import numpy as np
import modmat

a = np.array([[1,2,3],[4,5,6]],dtype='float',order='F')
b=np.array([10,20],dtype='float')
c=np.array([7,11,13],dtype='float')
r=modmat.mmat(a,b,c)
r
```

9.7.4　f2py 的其他特征

本节只讨论了 f2py 的几个方面，但这几个方面对科技工作者最有用。我们只讨论了

Fortran 代码，但大多数特性也适用于 C 代码。我们没有讨论更高级的特性，例如字符串和公共块，因为它们不太可能在所设想的环境中使用。我们也没有讨论签名文件。在某些情况下，例如专有的 Fortran 库，用户可以编译遗留文件，但不会用 `Cf2py` 行来修改它们。我们可以通过两阶段过程来获得所需的模块。首先，我们运行 `f2py -h` 来生成签名文件，例如 `modmat.pyf`。这是用 Fortran90 风格编写的，给出了 Fortran 子例程的默认形状，这里是 `mmat`，但不包括 `Cf2py` 行。然后我们编辑签名文件来创建自己想要的函数。在第二阶段，`f2py` 获取签名和 Fortran 文件，并创建所需的共享对象文件。详细信息请参见 `f2py` 帮助文档。

9.8 f2py 真实案例

上述章节中给出的例子当然过于简单。(作者必须在教授读者简单且容易理解的知识和教授读者复杂且令人困惑的知识之间取得平衡。) 在本节中，我们将研究一个更现实的任务，即将遗留的 Fortran 代码转换为一组有用的 Python 函数，假设读者只有很少的 Fortran 知识。显然，本书只能包括其中的一个任务代码，所以不大可能覆盖读者最喜欢的应用。然而，仔细地遵循该过程是非常有意义的，可以帮助读者了解如何将相同的过程应用于其他应用程序。我们的例子是实现 9.6 节中留下的任务，即实现文献 Fornberg（1995）中描述的切比雪夫转换工具，文献中包含了传统的 Fortran 代码。

首先，我们将附录 B 代码中的第一个子例程输入或者复制到一个文件（例如 `cheb.f`）中。事实上，参考文献 Fornberg（1995）中没有包含完整的代码，代码第 8～10 行是在文献第 187 页的 F.3 节的开头部分给出的一个片段，前面的第 1～4 行代码以及后面的第 11～12 行代码则是使用文献中该页之前给出的代码示例拼凑处理的。正如注释第 2 行所表明的，`N` 是输入参数，`X` 是输出参数，并且指向维度 `N+1` 的向量。我们需要为 `f2py` 提供第 5～7 行的注释行。

接下来，我们介绍第二个代码片段，基本的快速离散傅里叶变换 `SUBROUTINE FFT`，它运行（在增强之前）到 63 行，代码不容易理解。注释行第 10～12 行揭示了一个常见的 Fortran 编程习惯。数组 `A` 和数组 `B` 是输入变量，它们将在原位置处被直接修改，然后成为输出变量。幸运的是，`f2py` 具备了处理这种问题的能力，第 21 行处理了这个问题。正如第 14～17 行所示的，整数参数 `IS` 和 `ID` 是输入变量，所以第 22 行提醒 `f2py` 注意这一点。第 16 行告诉我们 `N` 是数组 `A` 和数组 `B` 的实际大小。与前述章节一样，我们可以用一条命令来处理这个问题。

```
Cf2py depend(A) N
```

它将 `n` 作为对应 Python 函数的可选参数。然而，我们并不想使用 `n` 的这个可选值。取而代之，第 23 行指出 `n` 不会出现在最终参数列表中，而是从输入数组 `a` 的维度来推断[⊖]。第三个代码片段是快速离散傅里叶余弦变换，其处理方式相同。

[⊖] 注意 `intent(hide)` 不是合法的 Fortran 90 语句。

最后，我们需要添加文献 Fornberg（1995）的第 188～189 页的三个子例程，它们不包含有用的注释行，但是第 188 页的注释解释了子例程参数的性质。增强的注释行没有新的知识点。

如果所有的 Fortran77 代码都被输入或者复制到一个文件（例如 cheb.f）中，那么我们可以使用 f2py 来创建一个模块（例如 cheb）。（在这里包含代码优化标志非常有意义。）接下来，我们应该使用 IPython 的自省功能来检查函数签名是否符合我们的预期。

验证生成的 Python 函数当然是非常重要的。下面的代码片段使用所有例程（仅间接使用 fft 和 fct），并有选择地检查所有例程是否正常。

```
 1 import numpy as np
 2 import cheb
 3 print cheb.__doc__
 4
 5 for N in [8,16,32,64]:
 6     x= cheb.chebpts(N)
 7     ex=np.exp(x)
 8     u=np.sin(ex)
 9     dudx=ex*np.cos(ex)
10
11     uc=cheb.tocheb(u,x)
12     duc=cheb.diffcheb(uc)
13     du=cheb.fromcheb(duc,x)
14     err=np.max(np.abs(du-dudx))
15     print "with N = %d error is %e" % (N, err)
```

当 N=8 时，误差为 $O(10^{-3})$；当 N=16 时，误差减少为 $O(10^{-8})$；当 N=32 时，误差减少为 $O(10^{-14})$。

这完成了我们在切比雪夫空间中进行空间微分的一组函数的构造。同样的原理可以用来在其他方向扩展 Python。我们可以以完全相同的方式来封装 Fortran90 或者 Fortran95 代码，只要我们记住注释以感叹号（!）开始，而不是 c（不一定在行的开头）。编写良好的 Fortran90 代码将包括诸如 intent(in) 之类的规范，但如果两者都彼此一致，则包括 f2py 版本不会有任何问题。

9.9 实用示例：伯格斯方程

接下来我们讨论伪谱方法的一个具体例子，伯格斯方程（9-1）的初边值问题。

$$u_t = -u\,u_x + \mu\,u_{xx} \tag{9-15}$$

其中 μ 是正常量参数。这里，$u(t, x)$ 的时间演化受两个效应的控制，式（9-15）右侧的第一项表示非线性对流，第二项表示线性扩散。许多精确解是已知的，我们将使用 kink 解。

$$\hat{u}(t, x) = c\left[1 + \tanh\left(\frac{c}{2\mu}(ct - x)\right)\right] \tag{9-16}$$

其中 c 是正常数，用于测试我们的数值方法。(对于固定的 t 和大的负数 x，有 $u\approx 2c$；如果 x 是大的正数，则 $u\approx 0$。在两个均匀状态之间有一个时间依赖的过渡，因此称为 kink（扭结）。)

我们将所讨论的时间间隔限制为 $-2\leqslant t\leqslant 2$，以及 $-1\leqslant x\leqslant 1$。我们需要在 $t=-2$ 处施加初始数据，因此我们设定：

$$u=(-2,x)=f(x)=c\left[1-\tanh\left(\frac{c}{2\mu}(x+2c)\right)\right] \tag{9-17}$$

与式（9-16）一致。

9.9.1 边界条件：传统方法

注意，通过有限差分法（式（9-6）～式（9-7））估计空间导数的传统方法无法在空间间隔的终点求值。我们需要更多的信息来提供这些值。(早先的周期性假设绕过了这个问题。)从数学上讲，因为这个方程包含两个空间导数，所以我们需要在 $x=\pm 1$，$-2\leqslant t\leqslant 2$ 处施加两个边界条件，以使初边值问题的解是唯一的。在这里，我们遵循 Hesthaven 等（2007）的示例，作为例证要求当 $-2\leqslant t\leqslant 2$ 时，满足：

$$\mathcal{B}_1[t,u]\equiv u^2(t,-1)-\mu u_x(t,-1)-g_1(t)=0,\quad \mathcal{B}_2[t,u]\equiv \mu u_x(t,1)-g_2(t)=0 \tag{9-18}$$

这里 $g_1(t)$ 和 $g_2(t)$ 是任意函数。(明确起见，我们稍后将选择它们，使得精确解（9-16）精确地满足条件（9-18）。)在标准教科书中，执行有限差分法来处理诸如式（9-18）的边界条件。根据稳定性和收敛性要求，边界网格点处 $u(t, x)$ 的离散变化可以很容易地适用于有限差分模式。然而，在伪谱方案中需要更加小心以避免因感知到不连续性而发生的吉布斯现象。

9.9.2 边界条件：惩罚方法

伪谱方法在网格的每个点处预测空间导数。那么我们如何修改该方法以考虑诸如式（9-18）的边界条件？所谓的“惩罚方法”提供了一种非常通用、非常成功的方法来实现这样的边界条件。乍一看，这似乎有些荒谬。我们不是在边界条件（9-18）和初始条件（9-17）下求解式（9-15），而是仅限于初始条件（9-17）求解：

$$u_t=-uu_x+\mu u_{xx}-\tau_1 S_1(x)\mathcal{B}_1[t,u]-\tau_2 S_2(x)\mathcal{B}_2[t,u] \tag{9-19}$$

这里 τ_i 是常数，$S_i(x)$ 是 x 的适当函数。看来我们既不求解伯格斯方程，也不求解边界条件，而是二者的结合。其基本思想是，如果选择的 τ_i 足够大，则 $u(t, x)$ 与边界条件（9-19）的解的任何偏差都将迅速呈指数级地减少到零。事实上，式（9-19）的 $\tau_i\to\infty$ 极限是边界条件（9-18）。满足边界条件的式（9-19）的解也满足演化方程（9-15）。这个想法并不新鲜，也不局限于边界条件。例如，它出现在数值广义相对论中，其中随时间演化的方程受到作为“约束阻尼”的椭圆（常数时间）约束。

这里所提倡的伪谱方法中，应用于边界条件的惩罚方法具有令人惊讶的简单形式。如文献 Funaro 和 Gottlieb（1988）首先指出的，随后文献 Hesthaven（2000）也指出，在式（9-19）中选择 $S_1(x)$ 作为由式（9-11）定义的 $Q_0(x)$ 非常有益，同样使用 $Q_N(x)$ 代替 $S_2(x)$ 也是明智之举。回顾方程（9-12），我们看到，就网格近似而言，我们在最左（最右）网格点处施加左（右）边界条件，而内部网格点“看不到”边界条件。对线性问题的详细计算表明，如果参数 τ_i 较大，则该方法是稳定而精确的（$O(N^2)$）。

考虑到更复杂的方程以及施加边界条件的需要，下面给出的用于求解伯格斯方程 kink（扭结）解的代码片段并不比用于求解 9.5 节中具有周期边界条件的线性对流方程复杂。注意，代码片段计算数值解，以图形方式显示并估计误差。

```
 1 import numpy as np
 2 from scipy.integrate import odeint
 3 import matplotlib.pyplot as plt
 4 from mpl_toolkits.mplot3d import Axes3D
 5 %matplotlib notebook
 6 import cheb
 7 
 8 c=1.0
 9 mu=0.1
10 
11 N=64
12 x=cheb.chebpts(N)
13 tau1=N**2
14 tau2=N**2
15 t_initial=-2.0
16 t_final=2.0
17 
18 def u_exact(t,x):
19     """ Exact kink solution of Burgers' equation. """
20     return c*(1.0+np.tanh(c*(c*t-x)/(2*mu)))
21 
22 def mu_ux_exact(t,x):
23     """ Return mu*du/dx for exact solution. """
24     arg=np.tanh(c*(c*t-x)/(2*mu))
25     return 0.5*c*c*(arg*arg - 1.0)
26 
27 def f(x):
28     """ Return initial data. """
29     return u_exact(t_initial,x)
30 
31 def g1(t):
32     """ Return function needed at left boundary. """
33     return (u_exact(t,-1.0))**2-mu_ux_exact(t,-1.0)
34 
35 def g2(t):
36     """ Return function needed at right boundary. """
37     return mu_ux_exact(t,1.0)
38 
39 def rhs(u, t):
40     """ Return du/dt. """
```

```
41      u_cheb=cheb.tocheb(u,x)
42      ux_cheb=cheb.diffcheb(u_cheb)
43      uxx_cheb=cheb.diffcheb(ux_cheb)
44      ux=cheb.fromcheb(ux_cheb,x)
45      uxx cheb. fromcheb(uxx_cheb,x)
46      dudt=-u*ux+mu*uxx
47      dudt[0]-=tau1*(u[0]**2-mu*ux[0]-g1(t))
48      dudt[-1]-=tau2*(mu*ux[-1]-g2(t))
49      return dudt
50
51 t=np.linspace(t_initial, t_final,81)
52 u_initial=f(x)
53 sol=odeint(rhs,u_initial,t,rtol=10e-12,atol=1.0e-12,mxstep=5000)
54 xg,tg=np.meshgrid(x,t)
55 ueg=u_exact(tg,xg)
56 err=sol-ueg
57 print "With %d points error is %e" % (N,np.max(np.abs(err)))
58
59 plt.ion()
60 fig=plt.figure()
61 ax=Axes3D(fig)
62 ax.plot_surface(xg,tg,sol,rstride=1,cstride=2,alpha=0.1)
63 ax.set_xlabel('x',style='italic')
64 ax.set_ylabel('t',style='italic')
65 ax.set_zlabel('u',style='italic')
```

第 7 行和第 8 行是为精确解设置参数，第 10～15 行为 τ_i 设置网格和特定值，第 45 行在内部点设置式（9-19）的右侧，第 46 行和第 47 行在结束点添加惩罚项。其余代码应该是早期代码片段的变体。这个代码片段生成的图形如图 9-2 所示。表 9-2 显示了代码片段为不同的 N 选项计算的最大绝对误差。请注意，将网格点的数量加倍会使误差平方化，但是在从 N=64 到 N=256 的转换中，前面在 9.4 节讨论的数值精度误差和由 odeint 演化函数产生的误差都开始侵入，从而破坏图像。通过改变精度参数可以减小演化误差，但其他误差是该方法固有的。

表 9-2　最大绝对误差是切比雪夫网格大小 N 的函数。这里感兴趣的是相对大小

N	最大绝对误差	N	最大绝对误差
16	1.1×10^{-2}	128	4.0×10^{-11}
32	4.7×10^{-5}	256	5.7×10^{-10}
64	1.2×10^{-9}		

到此为止，我们完成了与求解抛物型问题的线方法或者已知解是平滑的双曲型谱方法耦合的光谱方法的综述。也讨论了非线性和复杂的边界条件，方程组则未做详细讨论。然而，线方法背后的原则是减少演化偏微分方程的时间积分以求解一组常微分方程。实际上，两个代码片段都使用了 ScPy odeint 函数。在第 8 章处理常微分方程时，我们便展示了如何对方程组进行积分，所需要处理的就是将那些技术合并到这里给出的代码片段中。

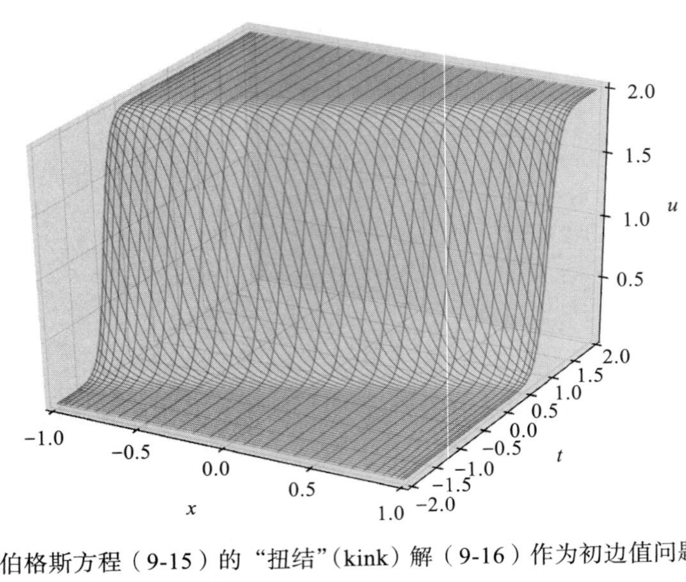

图 9-2　将伯格斯方程（9-15）的“扭结”(kink) 解（9-16）作为初边值问题的处理方法

案例研究：多重网格

在最后一章，我们讨论一个与几乎所有理论科学相关的扩展示例或者“案例研究”，称为多重网格。对于许多人来说，多重网格是一本自成体系的、令人望而生畏的“教科书”，因此我们首先看一下使用它能够解决的问题类型，然后概述其工作原理，最后概括地描述如何利用 Python 轻松实现多重网格。本章其余部分将陆续展开阐述。

在很多问题中，我们将数据与空间网格上的点相关联[⊖]。简单起见，我们假设网格是均匀的。在实际情况中，我们可能希望分辨率为每个维度 100 点，对于三维网格，将有 10^6 个网格点。即使每个网格点只存储一条数据，这也是大量的数据，我们可以将它们打包成维度为 $N=O(10^6)$ 的向量（一维数组）$\boldsymbol{u}$。这些数据不是任意的，会受到代数或者微分方程的限制。使用有限差分（或者有限元）近似，可以确保我们正在处理代数方程。即使基础方程是非线性的，我们也必须将它们线性化（例如，使用牛顿 – 拉普森法（Newton-Raphson procedure），参见 10.3 节），因为无法求解如此巨大的非线性方程组。因此，我们需要求解一个非常大的线性方程组，其形式如下：

$$\boldsymbol{A}\boldsymbol{u}=\boldsymbol{f} \tag{10-1}$$

其中，$\boldsymbol{f}$ 是 N 维向量，$\boldsymbol{A}$ 是 $N\times N$ 矩阵。

通常情况下直接求解方程组（10-1）（例如，通过矩阵求逆）并不可行。除非矩阵 $\boldsymbol{A}$ 具有特殊的形式，否则矩阵求逆需要 $O(N^3)$ 次运算！取而代之的是不得不使用迭代方法（将在 10.2.1 节讨论）。它们的目标都是通过迭代 $\boldsymbol{u}$，使得残差 $\boldsymbol{r}=\boldsymbol{f}-\boldsymbol{A}\boldsymbol{u}$ 趋向于 0。然而，当这些方法单独使用时，都存在一个致命缺陷。为了解释这一点，我们需要考虑一个傅里叶表示的残差 $\boldsymbol{r}$，它包含 $O(N)$ 个众数（或者称为模（mode））。（这将在 10.1.2 节详细讨论。）迭代方法会使残差的傅里叶众数（高频部分）一半的幅度非常迅速地减少并趋近于 0，但对另一半众数（低频部分）的幅度则几乎没有影响。之后，迭代将停滞。

此时此刻，多重网格背后的第一个关键思想登场了。假设我们考虑了一个额外的线性维数为 $N/2$ 的网格，即两倍的间距。同样假设我们仔细地将停滞解 $\boldsymbol{u}$、源 $\boldsymbol{f}$ 和算子 $\boldsymbol{A}$ 从原始精细网格转录到新的粗糙网格。这是有意义的，因为精细网格残差主要由低频众数组成，这些众数将在粗糙网格上精确表示。然而，从粗糙网格的角度看，其中一半将是高频的。通过迭代，我们可以将它们减少到几乎为零。如果随后小心地将解数据传送回精细网格，那么我们将进一步移除残差的傅里叶众数的四分之一，即总共移除四分之三。

第二个关键的想法是认识到不限于两个网格模型。我们可以建立第三个，甚至更粗糙的网格，并重复这个过程，以消除八分之七的残差傅里叶众数。事实上，我们可以继续添加粗糙网格直至成为微不足道的网格。还要注意，附加的网格只占原始网格大小的一小部分，并

⊖ 在有限元方法中，使用的术语不同，但思想是一致的。

且这种惩罚通过提高速度而变得更加合理。

值得注意的是，除了大小之外，所有网格的操作和信息传输都是相同的。因此强烈建议使用 Python 类结构。此外，一旦构造了两个网格模型，就可以使用递归非常简单地定义过程的其余部分。在本章的剩余部分，我们补充了一些细节，并设置了一组 Python 函数来实现它们，最后给出了一个值得正视的非线性示例。

虽然我们已经尽力使这一章适度地自成一体，但感兴趣的读者会希望进一步探讨。可以说，初学者入门最好的文献是 Briggs 等（2000），尽管对于该书前半部分的内容，也可以查阅其他网络资料来学习。然而在该书的后半部分，Briggs 等（2000）以简洁明了的方式描绘了许多应用。Trottenberg 等（2001）撰写的教科书以更具说服力的方式覆盖了大部分相同的内容，其中有些内容读者可能会觉得更有帮助。Wesseling（1992）的教科书则经常会被忽略，但它的算法方法特别适用于第 8 章，而在其他地方并不适用。Brandt 和 Livne（2011）的专著也包含了大量有用的信息。

10.1 一维情形

我们需要一个具体的例子，它将作为一些基本思想的范例。

10.1.1 线性椭圆型方程

区间 [0, 1] 上一维椭圆型微分方程的一个非常简单的例子如下所示：

$$-u''(x)=f(x),\quad u(0)=u_\text{l},\quad u(1)=u_\text{r} \tag{10-2}$$

其中，u_l 和 u_r 是给定常量。注意，通过向 $u(x)$ 添加一个线性函数，我们可以设置 $u_\text{l}=u_\text{r}=0$，这一点很容易实现。我们在区间 [0, 1] 上设置 n 个均匀分布的网格，即 $n+1$ 点，分别标记为 $x_i=i/n$，其中 $0\leqslant i\leqslant n$，并设置 $u_i=u(x_i)$ 和 $f_i=f(x_i)$。然后我们将式（10-2）离散化为：

$$-\frac{u_{i-1}-2u_i+u_{i+1}}{\Delta x^2}=f_i,\quad 0<i<n \tag{10-3}$$

其中，$\Delta x=1/n$、$u_0=0$、$u_n=0$。式（10-3）可以改写为：

$$\boldsymbol{Au}=\boldsymbol{f} \tag{10-4}$$

其中，$\boldsymbol{u}=\{u_1,\cdots,u_{n-1}\}$，$\boldsymbol{f}=\{f_1,\cdots,f_{n-1}\}$，$u_0=u_n=0$，$\boldsymbol{A}$ 是一个 $(n-1)\times(n-1)$ 的矩阵。许多比式（10-2）更复杂的问题都可以简化为式（10-4）的形式，这是我们处理的实际问题。

10.1.2 平滑众数和粗糙众数

在上面的例子中，n 的取值应该为多大呢？根据我们谱方法的经验，考虑使用离散傅里叶变换可以提供帮助。通过要求连续性为 x 的奇函数，我们可以将 u 的定义域从 [0, 1] 扩展到 [−1, 1]。最后，通过要求 $u(x)$ 是周期为 2 的周期函数，我们可以将定义域扩展到实数轴。我们定义了离散傅里叶众数如下：

$$s_k(x)=\sin(k\pi x),\quad k=1,2,\cdots,n-1 \tag{10-5}$$

其位于网格点的值如下：

$$s_{k,j}=s_k(x_j)=\sin(kj\pi/n) \tag{10-6}$$

正好存在 $n-1$ 个线性独立的傅里叶众数，这与未知数相同，并且傅里叶众数确实构成了网格函数的向量空间的基础。那些 $1\leqslant k<\frac{1}{2}n$ 的众数被称为平滑众数，而那些 $\frac{1}{2}n\leqslant k<n$ 的众数被称为粗糙众数。因此，我们可以选择将 $u(x)$ 和 $f(x)$ 扩展，例如：

$$u(x)=\sum_{k=1}^{n-1}u^k s_k(x) \tag{10-7}$$

如果忽略粗糙众数对结果和的贡献是可以接受的近似，则称 $u(x)$ 是平滑的。如果需要合理的精度和定义，则要求 $u(x)$ 是平滑的，这将对 n 的值施加下限。

10.2 多重网格工具

10.2.1 松弛法

在方程组（10-4）中，虽然矩阵 $\boldsymbol{A}$ 通常是稀疏的，但它具有非常大的维度，特别是当底层空间网格具有两上或者更多维度时。直接解法，例如高斯消元法，往往没有优势，我们通常通过迭代法，也就是“松弛”过程来寻求近似解。假设我们把式（10-3）改写为：

$$u_i=\frac{1}{2}(u_{i-1}+u_{i+1}+\Delta x^2 f_i),\quad 1\leqslant i\leqslant n-1 \tag{10-8}$$

雅可比迭代定义如下。我们从满足 $\tilde{u}_0^{(0)}=\tilde{u}_n^{(0)}=0$ 的一些近似解 $\tilde{u}^{(0)}$ 开始。在式（10-8）的右边使用这个方法，我们可以计算新的近似 $\tilde{u}^{(1)}$ 的分量。假设我们把这个过程记为 $\tilde{u}^{(1)}=J(\tilde{u}^{(0)})$。在合理的条件下，我们可以证明当 $k\to\infty$ 时，第 k 次迭代 $\tilde{u}^{(k)}=J^k(\tilde{u}^{(0)})$ 收敛到精确解 u。在实践中，我们做了一处小修改。设 ω 是满足 $0<\omega\leqslant 1$ 的一个参数，并设：

$$\tilde{u}^{(k+1)}=W(\tilde{u}^{(k)})=(1-\omega)\tilde{u}^{(k)}+\omega J(\tilde{u}^{(k)}) \tag{10-9}$$

这是加权雅可比迭代法。基于下面解释的原因，通常选择 ω=2/3。

假设我们把精确解 u 记为：

$$u=\tilde{u}^{(k)}+e^{(k)}$$

其中，$e^{(k)}$ 是误差。利用线性度很容易证明 $e^{(k)}$ 也满足式（10-4），但源项（source term）f 为零。

我们现在通过一个具体的例子来说明这一点。我们设 n=16，并选择误差模式的初始迭代为：

$$e^{(0)}=s_1+\frac{1}{3}s_{13}$$

其中，s_k 是在式（10-5）和式（10-6）中定义的离散傅里叶众数。这是基本众数的叠加，并且是快速振荡模式的三分之一。图 10-1 显示了这一点，并显示了前 8 个雅可比迭代的结果。它是使用下面的代码片段生成的。

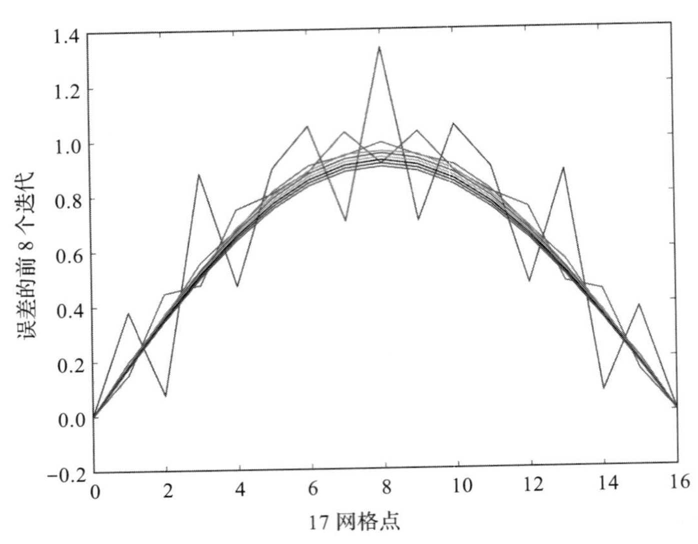

图 10-1　一个具有 16 个区间的网格上的雅可比迭代。误差的初始迭代是第 1 次谐波和第 13 次谐波的混合，结果为极度锯齿曲线。图中显示了 8 个加权雅可比迭代的结果。迭代非常有效地抑制了粗糙（第 13 个）众数，但是在减小误差中的平滑基本众数方面非常慢

```
 1 import numpy as np
 2 import matplotlib.pyplot as plt
 3 %matplotlib notebook
 4
 5 N=16
 6 omega=2.0/3.0
 7 max_its=8
 8
 9 x=np.linspace(0,1,N+1)
10 s1=np.sin(np.pi*x)
11 s13=np.sin(13*np.pi*x)
12 e_old=s1+s13/3.0
13 e=np.zeros_like(e_old)
14
15 plt.ion()
16 plt.plot(e_old)
17 for it in range(max_its):
18     e[1:-1]=(1.0-omega)*e_old[1:-1]+\
19             0.5*omega*(e_old[0:-2]+e_old[2: ])
20     plt.plot(e)
21     e_old=e.copy()
22 plt.xlabel('The 17 grid points')
23 plt.ylabel('The first 8 iterates of the error')
```

在这里，我们的初始迭代是基本模式和快速振荡模式的三分之一（图 10-1 中的尖峰曲线）的叠加。其余曲线显示了前 8 个雅可比迭代的结果。经过三次迭代，尖峰的振幅几乎全部消失，但是现在平滑误差 $e^{(m)}$ 减小到精确值 0 的过程极其缓慢。读者可能希望更改代码片

段，以验证对于由其他平滑众数和粗糙众数混合而成的初始数据，结果都是相同的。粗糙众数被迅速阻尼，平滑众数几乎不衰减。这就是称其为松弛法的原因。

很容易观察出这些结果的理论基础。首先注意，使用标准三角恒等式，由式（10-6）定义的 s_k 是具有特征值 $\cos(k\pi/n)$ 的算子 J 的特征向量。s_k 是由式（10-9）定义的算子 W 的特征向量，具有特征值：

$$\lambda_k = 1-\omega+\omega\cos(k\pi/n) = 1-2\omega\sin^2\left(\frac{1}{2}k\pi/n\right) \tag{10-10}$$

第 k 个傅里叶众数的阻尼由 $|\lambda_k|$ 确定。如果 $k<<n$，则 $\lambda_k\approx 1-O(1/n^2)$。因此，平滑众数的阻尼可以忽略不计，特别是 n 比较大的时候。因此，尽管“松弛法”收敛于精确解，但是平滑众数的超慢收敛速度使得它用处不大。然而，请注意，如果我们考虑粗糙众数，$n/2\leqslant k<n$，并且选择 $\omega=2/3$，那么 $|\lambda_k|<1/3$。加权雅可比迭代会成为一个非常有效的粗糙众数阻尼器。在多重网格条件下，它是平滑的。

当然还有许多其他经典的松弛方法，最常见的是高斯－赛德尔法（Gauss-Seidel method）。高斯－赛德尔法及时利用了式（10-8）右侧计算出来的分量 $u^{(k+1)}$。因此，它实际上是一组方法，取决于计算组件的顺序。例如，如下是一个应用于向量 $\tilde{\boldsymbol{u}}^{(k)}$ 的单一红黑高斯－赛德尔迭代法：

$$\tilde{u}_i^{(k+1)} = \begin{cases} \dfrac{1}{2}\left(\tilde{u}_{i-1}^{(k)}+\tilde{u}_{i+1}^{(k)}+\Delta x^2 f_i\right) & i=2,4,\cdots,n-2 \\ \dfrac{1}{2}\left(\tilde{u}_{i-1}^{(k+1)}+\tilde{u}_{i+1}^{(k+1)}+\Delta x^2 f_i\right) & i=1,3,\cdots,n-1 \end{cases} \tag{10-11}$$

这里偶数 i 的点是“红色”，而奇数 i 的点则被称为“黑色”。这可以延伸到两个维度，其中 i 和 j 均为偶数或者奇数的点是“红色”，而其余点是“黑色”。此名称是根据与国际象棋棋盘的相似性而得来的。高斯－赛德尔法的行为类似于加权雅可比迭代法。通常它们阻尼粗糙众数会稍微快一点，但是在处理平滑众数时也会遇到同样的缺陷。因此，它们中没有一个能够单独用来解决原始问题（10-4）。

幸运的是，多重网格提供了一个非常优雅的解决方案。多重网格的中心原则不是在单个固定网格（n=16）上处理问题，而是在一系列网格（例如 n=16、8、4、2）上处理问题。也可以使用 2 以外的因子来进行缩放，但通常选择缩放因子为 2。因此，我们将假设最好的网格大小 n 是 2 的乘幂。

10.2.2 残差与误差

请回顾我们的目标是指定 u_0 和 u_n 时，在一个大小为 n 的“最精细网格”上求解方程组（10-4）：

$$\boldsymbol{Au}=\boldsymbol{f}$$

假设我们求得 $\boldsymbol{u}$ 的近似值 $\tilde{\boldsymbol{u}}$，将误差定义为 $\boldsymbol{e}=\boldsymbol{u}-\tilde{\boldsymbol{u}}$，残差定义为 $\boldsymbol{r}=\boldsymbol{f}-\boldsymbol{A}\tilde{\boldsymbol{u}}$。然后很容易验证残差方程满足：

$$\boldsymbol{Ae}=\boldsymbol{r},\quad e_0=e_n=0 \tag{10-12}$$

很显然，要认识到方程组（10-4）和（10-12）在形式上是相同的，虽然没有什么新意，但十分重要。

同样请回顾，我们的“最精细网格”是 $0\leqslant x\leqslant 1$ 的 n 个间隔的划分。设置 $h=\Delta x=1/n$，对于 $0\leqslant i\leqslant n$，设 $x_i=ih$，$u(x_i)=u_i$ 等。当 n 足够大且是 2 的幂时，$\boldsymbol{u}$ 和 $\boldsymbol{f}$ 位于“最精细网格”上的平滑部分。现在，我们称“最精细网格”为“精细网格”。我们还考虑具有间距 $H=2h$（即存在 $n/2$ 个间隔）的“粗糙网格”，其意图是“精细网格”的副本。通常使用 $\boldsymbol{u}^h$ 标记“精细网格”以区分使用 $\boldsymbol{u}^H$ 标记的“粗糙网格”。二者如何关联呢？对于讨论中的线性问题，我们可以要求通过变换 $n\to n/2$，$h\to H=2h$，从 $\boldsymbol{A}^h$ 求得 $\boldsymbol{A}^H$。注意，$\boldsymbol{u}^h$ 是一个（$n-1$）维向量，而 $\boldsymbol{u}^H$ 具有维数 $n/2-1$。

10.2.3 延拓和限制

假设我们在“粗糙网格”上定义了一个向量 $\boldsymbol{v}^H$。将其插值到“精细网格”上的过程，我们称为*延拓*，表示为 I_H^h，可以通过几种方式完成。处理那些与粗网格点相对应的细网格点的最显而易见的方法是直接复制组件。处理其他问题的最简单方法则是线性插值，因此：

$$v_{2j}^h=v_j^H\quad 0\leqslant j\leqslant\frac{1}{2}n;\quad v_{2j+1}^h=\frac{1}{2}(v_j^H+v_{j+1}^H),\quad 0\leqslant j\leqslant\frac{1}{2}n-1 \tag{10-13}$$

我们示意性地表示为 $\boldsymbol{v}^h=I_H^h\boldsymbol{v}^H$。注意，这可能会为内部点处的 v_{2j}^h 留下不连续的斜率，这可以被描述为粗糙模式的创建。我们可以通过使用更复杂的插值过程来“改进”这一点。但是，在实际应用中，我们可以通过在延拓之后对精细网格应用一些平滑步骤来消除这些不需要的粗糙模式。

接下来，我们讨论相反的操作，即将精细网格向量 $\boldsymbol{v}^h$ 映射到粗糙网格向量 $\boldsymbol{v}^H$，这称为*限制*，表示为 $\boldsymbol{v}^H=I_h^H\boldsymbol{v}^h$。很明显最佳选择是直接复制：

$$v_j^H=v_{2j}^h\quad 0\leqslant j\leqslant\frac{1}{2}n \tag{10-14}$$

但更常用的方法是使用*完全权重过程*（full weighting process）：

$$v_0^H=v_0^h,\quad v_{n/2}^H=v_n^h,\quad v_j^H=\frac{1}{4}(v_{2j-1}^h+2v_{2j}^h+v_{2j+1}^h),\quad 1\leqslant j\leqslant\frac{1}{2}n-1 \tag{10-15}$$

注意，所有限制过程都存在一个问题。“源”空间是维数为 $n-1$ 的向量空间，“目标”空间是维数为 $n/2-1$ 的向量空间。因此，必须存在一个维数为 $n/2$ 的“核”向量空间 K，使得 K 中向量的限制是零向量。为了清晰地阐明这一点，考虑式（10-6）中精细网格上的傅里叶模式 s_k^h：

$$s_{k,j}^h=s_k^h(x_j)=\sin(kj\pi/n)$$

假定 j 是偶数，使用式（10-14）可以求得：

$$s_{k,j/2}^h=s_{k,j}^h=\sin(kj\pi/n)$$

然而，因为 j 是偶数，所以有

$$s_{n-k,j/2}^{H} = \sin((n-k)j\pi/n) = \sin(j\pi - kj\pi/n) = -\sin(kj\pi/n)$$

因此在约束条件下，s_k^h 和 s_{n-k}^h 的图像是相等和相反的。（对于完全加权也是如此。）这种现象在傅里叶分析中是众所周知的，被称为混叠（aliasing）。因此，在约束过程中存在严重的信息丢失。然而请注意，如果 s_k^h 是平滑的，即 $k<n/2$，则混叠模式 s_{n-k}^h 是粗糙的。如果仅对平滑向量应用限制，则信息损失最小。因此，一个好的工作规则是在“限制”前先“平滑”。因此，我们有一条“黄金法则”：“延拓”后“平滑”，“平滑”后“限制”。

10.3 多重网格算法

在介绍具体算法之前，我们将扩大讨论范围以考虑在某些域 $\Omega \subseteq \mathbf{R}^n$ 上的更一般问题：

$$L(\boldsymbol{u}(\boldsymbol{x})) = \boldsymbol{f}(\boldsymbol{x}) \tag{10-16}$$

这里 L 可能是一个非线性的椭圆算子，$\boldsymbol{u}(\boldsymbol{x})$ 和 $\boldsymbol{f}(\boldsymbol{x})$ 是定义在 Ω 上的光滑向量值函数。为了简化讨论，我们将假定在域 Ω 的边界 $\partial\Omega$ 上，满足齐次狄利克雷边界条件（Dirichlet boundary condition）：

$$\boldsymbol{u}(\boldsymbol{x}) = \boldsymbol{0}, \quad \boldsymbol{x} \in \partial\Omega \tag{10-17}$$

更一般的边界条件请参考所引用文献的阐述。

假设 $\tilde{\boldsymbol{u}}(\boldsymbol{x})$ 是式（10-16）的精确解 $\boldsymbol{u}(\boldsymbol{x})$ 的某种近似。如前所述，我们定义误差 $\boldsymbol{e}(\boldsymbol{x})$ 和残差 $\boldsymbol{r}(\boldsymbol{x})$ 如下：

$$\boldsymbol{e}(\boldsymbol{x}) = \boldsymbol{u}(\boldsymbol{x}) - \tilde{\boldsymbol{u}}(\boldsymbol{x}), \quad \boldsymbol{r}(\boldsymbol{x}) = \boldsymbol{f}(\boldsymbol{x}) - L(\tilde{\boldsymbol{u}}(\boldsymbol{x})) \tag{10-18}$$

接下来定义残差方程如下：

$$L(\tilde{\boldsymbol{u}} + \boldsymbol{e}) - L(\tilde{\boldsymbol{u}}) = \boldsymbol{r} \tag{10-19}$$

这与式（10-16）和式（10-18）一致。注意，如果算子 L 是线性的，那么式（10-19）的左侧可以简化为 $L(\boldsymbol{e})$，因此与先前的定义（10-12）完全一致。

在这一阶段，可以补充一些观点。假设我们构造了一个具有覆盖 Ω 的间隔为 h 的精细网格 Ω^h。使用前面的符号，我们的目标是求解：

$$L^h(\boldsymbol{u}^h) = \boldsymbol{f}^h \text{在}\Omega^h\text{上}, \quad \boldsymbol{u}^h = 0\text{在}\partial\Omega^h\text{上} \tag{10-20}$$

而不是求解连续问题（10-16）和（10-17）。需要注意的重点是，不需要精确地求解网格方程（10-20）。因为，即使我们找到了精确解 $\boldsymbol{u}^{h,\text{exact}}$，也不能提供连续问题的精确解 $\boldsymbol{u}^{\text{exact}}$。相反，我们可能期望，对于一个适当的范数和某种边界 ε^h（当 $h \to 0$ 时趋向于 0），满足：

$$\left\| \boldsymbol{u}^{\text{exact}} - \boldsymbol{u}^{h,\text{exact}} \right\| \leqslant \varepsilon^h \tag{10-21}$$

因此，只要获得具有以下性质的近似网格解 $\tilde{\boldsymbol{u}}^h$ 就足够了：

$$\left\| \boldsymbol{u}^{h,\text{exact}} - \tilde{\boldsymbol{u}}^h \right\| = O(\varepsilon^h) \tag{10-22}$$

第二点涉及在这个更一般的非线性上下文中实现“平滑”。假设我们将 Ω^h 内部的网格点按某种特定的顺序标记为 i=1, 2, ⋯, n−1。则式（10-20）变成：

$$L_i^h(u_1^h, u_2^h, \cdots, u_{i-1}^h, u_i^h, u_{i+1}^h, \cdots, u_{n-1}^h) = f_i^h, \quad 1 \leqslant i \leqslant n-1$$

高斯－赛德尔（Gauss-Seidel，GS）迭代过程使用新的值（一旦计算出来）来按顺序求解方程组。因此：

$$L_i^h(u_1^{h,\text{new}}, u_2^{h,\text{new}}, \cdots, u_{i-1}^{h,\text{new}}, u_i^{h,\text{new}}, u_{i+1}^{h,\text{old}}, \cdots, u_{n-1}^{h,\text{old}}) = f_i^h$$

为未知的 $u_i^{h,\text{new}}$ 生成一个单标量方程。如果它是非线性的，那么我们可以使用一个或者多个牛顿－拉普森（Newton-Raphson，NR）迭代来近似求解它，例如，

$$u_i^{h,\text{new}} = u_i^{h,\text{old}} - \left[\frac{L_i(\boldsymbol{u}) - f_i}{\partial L_i(\boldsymbol{u}) / \partial u_i}\right]_{(u_1^{h,\text{new}}, u_2^{h,\text{new}}, \cdots, u_{i-1}^{h,\text{new}}, u_i^{h,\text{new}}, u_{i+1}^{h,\text{old}}, \cdots, u_{n-1}^{h,\text{old}})} \tag{10-23}$$

如果迭代在吸引域内，则 NR 迭代应该二次收敛，并且通常一次迭代就足够了。

在实践中，这种 GS-NR 迭代过程起到了有效的平滑器的作用，就像 GS 在线性情况下所做的那样。

10.3.1 双重网格算法

现在我们有了一个“平滑器”，可以引入胚胎多重网格算法（embryonic multigrid algorithm）。假设除了上面介绍的网格 Ω^h 之外，还有第二个网格 Ω^H，其中通常满足 H=2h。然后，我们按照以下步骤进行操作：

初始近似（Initial approximation）：开始我们任意选择 $\boldsymbol{u}^h$ 的一个近似 $\tilde{\boldsymbol{u}}^h$。

平滑（Smooth step）：我们将少量的 v_1（通常为 1、2 或 3）个松弛迭代步骤应用到 $\tilde{\boldsymbol{u}}^h$，有效地去除了粗糙成分。接下来我们计算残差：

$$\boldsymbol{r}^h = \boldsymbol{f}^h - L^h(\tilde{\boldsymbol{u}}^h) \tag{10-24}$$

粗化（Coarsen step）：由于 $\tilde{\boldsymbol{u}}^h$ 和 $\boldsymbol{r}^h$ 是平滑的，因此我们可以通过以下方式将其限制在粗糙网格上（结果不会丢失重要信息）：

$$\tilde{\boldsymbol{u}}^H = I_h^H \tilde{\boldsymbol{u}}^h, \quad \boldsymbol{f}^H = I_h^H \boldsymbol{r}^h \tag{10-25}$$

求解（Solution step）：现在我们针对 $\boldsymbol{e}^H$ 来求解残差方程：

$$L^H(\tilde{\boldsymbol{u}}^H + \boldsymbol{e}^H) - L^H(\tilde{\boldsymbol{u}}^H) = \boldsymbol{f}^H \tag{10-26}$$

其实现方法将在后面解释。注意，假设 $\boldsymbol{u}^H = \tilde{\boldsymbol{u}}^H + \boldsymbol{e}^H$，则残差方程可以写成：

$$L^H(\boldsymbol{u}^H) = I_h^H \boldsymbol{f}^h + \tau^H \tag{10-27}$$

其中“τ 校正”为：

$$\tau^H = L^H(I_h^H \tilde{\boldsymbol{u}}^h) - I_h^H(L^h(\tilde{\boldsymbol{u}}^h)) \tag{10-28}$$

并且利用了 I_h^H 的线性度。“τ 校正”是网格传输过程中固有误差的有用度量。

校正（Correct step）：把 $\boldsymbol{e}^H$ 延拓回精细网格。由于假定 $\tilde{\boldsymbol{u}}^H + \boldsymbol{e}^H$ 在粗网格上是平滑的，因此这是一个明确的操作。那么应该能够通过步骤 $\tilde{\boldsymbol{u}}^h \to \tilde{\boldsymbol{u}}^h + \boldsymbol{e}^h$ 来改进 $\tilde{\boldsymbol{u}}^h$。

平滑（Smooth step）：最后，我们将 ν_2（一个比较小的数值）个松弛迭代步骤应用到 $\tilde{\boldsymbol{u}}^h$。

图 10-2 说明了这个过程。每个水平层表示特定的网格间距，而较低层表示较粗的网格。当我们在顶层从左到右进行时，我们希望获得对初始问题解的更好近似，尽管我们可能需要多次迭代该算法。对于参数 ν_1 和 ν_2 值的设定，并没有令人信服的理论依据。它们必须根据经验来选择。

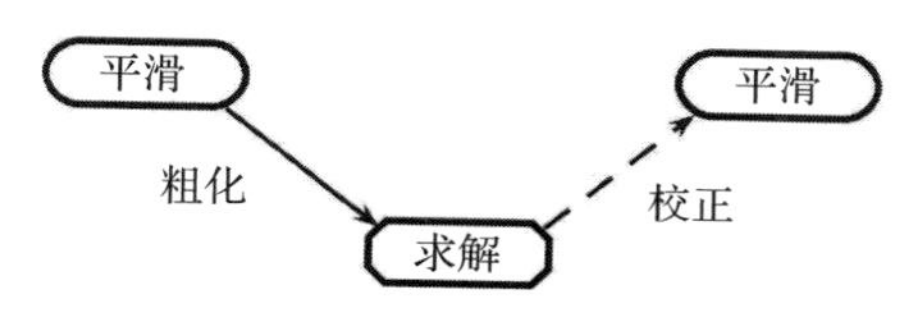

图 10-2　双重网格算法。上层对应于具有间距 h 的网格，而下层表示具有间距 H 的网格，其中 $H>h$。时间从左向右流动。该算法应在更精细的网格上产生更精确的解。它可以迭代多次

这种双重网格算法通常被称为*完全逼近算法*（Full Approximation Scheme，FAS）。它被设计成处理非线性问题，因此必须实现残差方程（10-19）的非线性版本，该残差方程需要将近似解从精细网格转移到粗糙网格。在线性情况下，只需要传递误差，例如参见式（10-12）。

如前所述，双重网格算法存在两个非常严重的缺陷。第一个出现在初始近似步骤中。如何初步选择 $\tilde{\boldsymbol{u}}^h$？在线性情况下，没有问题，因为我们最好选择 $\tilde{\boldsymbol{u}}^h=\mathbf{0}$。但在非线性情况下，这种选择可能位于牛顿－拉普森迭代的吸引域之外，这会打乱平滑步骤。在 10.3.3 节，我们将消除这个障碍。第二个缺陷是在求解步骤中如何求解残差方程的解？我们将在下一节处理这个问题。

10.3.2　V 循环算法

双重网格算法的一个缺陷是需要求解粗糙网格上的残差方程（10-26）。因为涉及的运算次数相对较少，所以计算量没有原始问题那么复杂，但运算成本有可能仍然无法被接受。在这种情况下，一种可能的方案是把粗糙网格求解步骤扩展为另一个双重网格算法，使用更加粗糙的网格。从图 10-3 中可以看出，我们有一个胚胎 V 循环。当然，不一定是三个级别。我们可能会重复这个过程，添加越来越粗糙的网格，直至我们到达恰好只有一个内部点的网格，然后在这个网格上构造一个“精确”解。注意，每个 V 循环都带有从双重网格算法继承的两个参数 ν_1 和 ν_2。从图 10-3 中可以明显看出，我们可以在 V 循环上迭代，在实践中，通常迭代 ν_0 次。

10.3.3　完全多重网格算法

接下来我们来讨论双重网格算法的初始化问题。对于线性问题，我们总是可以从平凡的解开始，但对于非线性问题，这通常是不可能的。上面给出的 V 循环提出了一个明显的解决方案。假设我们跳到最粗糙的网格，然后求解，并将解延拓回更精细的网格，以充当第一次迭代。以这种简单的形式，这个想法是行不通的。插值导致两种类型的误差。高频

误差在粗糙网格上是不可见的，但是应该通过平滑来减少。混叠误差（即高频效应引入的平滑误差，因为在粗糙网格上它们被误认为是平滑数据）因此也可能发生。然而，完全多重网格（Full MultiGrid，FMG）算法以一种非常巧妙的方式解决了这个问题。首先我们求解最粗糙网格上的问题。然后将解插值到下一个最粗糙网格。接着在这个网格上执行 ν_0 次 V 循环（结果是一个双重网格算法）。接下来，将解插值到第三个粗糙网格中，执行 V 循环，依此类推。该算法如图 10-4 所示。注意，插值步骤（图中的虚线）不是 V 循环的一部分。虽然对于这些步骤使用标准延拓算子可能比较方便，但是存在更精确的算法，例如参见文献 Brandt 和 Livne（2011）。

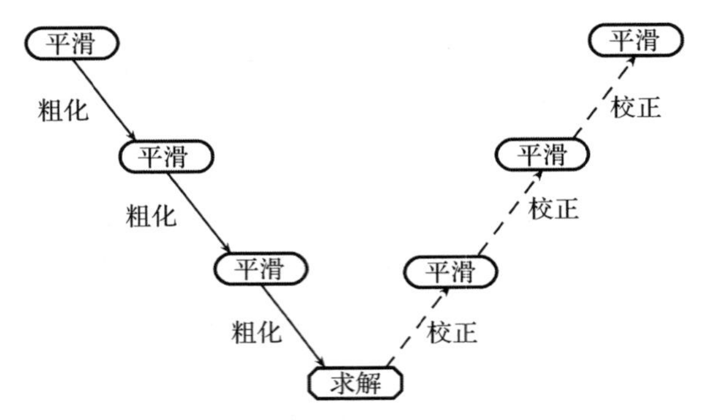

图 10-3　V 循环方案。上层对应于具有间距 h 的网格，而下层对应于逐渐变粗糙的网格。时间从左到右流逝。该方案应在更精细的网格上产生更精确的解。它可以迭代多次，因此称为“循环”。注意会自动应用“黄金法则”：在粗化前先平滑，在精化后再平滑

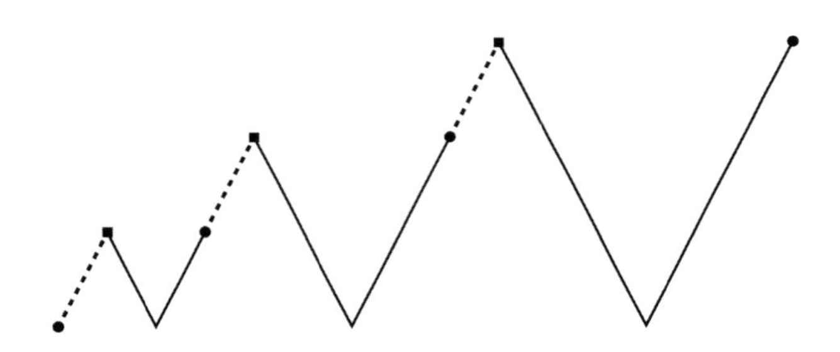

图 10-4　完全多重网格算法。圆点对应于最终解，方点表示给定水平下一个或者多个 V 循环的初始近似解，而虚线对应于（如前所述）插值步骤。随着时间从左向右推进，从初始解到最终解的转变通过一系列 V 循环而产生

10.4　简单的 Python 多重网格实现

本章的目的是使用我们刚刚描述的组件来生成一个简单的 Python 多重网格实现。很显然，使用递归可以优雅地实现 V 循环和完全多重网格。大多数早期的实现都使用 Fortran，而 Fortran 当时不支持递归，因此使用了冗长但是相当有效的代码来绕过这个问题。同样应该清楚的是，级别或者网格具有清晰的结构，可以用来简化代码。直到最近，Fortran 依旧缺乏实现这种结构的方法。因此，大多数现有的代码都很难理解。当然，我们可以使用第 9

章的 f2py 工具在 Python 中复制它们，但这不是我们建议的方法。相反，我们将生成一个清晰、简洁且简单的 Python 实现。

编程处理类似多重网格这样复杂任务的最有效方法是将其分成子任务组，我们可以划分三个明显的任务组。首先是那些只依赖于维度的数量而不依赖于实际问题的任务。延拓和限制自然属于这一类。第二组中的任务取决于维度的数量和特定的问题。最明显的例子是平滑和残差的计算。最后一组由特定于多重网格的任务组成。最后一组的实现既不会对维度的数量做出假设，也不会对正在研究的特定问题的细节做出假设。

经验表明，前两组中的任务是密集计算的任务。这里使用的代码是一个相当有效的 NumPy。但是，使用诸如 f2py 来实现 Python 包装的编译语言（例如 Fortran）非常容易，因为所使用的算法只涉及简单的循环。然而，第三组任务的情况则相反。多重网格最清晰的形式定义本质上是递归的。Python 语言中完全实现了递归，但在 Fortran 的最近版本中仅部分支持递归。拥有不同精细级别的网格（上图中的垂直间隔）的概念很容易使用 Python 类构造来实现，它比对应的 C++ 语言的实现要简单得多⊖。

简洁起见，我们已经消除了所有无关的特性，并将注释减少到最低限度。这里给出的代码片段应该被看作一个更加用户友好的程序集的框架。

10.4.1 实用函数

文件 util.py 包含三个函数，包括二维的 L^2 范数（均方）、延拓和限制。编写其一维、三维或者其他维数的对应版本应该是例行程序。

```
 1 # File: util.py: useful 2D utilities.
 2
 3 import numpy as np
 4
 5 def l2_norm(a,h):
 6     return h*np.sqrt(np.sum(a**2))
 7
 8 def prolong_lin(a):
 9     pshape=(2*np.shape(a)[0]-1,2*np.shape(a)[1]-1)
10     p=np.empty(pshape,float)
11     p[0: :2,0: :2]=a[0: ,0: ]
12     p[1:-1:2,0: :2]=0.5*(a[0:-1,0: ]+a[1: ,0: ])
13     p[0: :2,1:-1:2]=0.5*(a[0: ,0:-1]+a[0: ,1: ])
14     p[1:-1:2,1:-1:2]=0.25*(a[0:-1,0:-1]+a[1: ,0:-1]+
15         a[0:-1,1: ]+a[1: ,1: ])
16     return p
17
18 def restrict_hw(a):
19     rshape=(np.shape(a)[0]/2+1,np.shape(a)[1]/2+1)
20     r=np.empty(rshape,float)
21     r[1:-1,1:-1]=0.5*a[2:-1:2,2:-1:2]+ \
```

⊖ C++ 类中的大部分复杂性来自安全性要求；普通类用户不应该能够看到类算法的实现细节。这个特性与大多数科学用户无关，并且 Python 语言也不提供该特性。

```
22                  0.125*(a[2:-1:2,1:-2:2]+a[2:-1:2,3: :2]+
23                         a[1:-2:2,2:-1:2]+a[3: :2,2:-1:2])
24      r[0,0: ]=a[0,0: :2]
25      r[-1,0: ]=a[-1,0: :2]
26      r[0: ,0]=a[0: :2,0]
27      r[0: ,-1]=a[0: :2,-1]
28      return r
29
30  #-------------------------------------------------
31  if __name__=='__main__':
32      a=np.linspace(1,81,81)
33      b=a.reshape(9,9)
34      c=restrict_hw(b)
35      d=prolong_lin(c)
36      print "original grid\n",b
37      print "with spacing 1 its norm is ",l2_norm(b,1)
38      print "\n restricted grid\n",c
39      print "\n prolonged restricted grid\n",d
```

第5行和第6行中的函数返回间隔为 h 的任意数组 a 的 L^2 范数的近似值。第8～16行利用一维版本（10-13）的明显推广，对二维数组 a 使用线性插值以实现扩展。接下来，第18～23行显示了如何通过半加权实现对内部点的限制，这是式（10-15）中定义的一维完全加权的最简单的推广。最后，第24～27行实现边界点的简单复制。第31～39行是附加的测试代码集，提供了对这三个函数的一些简单检测。

10.4.2 平滑函数

平滑函数取决于要解决的问题。本节讨论非线性多重网格的测试问题，详细信息请参考文献 Press 等（2007）。

$$L(u)=u_{xx}+u_{yy}+u^2=f(x,y) \tag{10-29}$$

在定义域 $0\leqslant x\leqslant 1$，$0\leqslant y\leqslant 1$ 中，满足：

$$u(0,y)=u(1,y)=u(x,0)=u(x,1)=0 \tag{10-30}$$

其离散化形式可以表示如下：

$$F_{i,j}\equiv\frac{u_{i+1,j}+u_{i-1,j}+u_{i,j+1}+u_{i,j-1}-4u_{i,j}}{h^2}+u_{i,j}^2-f_{i,j}=0 \tag{10-31}$$

我们将 $F_{i,j}=0$ 看作是要求解 $u_{i,j}$ 的非线性方程。注意：

$$\frac{\partial F_{i,j}}{\partial u_{i,j}}=-\frac{4}{h^2}+2u_{i,j}$$

牛顿–拉普森迭代算法如下：

$$(u_{i,j})_{\text{new}}=u_{i,j}-\frac{F_{i,j}}{-4/h^2+2u_{i,j}} \tag{10-32}$$

下述代码片段是一个模块，实现了高斯–赛德尔红黑平滑的单次迭代以及计算残差的功能。按照惯例，为了确保简洁，省略了文档字符串帮助信息和有用的注释信息。

```
 1 # File: smooth.py: problem-dependent 2D utilities.
 2 
 3 import numpy as np
 4 
 5 def get_lhs(u,h2):
 6     w=np.zeros_like(u)
 7     w[1:-1,1:-1]=(u[0:-2,1:-1]+u[2: ,1:-1]+
 8                   u[1:-1,0:-2]+u[1:-1,2: ]-
 9                   4*u[1:-1,1:-1])/h2+u[1:-1,1:-1]*u[1:-1,1:-1]
10     return w
11 
12 def gs_rb_step(v,f,h2):
13     u=v.copy()
14     res=np.empty_like(v)
15 
16     res[1:-1:2,1:-1:2]=(u[0:-2:2,1:-1:2]+u[2: :2,1:-1:2]+
17                         u[1:-1:2,0:-2:2]+u[1:-1:2,2: :2]-
18                         4*u[1:-1:2,1:-1:2])/h2 +\
19                         u[1:-1:2,1:-1:2]**2-f[1:-1:2,1:-1:2]
20     u[1:-1:2, 1:-1:2]-=res[1:-1:2,1:-1:2]/(
21                                   -4.0/h2+2*u[1:-1:2,1:-1:2])
22 
23     res[2:-2:2,2:-2:2]=(u[1:-3:2,2:-2:2]+u[3:-1:2,2:-2:2]+
24                         u[2:-2:2,1:-3:2]+u[2:-2:2,3:-1:2]-
25                         4*u[2:-2:2,2:-2:2])/h2+\
26                         u[2:-2:2,2:-2:2]**2-f[2:-2:2,2:-2:2]
27     u[2:-2:2,2:-2:2]-=res[2:-2:2,2:-2:2]/(
28                                  -4.0/h2+2*u[2:-2:2,2:-2:2])
29 
30     res[2:-2:2,1:-1:2]=(u[1:-3:2,1:-1:2]+u[3:-1:2,1:-1:2]+
31                         u[2:-2:2,0:-2:2]+u[2:-2:2,2: :2]-
32                         4*u[2:-2:2,1:-1:2])/h2 +\
33                         u[2:-2:2,1:-1:2]**2-f[2:-2:2,1:-1:2]
34     u[2:-2:2,1:-1:2]-=res[2:-2:2,1:-1:2]/(
35                                  -4.0/h2+2*u[2:-2:2,1:-1:2])
36 
37     res[1:-1:2,2:-2:2]=(u[0:-2:2,2:-2:2]+u[2: :2,2:-2:2]+
38                         u[1:-1:2,1:-3:2]+u[1:-1:2,3:-1:2]-
39                         4*u[1:-1:2,2:-2:2])/h2+\
40                         u[1:-1:2,2:-2:2]**2-f[1:-1:2,2:-2:2]
41     u[1:-1:2,2:-2:2]-=res[1:-1:2,2:-2:2]/(
42                                  -4.0/h2+2*u[1:-1:2,2:-2:2])
43 
44     return u
45 
46 
47 def solve(rhs):
48     h=0.5
49     u=np.zeros_like(rhs)
```

```
50     fac=2.0/h**2
51     dis=np.sqrt(fac**2+rhs[1,1])
52     u[1,1]=-rhs[1,1]/(fac+dis)
53     return u
```

第一个函数 get_lhs 带有两个参数：当前的 u 和步长平方 h^2，并返回该级别的 $L(u)$。第二个函数 gs_rb_step 带有一个额外的参数：右侧的 f，并将牛顿－拉普森迭代和红黑高斯－赛德尔迭代结合起来，以产生平滑步骤。注意，不需要指定数组的大小：关于正在使用的级别的信息包含在参数 h2 中。最终的函数返回最粗糙的 3×3 网格上的离散方程的精确解。

这些是我们需要的最冗长和最复杂的功能。通过将它们抽象到一个单独的模块中，我们可以构建一个测试套件（代码中未给出），以确保它们提供预期的功能。

10.4.3 多重网格函数

现在我们介绍一个 Python 模块，它定义了一个类 Grid，实现了完全逼近算法（FAS）V 循环和完全多重网格（FMG）。基本思想是使用 Grid 来表示图 10-3 和图 10-4 中每个水平级别的所有数据和函数。级别之间的基本差异仅仅是网格大小的差异，因此适合于将它们封装在类中。这些数据包括指向更粗糙网格（即低于所讨论的网格的下一层）的指针。由于所使用想法的复杂性，我们包括了文档字符串帮助信息和各种 print 语句。一旦读者理解了其内容，就可以安全地删除 print 语句。

```
 1 # File: grid.py: linked grid structures and associated algorithms
 2 
 3 import numpy as np
 4 from util import l2_norm, restrict_hw, prolong_lin
 5 from smooth import gs_rb_step, get_lhs, solve
 6 
 7 class Grid:
 8     """
 9         A Grid contains the structures and algorithms for a
10         given level together with a pointer to a coarser grid.
11     """
12     def __init__(self,name,steplength,u,f,coarser=None):
13         self.name=name
14         self.co=coarser          # pointer to coarser grid
15         self.h=steplength        # step-length h
16         self.h2=steplength**2    # h**2
17         self.u=u                 # improved variable array
18         self.f=f                 # right-hand-side array
19 
20     def __str__(self):
21         """ Generate an information string about this level. """
22         sme='Grid at %s with steplength = %0.4g\n' % (
23                     self.name, self.h)
24         if self.co:
```

```
25              sco='Coarser grid with name %s\n' % self.co.name
26          else:
27              sco='No coarser grid\n'
28          return sme+sco
29
30      def smooth(self,nu):
31          """
32              Carry out Newton--Raphson/Gauss--Seidel red--black
33              iteration u-->u, nu times.
34          """
35          print 'Relax in %s for %d times' % (self.name,nu)
36          v=self.u.copy()
37          for i in range(nu):
38              v=gs_rb_step(v,self.f,self.h2)
39          self.u=v
40
41      def fas_v_cycle(self,nu1,nu2):
42          """ Recursive implementation of (nu1, nu2) FAS V-Cycle."""
43          print 'FAS-V-cycle called for grid at %s\n' % self.name
44          # Initial smoothing
45          self.smooth(nu1)
46          if self.co:
47              # There is a coarser grid
48              self.co.u=restrict_hw(self.u)
49              # Get residual
50              res=self.f-get_lhs(self.u,self.h2)
51              # Get coarser f
52              self.co.f=restrict_hw(res)+get_lhs(self.co.u,
53                                                self.co.h2)
54              oldc=self.co.u
55              # Get new coarse solution
56              newc=self.co.fas_v_cycle(nu1,nu2)
57              # Correct current u
58              self.u+=prolong_lin(newc-oldc)
59          self.smooth(nu2)
60          return self.u
61
62      def fmg_fas_v_cycle(self,nu0,nu1,nu2):
63          """ Recursive implementation of FMG-FAS-V-Cycle"""
64          print 'FMG-FAS-V-cycle called for grid at %s\n' % self.name
65          if not self.co:
66              # Coarsest grid
67              self.u=solve(self.f)
68          else:
69              # Restrict f
70              self.co.f=restrict_hw(self.f)
71              # Use recursion to get coarser u
72              self.co.u=self.co.fmg_fas_v_cycle(nu0,nu1,nu2)
73              # Prolong to current u
74              self.u=prolong_lin(self.co.u)
75          for it in range(nu0):
```

```
76            self.u=self.fas_v_cycle(nu1, nu2)
77        return self.u
```

由于使用了类，上述代码非常简单和简洁。注意，第12行中的None是一个特殊的Python变量，它可以采用任何类型，并且其求值结果总是为0或者False。默认情况下，没有更粗糙的网格，因此当实际构建一个网格级别列表时，我们需要手动将每个网格链接到下一个更粗糙的网格。第12～18行的函数 __init__ 构造了一个网格级别。第20～28行的函数 __str__ 构造了一个描述当前网格的字符串，稍后将描述用途。第30～39行定义了平滑函数，它简单地在当前网格上执行nu次牛顿－拉普森/高斯－赛德尔平滑过程的迭代。第41～60行上的函数fas_v_cycle稍微有些复杂。如果我们在最粗糙的网格级别，那么将忽略第47～58行，并且只执行$\nu_1+\nu_2$次“平滑”步骤然后返回。在更一般的情况下，第45～54行执行ν_1次“平滑”步骤，然后执行双重网格算法的“粗化”步骤。接着第56行递归地执行“求解”步骤，随后第58行和第59行执行剩下的“校正”步骤，最后执行ν_2次“平滑”步骤。该代码的效率不算是最好。有关提高效率的有用技巧，请参阅Press等（2007）中对应代码的讨论。最后，第62～77行实现了用于执行完全多重网格FAS循环的稍复杂的函数。参数ν_0控制V循环执行的次数。注意，Python代码与前面的理论描述非常接近，这使得理解和开发更加容易，从而极大地节省了时间和精力。

我们假定将上面的代码片段保存为grid.py。

最后，我们在文件rungrid.py中创建以下代码片段，以展示如何使用这些函数。我们选择复制文献Press等（2007）中的工作示例，在32×32网格上研究方程（10-29），除了在中心点处取值2外，$f(x,y)=0$。

```
 1 # File rungrid.py: runs multigrid program.
 2
 3 import numpy as np
 4 from grid import Grid
 5 from smooth import get_lhs
 6
 7 n_grids=5
 8 size_init=2**n_grids+1
 9 size=size_init-1
10 h=1.0/size
11 foo=[]                          # container for grids
12
13 for k in range(n_grids):        # set up list of grids
14     u=np.zeros((size+1,size+1),float)
15     f=np.zeros_like(u)
16     name='Level '+str(n_grids-1-k)
17     temp=Grid(name,h,u,f)
18     foo.append(temp)
19     size/=2
20     h*=2
21
22 for k in range(1,n_grids):      # set up coarser links
```

```
23     foo[k-1].co=foo[k]
24
25 # Check that the initial construction works
26 for k in range(n_grids):
27     print foo[k]
28
29 # Set up data for the NR problem
30 u_init=np.zeros((size_init,size_init))
31 f_init=np.zeros_like(u_init)
32 f_init[size_init/2,size_init/2]=2.0
33 foo[0].u=u_init                          # trial solution
34 foo[0].f=f_init
35
36 foo[0].fmg_fas_v_cycle(1,1,1)
37
38 # As a check get lhs of equation for final grid
39
40 lhs=get_lhs(foo[0].u,foo[0].h2)
41
42 import matplotlib.pyplot as plt
43 from mpl_toolkits.mplot3d import Axes3D
44 %matplotlib notebook
45
46 plt.ion()
47 fig=plt.figure()
48 ax=Axes3D(fig)
49
50 xx,yy=np.mgrid[0:1:1j*size_init,0:1:1j*size_init]
51 ax.plot_surface(xx,yy,lhs,rstride=1,cstride=1,alpha=0.4)
```

第 7～11 行设置初始参数，包括空列表 `foo`，它是 `Grid` 层次结构的容器。第 13～20 行中的每个循环都构造一个 `Grid`（第 17 行），并将其添加到列表中（第 18 行）。接下来，第 22 行和第 23 行的循环将 `Grid` 链接到更粗糙的邻居。第 26～27 行通过执行 `__str__` 函数来检查是否有任何错误。第 30～34 行为文献 Press 等（2007）中实际处理的问题建立了一些初始数据。最后，第 36 行构造了解决方案。

为了对解进行一次（多次之一）检查，在第 40 行我们重新构造了方程的左侧，在最精细网格上求解。代码片段的其余部分将其绘制为一个表面，如图 10-5 所示。除了取值为 2 的中心点外，初始源的所有其他点都是 0。数值计算结果与文献 Press 等（2007）的结果一致，结果峰值为 1.8660。将网格分辨率提高到 64×64 或者 128×128 不会显著改变此值。误差的 L^2 范数始终为 $O(h^2)$，但这掩盖了不连续性的影响。

在大多数最流行的现代计算机上运行这个例子，运行时间为几分之一秒。如果读者修改代码以处理更现实（和更复杂）的问题，那么其运行速度可能会很慢。我们如何“改进”代码呢？第一步是仔细验证代码是否产生收敛结果。接下来，我们可能会考虑提高 Python 代码的效率。第一步是分析代码性能。假设读者正在使用 IPython，那么应该用 `run -p rungrid` 来替换 `run rungrid` 命令。这将 Python 分析器的结果附加到输出中，该结果显示每个函数所花费的时间。如果存在"瓶颈"，则将显示在列表的顶部。几乎可以肯定的是，所有的瓶颈都将位于文件 `smooth.py` 中。可能的原因是这些函数的 Python 代码效率很低，因而可以加以改进。更罕见的是，向量化的 NumPy 代码也很慢。那么，最简单的有效解决方案就是使用 `f2py`，正如第 9 章所提倡的。这并不意味着使用 Fortran 重新编码整个程序，而只是重写瓶颈函数，它应该是计算密集型的，但也是总体结构简单的部分，因此不需要太多的 Fortran 专业知识。

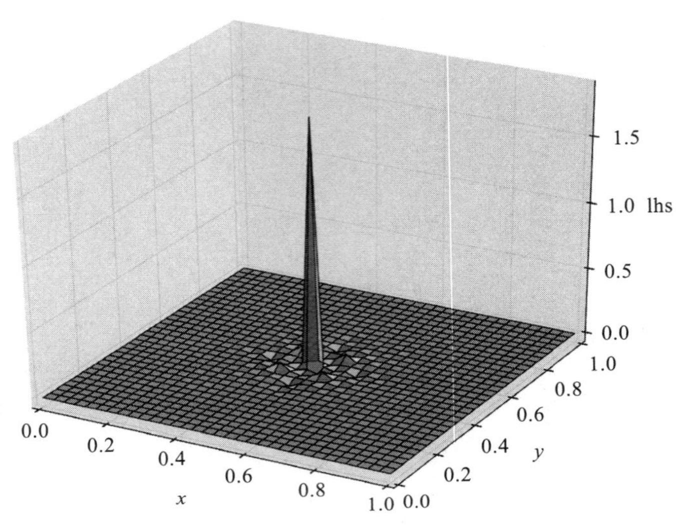

图 10-5　方程（10-15）的左侧绘制在 32×32 计算网格上。除了中心点取值为 2 之外，原始数据源的其他点都是 0

安装 Python 环境

为了使用 Python，我们需要执行两个任务。第一个任务显然是下载和安装相关软件。这是一个简单而又直接的任务，但需要避开一些不太明显的陷阱。A.1 节将说明如何实现这一点。

第二个任务是确定如何高效地与 Python 环境交互。这对作者来说很难界定，因为这也取决于读者的专业知识和理想抱负。Mathematica 或者 Matlab 的用户不会面临这种困境，因为它们只为其专有软件提供一个接口方式。因为 Python 是开源软件，所以无数的开发人员编写了大量与 Python 交互的方法。聪明的读者期望能在下面两种方式之间权衡选择：面向初学者的简单且严格的交互方法（就像上面引用的商业示例一样），或者面向更有经验且雄心勃勃的用户的复杂和通用的交互方法。

接下来的两节内容将回顾和建议如何使用它们来访问 Python 环境。我的建议是从读者感觉最舒服的地方开始，然后在读者的雄心壮志需要进步的时候回来并继续前进。

如果读者以前没有使用过 Jupyter 笔记本，那么当然应该复习一下 A.2.2 节。本文描述了这个软件提供的许多不同的功能，而不涉及 IPython 的细节，这些细节已经在第 2 章中详细讨论过。最后，A.5 节将介绍如何增强 Python 环境以适应读者自己的特定需求。

A.1 安装 Python 软件包

正如 1.2 节所概述的，我们不仅需要核心 Python，还需要附加包 IPython（参见第 2 章）、NumPy、SciPy（在第 4 章讨论过的包）、Matplotlib（参见第 5 章），以及 Mayavi（在第 6 章讨论过）和 SymPy（在第 7 章讨论过）。虽然数据分析仅仅在 4.5 节提到，但是该节推荐了 Pandas 软件包，对于许多人来说，这是必须安装的软件包。

读者的计算机上可能已经安装了核心 Python 软件包，而且从流行的软件存储库或者主要的 Python 源[⊖]上下载其他软件包也非常方便诱人，因为可以在那里找到主要平台的文档和可下载软件包。但以我的经验，这常常是“计算机官员”提出的建议，他们忘记了该策略的后果。这种方法的障碍在于很难确保所有这些软件包都是相互兼容的。即使在某个时间点兼容，但随后的“升级改进”（例如 NumPy 升级）也很可能会破坏它们与其他附加程序包的兼容性。因此，我强烈建议读者下载一个完整的集成系统，并坚持使用它。当然最好是允许增量更新的集成系统，它们的更新会考虑到并同时解决兼容性问题。或者，读者可能希望每隔一年左右升级整个系统。

⊖ 官网地址为 http://www.python.org。

存在许多可用的集成系统，那么读者应该选择哪一个呢？幸运的是，有两种非常流行的杰出系统。

其中较早的集成系统是 Enthought Python Distribution ㊀。新用户应该注意，它现在被称为 Canopy，可以在所有标准平台上使用。每个用户都可以免费下载和使用 Canopy Express 版本。这是 Canopy 的一个“轻量级”版本，省略了许多专门的软件包。然而，它包含上面提到的所有软件包（除了 Mayavi）。另外，如果读者是学位授予机构的学生或者教职员工，那么可以获得免费的、每年可更新的学术许可证的完整“ Canopy”包（当然包括 Mayavi）。如果读者没有资格获得学术许可证，那么需要进行仔细的成本效益分析，因为 Canopy 为商业用户提供了范围广泛的商品，这些许可证的成本是合理的。

最近，Anaconda Python Distribution ㊁已经发布，并且变得非常流行，尤其是在 Windows 用户中。它允许免费访问上述所有软件包，尽管一些用户报告说使用 Mayavi 有困难。

如果读者选择上述两个集成系统之一，那么将获得巨大的优势：它们是测试良好且流行的*即开即用*（out-of-the-box）的集成环境。本书中的所有代码均在上述两种环境中无缝运行并测试成功。

存在类似的免费软件包，包括仅用于 Windows 平台的 Python(x, y) ㊂（其中包含所有推荐的软件包，包括 Mayavi）、用于 Mac OS X 的 Scipy-Superpack ㊃，以及用于许多平台的 Source Python Distribution ㊄，它们可能更适合读者的需求，但我没有对它们进行过任何测试。

作为一名科技工作者，读者可能会问我：哪种发行版本更适合自己？是否需要同时下载 Anaconda 和 Canopy，以便做出明智的选择？除非读者是一个经验丰富的用户，否则直接的答案是“不要！”。每个发行版都致力于确保其 Python 组件是缺省组件。想要同时运行两个发行版的更有经验的用户将需要定位这两个发行版的 `ipython` 可执行文件。然后，他们需要设置适当的别名（例如在 `.bashrc` 文件中）以便区分它们。

为了使用 SciPy 的部分功能和 `f2py` 实用程序，需要安装一个 Fortran 编译器。如果读者的计算机上已经安装了一个，那么 Python 集成系统应该能够识别它。否则，理想的选择是 gfortran，一个可以从其官网㊅上下载并且在所有平台都可以免费使用的二进制文件。尽管新用户可以在不使用命令行接口（CLI）的情况下进行管理，但是也强烈建议熟悉计算机上*命令行接口*（CLI）的使用方法。在 Linux 中，CLI 是 xterm 应用程序，而在 Mac OS X 中，它已经迁移到 Terminal.app，可以在“Applications”（应用程序）文件下的“Utilities”（实用工具）子目录中找到。在 Windows 10 中，它是“命令行提示窗口”。CLI 接受来自键盘的人工输入，通常是以高度缩写的形式（为了最小化击键次数），这虽然可以提高效率，但需要用户具有一定的知识和经验。

㊀ 官网地址为 http://www.enthought.com/products/epd。

㊁ 官网地址为 https://www.continuum.io。

㊂ 官网地址为 http://code.google.com/p/pythonxy。

㊃ 目前网址为 http://fonnesbeck.github.io/ScipySuperpack，但正在迁移。

㊄ 官网地址为 http://code.google.com/p/spdproject/downloads/list。

㊅ 官网地址为 http://gcc.gnu.org/wiki/GFortran/。

A.2 使用 Jupyter 笔记本与 IPython 通信

对于新接触 Python 的用户，这是很明确的建议。它提供了一个类似于 Mathematica 笔记本的界面[⊖]，但有一个主要区别：需要打开两个应用程序，包括 IPython 本身和利用系统默认浏览器的笔记本。

A.2.1 启动和终止笔记本

这里举例说明如何使用传统方法来启动和终止上述两个程序。在 CLI 中，首先键入 `ipython notebook`，然后按下回车键。结果会立即启动计算机上的 Web 浏览器[⊜]，显示一个包含笔记本的 Jupyter 窗口。终止需要两个步骤。首先使用“File”（文件）菜单中的“Close and Halt”（关闭和停止）项来关闭笔记本。然后转到 CLI 终端窗口，按两次 Ctrl-C 以停止 IPython。

如果选择使用 Python 发行版，则更加简单。例如，Anaconda 提供了一个“Launcher”（启动）应用程序，它自动执行上述的笔记本启动过程（但仍然需要采用上面的方法终止它）。Enthought Canopy 应用程序提供了更平滑的接口。单击预先保存的笔记本文件[⊜]的名称，将启动这两个进程。在关闭打开的笔记本之后，将终止 Canopy 并关闭 IPython 进程。

A.2.2 使用笔记本

笔记本的打开窗口将列出当前目录中所有的 IPython 笔记本（即后缀为 `.pynb` 的文件），单击其中的文件名将打开它。为了创建新的笔记本，需要单击“new”菜单（在菜单栏的右侧），并选择“Python 2”子菜单。这将创建一个新的笔记本，其名称为位于屏幕顶部的没有意义的粗体字“Untitled…”。应该立即双击这个名称，并用更合适的名称替换它。

新的笔记本包括一个“输入单元格”（一个高亮显示的矩形），用于输入 IPython 代码。请尝试键入如下内容：

```
(2+3)*(4+5)
```

并同时按下“Shift+ 回车”组合键以运行代码。运行结果显示在“输出单元格”中。接下来，单击以重新回到输入单元格并将代码修改为：

```
(2+3)*(13-5)
```

并重新运行代码。输出单元格中的值从 45 变为 40。建议初学者尝试如下操作：①重复这个练习，但是使用组合键 Ctrl+ 回车键，这将执行代码，并自动创建新的输入单元格；②输入运行一些其他计算器示例。

⊖ 这里的“笔记本”过去被称为 IPython 笔记本，但很快就发现该软件拥有比 IPython 更广泛的应用。Jupyter 笔记本可以支持不同的程序设计语言。

⊜ 既不需要也不使用互联网连接。

⊜ 这里存在一个不合理之处：如何创建第一个笔记本文件？读者需要使用上述过程来创建第一个笔记本文件。

也可以使用菜单栏中的菜单和图标来尝试更复杂的交互操作。然而为了快速认真地使用笔记本功能，我建议读者掌握如下讨论的键盘快捷方式。

笔记本命令可以分为两种类型：编辑模式，用于修改单个单元格；命令模式，用于操作整个笔记本（如表 A-1 所示）。

表 A-1 切换笔记本模式的可选操作

模式	按键	鼠标操作
编辑模式	回车键	在单元格内单击
命令模式	Esc 键	在单元格外单击

在编辑模式下，可以使用非常标准的编辑命令来修改单元格的内容。然而，命令模式需要一些不太常用的操作。表 A-2 总结了命令模式的最重要操作。

表 A-2 命令模式中有用的快捷键

按键	功能	按键	功能
h	显示快捷键列表	shift+v	把单元格粘贴到当前单元格的上面
s	保存笔记本文件	d，两次	删除当前单元格
a	在当前行的上面插入一个新的单元格	z	取消一次删除操作
b	在当前行的下面插入一个新的单元格	l	切换显示 / 不显示行号
x	剪切一个单元格	y	把当前单元格切换到 IPython 模式
c	复制一个单元格	m	把当前单元格切换到 Markdown 模式
v	把单元格粘贴到当前单元格的下面	1, 2, …, 6	设置当前单元格为相应标题大小

我们现在能够将代码输入到笔记本单元格中。准确地说，应该输入什么代码当然是本书的主题，请读者参考第 2 章。然而，我们也可以使用单元格来输入说明性文本，并为笔记本提供格式化文本。笔记本允许使用 Markdown 语言[⊖]将格式化文本插入到单元格中。接下来的两个小节将概述其最相关的特性。

A.2.2.1 输入标题

这是最简单的 Markdown 操作。有六种可能的标题可供选择：从最大级别 1 到最小级别 6。作为一个实际示例，让我们为上面打开的笔记本输入初始标题。我们从最上面的单元格开始，这个单元格用于计算器操作。单击它外部进入命令模式，然后键入“a”以在上面创建一个新单元格，接着键入“1”调用顶级标题模式。随后键入：

```
My first header
```

然后同时按 Ctrl+ 回车键。

A.2.2.2 输入 Markdown 文本

下面是 Markdown 功能的一个启发性示例。继续上面的示例，双击标题，重新进入该单

⊖ 基本语法介绍请参见项目官网 http://daringfireball.net/projects/markdown/syntax，网站 http://markdown-tutorial.com 包含一个简短且异想天开的动手实践介绍。

元格。接下来，单击单元格外部（进入命令模式），键入“b”以在当前单元格下面插入一个新的单元格，并键入“m”使其成为 Markdown 单元格。接下来，在单元格中输入以下内容，注意间距，其中键入的 8 个引号为反引号键。

```
Here is a **very** short guide to _Markdown_, including **_bold
italics_**, inline code, e.g., 'y=cos(x)' ,displayed code
"'python
def foo(x):
    if x>0:
        return True
"'
latex inline, $e^{i\pi} = -1$, and latex displayed equations
$$\sum_{n=1}^\infty \frac{1}{n^2} = \frac{\pi^2}{6}. $$
```

接下来，同时按 Shift+ 回车键，将单元格转换为格式化文本。注意，读者不需要完整的 LaTeX 安装，因为 IPython 包括自己的迷你版本。当然，Markdown 包含更复杂的结构，例如列表、表格和参考文献，读者可以直接阅读脚注中的参考文献。

A.2.2.3 将笔记本转换成其他格式

向其他 IPython 用户传递完整的笔记本（比如 foo）非常容易：只需要向他们发送文件 foo.ipynb。然而，一些预期接收者可能不会使用 IPython，因此需要另一种格式。最直接的选择是 HTML 文件（可以在任何浏览器上读取），或者 PDF 文件（几乎可以在任何地方读取）。IPython 可以通过命令行命令来实现格式转换。

```
jupyter nbconvert --to FORMAT foo.pynb
```

其中，FORMAT 应该替换为 html 或者 pdf（后者需要在标准位置有完整的 LaTeX 包安装）。可以设置各种参数：有关详细信息，请参阅帮助文档[㊀]。

A.3 使用终端模式与 IPython 通信

可以通过简单的命令行命令 ipython，然后按回车键来启动 IPython。结果产生一个标题和一行标为 In [1]: 的输入提示符，这里是 IPython 准备接受命令的地方。最后一条命令可以使用 exit，然后按回车键退出解释器。

内置在 IPython 中的是 GNU readline 实用程序。这意味着，在解释器的当前行上，左箭头键和右箭头键可适当地移动光标，并且删除操作和插入操作也非常简单。我所使用的唯一附加命令是 Ctrl-a、Ctrl-e（它们分别将光标移动到行的开始和结束）以及 Ctrl-k（用于删除光标右侧的内容）。上下箭头键分别用于复制前一条或者下一条命令行，以便编辑或者重用命令[㊁]。尝试键入 (2+3)*(4+5) 然后按回车键，以查看相应的输出，然后是新的输入行。现在尝试修改命令。首先使用上箭头键来恢复上一个命令，将其编辑为 (2+3)*(13-5)，

㊀ 写作本书时其网址为 https://nbconvert.readthedocs.org/en/latest/。

㊁ 顺便说一下，这在终端会话之间也有效。如果重新启动终端，可以使用向上箭头键来显示前一会话的命令。

然后执行该命令。但是，在终端模式下无法同时编辑两条不同的命令行。为此，需要一个文本编辑器。

A.3.1 程序编辑器

对于许多用户来说，计算机文本编辑器的概念通常意味着文字处理器，比如 Microsoft Word 或者它的众多模仿者之一。它们或多或少地能完成文字处理任务，涵盖了许多语言和字符。键盘上的每个符号输入都必须转换成一个数字，而当前的标准是“Unicode”编码，它带有超过 110 000 个字符的转换码。当然，对于通向屏幕或者打印机的输出，则进行相反的转换工作，所以普通用户永远意识不到这种复杂性。

程序设计语言早于文字处理器，是在计算机内存不足时开发的。标准的转换是“ASCII”编码，它允许 93 个可打印字符，对于大多数程序设计语言（包括 Python）来说已经足够了。不幸的是，基于 Unicode 的编辑器在生成 ASCII 码方面做得很差，在实践中我们需要使用基于 ASCII 的编辑器。

在选择“程序员的编辑器”之前，读者应该评估一下自己使用或者打算使用哪些程序设计语言。这是因为所有这些语言都有其特殊性，所以选择的编辑器最好能够支持该程序设计语言[㊀]。

幸运的是，在公共领域存在优秀的基于 ASCII 码的编辑器。Emacs 和 vim（以前的 vi）是功能强大的几乎在所有平台上都可以使用的 ASCII 编辑器。它们的通用性取决于内置或者附加的模块（由爱好者为主流程序设计语言编写的）。然而，这种通用性的成本是一个稍微陡峭的学习曲线。这也许就是许多 Emacs 用户（或者 vim 用户）强烈（几乎不合理）忠于他们的选择并且强烈地贬低另一个的原因。

当然，许多科学家都准备牺牲通用性的一些方面来换取更平滑的学习曲线，并且有一些非常胜任的开源备选方案。在此上下文中，Windows 平台上的许多 Python 用户更喜欢使用 Notepad++[㊁]，这是一个具有更平滑的学习曲线的多用途编辑器，但它是 Windows 平台的原生编辑器。编辑器 TextWrangler[㊂]是 Mac OS X 平台固有的，也是类似的首要选择。当然，还有许多其他优秀的公有领域和专有程序员的编辑器，它们支持通用的程序设计语言。在互联网上可以找到列出并比较其特性的列表。

正如在第 2 章中可以看到的，稍微复杂的程序开发涉及 IPython 解释器和文本编辑器之间的频繁切换。可以选择使用三种不同的方法来实现切换。具体选择哪种方法取决于用户便利性和初始设置过程复杂性之间的权衡。

A.3.2 双窗口方法

这是最简单的选择。可以同时打开 IPython 窗口和编辑器窗口。使用操作系统的“复制和粘贴”功能，实现代码从解释器到编辑器的传输。保存的编辑代码文件，可以在解释器中

㊀ 例如，在本书的创作过程中，我使用了 LaTeX、Python、Reduce、Fortran 和 C++。很显然，我倾向于使用能“理解”所有这些程序设计语言的单个编辑器。

㊁ 官网地址为 http://notepad-plus-plus.org。

㊂ 可以从 http://www.barebones.com/products/textwrangler 下载免费使用版本。

使用魔术命令 `%run` 来执行（参见 2.4 节）。该方法设置简单，但当计算机屏幕较小时，同时显示两个大窗口会变得杂乱无章。

A.3.3 从 IPython 内部调用编辑器

稍复杂的方法是在解释器中使用魔法命令 `%edit`，结果 IPython 将在新窗口中启动一个编辑器。一旦编辑完成后，保存文件并退出编辑器。IPython 恢复控制，默认情况下运行新代码。注意，这种方法仅适用于快速轻量级编辑器。默认编辑器是 vim 或者 notepad（Windows 系统）。如果读者不喜欢默认编辑器，那么可以研究文档帮助，以发现在哪里重新设置默认编辑器。

A.3.4 从编辑器内部调用 IPython

更复杂的方法是只使用编辑器窗口，并在其子窗口中运行 IPython。在撰写本书时，这仅适用于 A.3.1 节引用的前三个文本编辑器，并且设置起来稍微有些困难[1]。假设读者已经在常规的编辑器窗口中编写和保存了一个脚本文件 `foo.py`。接下来，打开一个 IPython 子窗口（例如，在 emacs 中使用命令 Ctrl-c ！），并在其中键入 `run foo` 以执行脚本。现在可以在这个解释器子窗口中尝试新思想。一旦完成了尝试，则可以粘贴代码到编辑器窗口。对于那些拥有丰富编辑器经验的用户而言，这是最精简的方法。

A.4 通过 IDE 与 IPython 通信

本附录开头提到的 Mathematica 和 Matlab 是集成开发环境（Integrated Development Environment，IDE）非常简单的示例，其中预先选择了基于 ASCII 码的编辑器。在这两种情况下，编辑器只支持一种程序设计语言。然而，大多数 IDE 的构建都支持多种语言，并且提供额外的功能来帮助程序员。对于 Fortran 和 C 语言族的常规开发工作来说，它们是非常有价值的。

当然，有许多可用的 IDE，一些作为商业软件，一些作为开源软件。一个非常出色的商业 IDE 是 Pycharm[2]，它实际上对学术用户是免费的。Spyder IDE 也非常棒，它包含在上面推荐的 Anaconda 和 Canopy 的发行版中。使用其他几种程序设计语言的读者可能希望考虑 IDE，如上面提到的两种。然而，很多用户会发现 Jupyter 笔记本是理想的选择，它包含在 A.1 节描述的所有发行版中。

A.5 安装附加包

一旦对“在自己选择的研究领域中使用 Python”建立了信心后，读者可能需要安装额

[1] 遗憾的是，官方帮助文档非常不足。我是通过在网上搜索 `emacs ipython` 而开始的。容易被忽略的一点是，要使用 `python` 模式，读者需要告诉编辑器在哪里找到 Python 可执行文件。读者应该给出 IPython 可执行文件的路径。

[2] 相关信息请参见 https://www.jetbrains.com。

外的 Python 模块。第一种方法是检查读者所选的发行版中是否有包括但未安装的特定模块。如果是，则请按照发行版的指示安装该模块。

如果仍然需要查找某个模块，那么接下来的策略是检查中央存储库：Python Package Index[⊖]（Python 包索引），它包含超过 25 000 个附加包。请记住，有许多优秀的软件包（包括本书中推荐的一些软件包）并没有包含在该存储库中！

存在多种安装附加包的方法，每种方法都“比前一种方法简单”，但是下面的过程也很简单，应该适用于任何 Python 发行版。假设读者已经找到了一个包，比如 `foo.tar.gz`，并将其下载到某个目录中。在解压缩之后（例如使用 `gzip` 解压），请进入源文件夹 `foo`，其中将包含若干文件，包括一个名为 `setup.py` 的文件。假设读者拥有或者已经获得了“超级用户”特权，则使用以下命令行可以编译并安装该软件包：

```
python setup.py install
```

Python 解释器通常可以通过以下命令来发现它：

```
import foo
```

⊖ 目前网址为 http://pypi.python.org/pypi。

伪谱方法的 Fortran77 子程序

文献 Fornberg（1995）的附录 F 包括用于构造解决非周期问题的伪谱算法的相关 Fortran77 子程序的集合。在 9.8 节，我们解释了如何使用 f2py 来创建看起来像 Python 函数的相应套件，但实际上是使用 Pythonic 包装器封装编译的 Fortran 代码。我们可以以最少的知识和对 Fortran 的理解来完成这个复杂的过程。本附录列出了直接从 Fornberg（1995）复制的相关函数，但是经过了一些修改，即增加了以 Cf2py 开始的注释行。这些增强在 9.8 节进行了说明。

第一个子程序并不存在于 Fornberg（1995）中，而是基于文献第 187 页 F.3 节开始处的 Fortran 代码片段，并且使用该页上先前给出的代码示例来推断出前后的代码。

```
 1       SUBROUTINE CHEBPTS(X, N)
 2 C     CREATE N+1 CHEBYSHEV DATA POINTS IN X
 3       IMPLICIT REAL*8 (A-H,O-Z)
 4       DIMENSION X(0:N)
 5 Cf2py intent(in)N
 6 Cf2py intent(out)X
 7 Cf2py depend(N) X
 8       PI = 4.D0*ATAN(1.D0)
 9       DO 10 I=0,N
10 10     X(I) = -COS(PI*I/N)
11       RETURN
12       END
```

下一个子程序是第 176～179 页给出的快速离散傅里叶变换，以及有关其工作原理的详细说明。第 21～23 行包含额外的用于 f2py 工具的注释。

```
 1 SUBROUTINE FFT (A,B,IS,N,ID)
 2 C-- +----------------------------------------------------------------
 3 C-- | A CALL TO FFT REPLACES THE COMPLEX DATA VALUES A(J)+i B(J),
 4 C-- | J=0,1,... ,N-1 WITH THEIR TRANSFORM
 5 C-- |
 6 C-- |                   2 i ID PI K J / N
 7 C-- | SUM (A(K) + iB(K))e                , J=0,1,.. .,N-1
 8 C-- | K=0..N-1
 9 C-- |
10 C-- | INPUT AND OUTPUT PARAMETERS
11 C-- |    A    ARRAY A (0: *), REAL PART OF DATA/TRANSFORM
12 C-- |    B    ARRAY B (0: *), IMAGINARY PART OF DATA/TRANSFORM
13 C-- | INPUT PARAMETERS
14 C-- |    IS   SPACING BETWEEN CONSECUTIVE ELEMENTS IN A AND B
15 C-- |         (USE IS=+1 FOR ELEMENTS STORED CONSECUTIVELY)
```

```
16 C-- | N        NUMBER OF DATA VALUES, MUST BE A POWER OF TWO
17 C-- | ID       USE +1 OR -1 TO SPECIFY DIRECTION OF TRANSFORM
18 C-- +--------------------------------------------------------------
19       IMPLICIT REAL*8 (A-H,O-Z)
20       DIMENSION A(0:*),B(0:*)
21 Cf2py intent(in, out)A,B
22 Cf2py intent(in) IS, ID
23 Cf2py integer intent(hide), depend(A) N
24       J=0
25 C---  APPLY PERMUTATION MATRIX  ----
26       DO 20 I=0,(N-2)*IS,IS
27         IF (I.LT.J) THEN
28           TR = A(J)
29           A(J) = A(I)
30           A(I) = TR
31           TI = B(J)
32           B(J) = B(I)
33           B(I) = TI
34         ENDIF
35         K = IS*N/2
36 10      IF (K.LE.J) THEN
37           J = J-K
38           K = K/2
39           GOTO 10
40         ENDIF
41 20      J = J+K
42 C--- PERFORM THE LOG2 N MATRIX-VECTOR MULTIPLICATIONS ---
43         S = 0.0D0
44         C = -1.0D0
45         L=IS
46 30      LH=L
47         L = L+L
48         UR = 1.0D0
49         UI = 0.0D0
50         DO 50 J=0,LH-IS,IS
51           DO 40 I=J,(N-1)*IS,L
52           IP = I+LH
53           TR = A(IP)*UR-B(IP)*UI
54           TI = A(IP)*UI+B(IP)*UR
55           A(IP) = A(I)-TR
56           B(IP) = B(I)-TI
57           A(I) = A(I)+TR
58 40        B(I) = B(I)+TI
59         TI = UR*S+UI*C
60         UR = UR*C-UI*S
61 50      UI=TI
62       S = SQRT (0.5D0*(1.0D0-C))*ID
63       C = SQRT (0.5D0*(1.0D0+C))
64       IF (L.LT.N*IS) GOTO 30
65     RETURN
66     END
```

接下来，我们将第 182～183 页的快速离散傅里叶余弦变换包括在内。我们在上面添加了注释行第 22～24 行。

```
 1       SUBROUTINE FCT (A,X,N,B)
 2 C-- +------------------------------------------------------------
 3 C-- | A CALL TO FCT PLACES IN B(0:N) THE COSINE TRANSFORM OF THE
 4 C-- | VALUES IN A(0:N)
 5 C-- |
 6 C-- | B(J) = SUM C(K)*A(K)*COS(PI*K*J/N) , J=0,1,...,N, K=0..N
 7 C-- |
 8 C-- | WHERE C(K) = 1.0 FOR K=0,N, C(K) =2.0 FOR K=1,2,...,N-1
 9 C-- |
10 C-- | INPUT PARAMETERS:
11 C-- | A A(0:N) ARRAY WITH INPUT DATA
12 C-- | X X(0:N) ARRAY WITH CHEBYSHEV GRID POINT LOCATIONS
13 C-- |   X(J) = -COS(PI*J/N) , J=0,1,...,N
14 C-- | N SIZE OF TRANSFORM - MUST BE A POWER OF TWO
15 C-- | OUTPUT PARAMETER
16 C-- | B B(0:N) ARRAY RECEIVING TRANSFORM COEFFICIENTS
17 C-- |   (MAY BE IDENTICAL WITH THE ARRAY A)
18 C-- |
19 C-- +------------------------------------------------------------
20       IMPLICIT REAL*8 (A-H,O-Z)
21       DIMENSION A(0:*),X(0:*),B(0:*)
22 Cf2py intent(in)A,X
23 Cf2py intent(out)B
24 Cf2py integer intent(hide), depend(A) N
25       N2 = N/2
26       A0 = A(N2-1)+A(N2+1)
27       A9 = A(1)
28       DO 10 I=2,N2-2,2
29         A0 = A0+A9+A(N+1-I)
30         A1 = A( I+1)-A9
31         A2 = A(N+1-I)-A(N-1-I)
32         A3 = A(I)+A(N-I)
33         A4 = A(I)-A(N-I)
34         A5 = A1-A2
35         A6 = A1+A2
36         A1 = X(N2-I)
37         A2 = X(I)
38         A7 = A1*A4+A2*A6
39         A8 = A1*A6-A2*A4
40         A9 = A(I+1)
41         B(I ) = A3+A7
42         B(N-I) = A3-A7
43         B(I+1 ) = A8+A5
44 10      B(N+1-I) = A8-A5
45       B(1) = A(0)-A(N)
46       B(0) = A(0)+A(N)
47       B(N2 ) = 2.D0*A(N2)
48       B(N2+1) = 2.D0*(A9-A(N2+1))
```

```
49        CALL FFT(B(0),B(1),2,N2,1)
50        A0 = 2.D0*A0
51        B(N) = B(0)-A0
52        B(0) = B(0)+A0
53        DO 20 I=1,N2-1
54          A1 = 0.5 D0      *(B(I)+B(N-I))
55          A2 = 0.25D0/X(N2+I)*(B(I)-B(N-I))
56          B(I ) = A1+A2
57 20       B(N-I) = A1-A2
58      RETURN
59      END
```

最后，我们包括了第 188～189 页中的三个子程序，用于将物理空间中的数组转换为切比雪夫空间中的数组、将切比雪夫空间的数组转换为物理空间中的数组，以及在切比雪夫空间中执行空间微分。

```
 1        SUBROUTINE FROMCHEB (A,X,N,B)
 2        IMPLICIT REAL*8 (A-H,O-Z)
 3        DIMENSION A(0:N),X(0:N),B(0:N)
 4 Cf2py intent(in)A,X
 5 Cf2py intent(out)B
 6 Cf2py integer intent(hide), depend(A) N
 7        B(0) = A(0)
 8        A1 = 0.5D0
 9        DO 10 I=1,N-1
10          A1 = -A1
11 10       B(I) = A1*A(I)
12        B(N) = A(N)
13        CALL FCT(B,X,N,B)
14        RETURN
15        END
16
17        SUBROUTINE TOCHEB (A,X,N,B)
18        IMPLICIT REAL*8 (A-H,O-Z)
19        DIMENSION A(0:N),X(0:N),B(0:N)
20 Cf2py intent(in)A,X
21 Cf2py intent(out)B
22 Cf2py integer intent(hide), depend(A) N
23        CALL FCT(A,X,N,B)
24        B1 = 0.5D0/N
25        B(0) = B(0)*B1
26        B(N) = B(N)*B1
27        B1 = 2.D0*B1
28        DO 10 I=1,N-1
29          B1 = -B1
30 10       B(I) = B(I)*B1
31        RETURN
32        END
33
34        SUBROUTINE DIFFCHEB (A,N,B)
```

```
35        IMPLICIT REAL*8 (A-H,O-Z)
36        DIMENSION A(0:N),B(0:N)
37 Cf2py intent(in)A
38 Cf2py intent(out)B
39 Cf2py integer intent(hide), depend(A) N
40        A1 = A(N)
41        A2 = A(N-1)
42        B(N) = 0.D0
43        B(N-1) = 2.D0*N*A1
44        A1 = A2
45        A2 = A(N-2)
46        B(N-2) = 2.D0*(N-1)*A1
47        DO 10 I=N-2,2,-1
48          A1 = A2
49          A2 = A(I-1)
50 10       B(I-1) = B(I+1)+2.D0*I*A1
51        B(0) = 0.5D0*B(2)+A2
52      RETURN
53      END
```

参考文献

Ascher, U. M., Mattheij, R. M. M. and Russell, R. D. (1995), *Numerical Solution of Boundary Value Problems for Ordinary Differential Equations*, SIAM.

Ascher, U. M., Mattheij, R. M. M., Russell, R. D. and Petzold, L. R. (1998), *Computer Methods for Ordinary Differential Equations and Differential-Algebraic Equations*, SIAM.

Bader, G. and Ascher, U. M. (1987), 'A new basis implementation for a mixed order boundary value ODE solver', *SIAM J. Sci. Stat. Comp.* **8**, 483–500.

Bellen, A. and Zennaro, M. (2003), *Numerical Methods for Delay Differential Equations*, Oxford.

Bogacki, P. and Shampine, L. F. (1989), 'A 3(2) pair of Runge–Kutta formulas', *Appl. Math. Lett.* **2**, 321–325.

Boyd, J. P. (2001), *Chebyshev and Fourier Spectral Methods*, second edn, Dover.

Brandt, A. and Livne, O. E. (2011), *Multigrid Techniques: 1984 Guide with Applications to Fluid Dynamics*, revised edn, SIAM.

Briggs, W. L., Henson, V. E. and McCormick, S. (2000), *A Multigrid Tutorial*, second edn, SIAM.

Butcher, J. C. (2008), *Numerical Methods for Ordinary Differential Equations*, second edn, Wiley.

Coddington, E. A. and Levinson, N. (1955), *Theory of Ordinary Differential Equations*, McGraw-Hill.

Driver, R. D. (1997), *Ordinary and Delay Differential Equations*, Springer.

Erneux, Y. (2009), *Applied Delay Differential Applications*, Springer.

Evans, L. C. (2013), *Introduction to Stochastic Differential Equations*, AMS.

Fornberg, B. (1995), *A Practical Guide to Pseudospectral Methods*, Cambridge.

Funaro, D. and Gottlieb, D. (1988), 'A new method of imposing boundary conditions in pseudospectral approximations of hyperbolic equations', *Math. Comp.* **51**, 599–613.

Gardiner, C. W. (2009), *Handbook of Stochastic Methods*, fourth edn, Springer.

Gnuplot Community (2016), 'Gnuplot 5.0, an interactive plotting program', available from `www.gnuplot.info/docs_5.0/gnuplot.pdf`.

Hesthaven, J. S. (2000), 'Spectral penalty methods', *Appl. Num. Maths.* **33**, 23–41.

Hesthaven, J. S., Gottlieb, S. and Gottlieb, D. (2007), *Spectral Methods for Time-Dependent Problems*, Cambridge.

Higham, D. J. (2001), 'An algorithmic introduction to numerical solution of stochastic differential equations', *SIAM Rev.* **43**, 525–546.

Hull, J. (2009), *Options, Futures and Other Derivatives*, seventh edn, Pearson.

Janert, K. (2015), *Gnuplot in Action*, second edn, Manning Publications Co.

Kloeden, P. E. and Platen, E. (1992), *Numerical Solution of Stochastic Differential Equations*, Springer.

Lambert, J. D. (1992), *Numerical Methods for Ordinary Differential Systems*, Wiley.

Langtangen, H. P. (2009), *Python Scripting for Computational Science*, third edn, Springer.

Langtangen, H. P. (2014), *A Primer on Scientific Programming with Python*, fourth edn, Springer.

Lutz, M. (2013), *Learning Python*, fifth edn, O'Reilly.

Mackey, M. C. and Glass, L. (1977), 'Oscillation and chaos in physiological control systems', *Science* **197**, 287–289.

Matplotlib Community (2016), 'Matplotlib release 1.5.1', available from `http://matplotlib.org/Matplotlib.pdf`.

McKinney, W. W. (2012), *Python for Data Analysis*, O'Reilly.
Murray, J. D. (2002), *Mathematical Biology I. An Introduction*, Springer.
NumPy Community (2017a), 'NumPy user guide release 1.12', available from `https://docs.scipy.org/doc/numpy/`.
NumPy Community (2017b), 'NumPy reference release 1.12', available from `https://docs.scipy.org/doc/numpy/`.
Øksendal, B. (2003), *Stochastic Differential Equations*, sixth edn, Springer.
Peitgen, H.–O. and Richter, P. H. (1986), *The Beauty of Fractals: Images of Complex Dynamical Systems*, Springer.
Press, W. H., Teukolsky, S. A., Vetterling, W. T. and Flannery, B. P. (2007), *Numerical Recipes: The Art of Scientific Computing*, third edn, Cambridge.
Ramachandandran, P. and Variquaux, G. (2009), 'Mayavi user guide release 3.3.1', available from `http://code.enthought.com/projects/mayavi/docs/development/latex/mayavi/mayavi_user_guide.pdf`.
Rossant, C. (2015), *Learning IPython for Interactive Computing and Data Visualization*, second edn, Packt Publishing.
SciPy Community (2017), 'SciPy reference guide release 0.19', available from `https://docs.scipy.org/doc/`.
Sparrow, C. (1982), *The Lorenz Equations*, Springer.
Tosi, S. (2009), *Matplotlib for Python Developers*, Packt Publishing.
Trefethen, L. N. (2000), *Spectral Methods in MATLAB*, SIAM.
Trottenberg, U., Oosterlee, C. W. and Schüller, A. (2001), *Multigrid*, Academic Press.
van Rossum, G. and Drake Jr., F. L. (2011), *An Introduction to Python*, Network Theory Ltd.
Wesseling, P. (1992), *An Introduction to Multigrid Methods*, Wiley.

推荐阅读

程序设计导论：Python计算与应用开发实践（原书第2版）

作者：Ljubomir Perkovic 译者：江红 等 ISBN：978-7-111-61160-8 定价：99.00元

本书是美国德保罗大学的精品课程教材，它与传统程序设计书籍最大的不同在于，不仅讲授编程知识，而且重视计算思维的培养。此外还涵盖了丰富的计算机科学主题以及当前的热门技术，有助于学生全面了解不同的计算领域，并掌握开发与Web和数据库交互的现代应用程序的能力。

Python程序设计与问题求解（原书第2版）

作者：Kenneth A. Lambert 译者：刘鸣涛 等 ISBN：978-7-111-62613-8 定价：99.00元

本书专为计算机科学课程的入门阶段而作，选用Python语言，设计了易于学习且富有趣味的学习路径，使学生不再困惑于繁杂的概念和语法。全书包含大量问题求解案例和练习，涵盖完整的软件开发生命周期，旨在培养学生解决实践问题的能力。